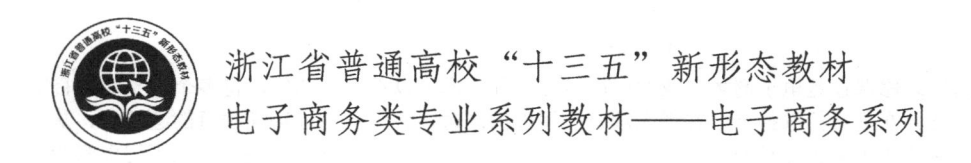

浙江省普通高校"十三五"新形态教材
电子商务类专业系列教材——电子商务系列

网页制作与网店装修

徐　峰　金丽静　李文强　主　编
关春燕　徐起超　顺　璐　副主编

电子工业出版社
Publishing House of Electronics Industry
北京·BEIJING

内 容 简 介

网页制作与网店装修课程是电子商务专业的一门核心课程。本书以项目为载体，将多个完整的项目贯穿整个学习的始终。在项目的选择上，在考虑项目实用性的同时，也尽可能地提高项目的趣味性，从而帮助学生理解和掌握相关知识与技能。实施任务驱动、教学做一体化，使学生完整地介入不同电商业态电子商务网页设计和制作及店铺设计的整个过程，最终完成一个较为成熟的项目。

本书采用情景化、立体化、多样化和富媒体形式开展线上、线下课堂深度融合，同时对教学内容开展一体化设计，可作为高职高专院校电子商务专业和相关专业的教学用书，也可供在职人员和对电子商务感兴趣的其他社会人士培训和自学参考。

未经许可，不得以任何方式复制或抄袭本书之部分或全部内容。

版权所有，侵权必究。

图书在版编目（CIP）数据

网页制作与网店装修 / 徐峰，金丽静，李文强主编. —北京：电子工业出版社，2021.11
ISBN 978-7-121-42359-8

Ⅰ. ①网… Ⅱ. ①徐… ②金… ③李… Ⅲ. ①网页制作工具—高等职业教育—教材 ②网店—设计—高等职业教育—教材 Ⅳ. ①TP393.092②F713.361.2

中国版本图书馆 CIP 数据核字（2021）第 242337 号

责任编辑：魏建波
印　　刷：北京七彩京通数码快印有限公司
装　　订：北京七彩京通数码快印有限公司
出版发行：电子工业出版社
　　　　　北京市海淀区万寿路 173 信箱　邮编：100036
开　　本：787×1 092　1/16　印张：19　字数：486.4 千字
版　　次：2021 年 11 月第 1 版
印　　次：2025 年 7 月第 4 次印刷
定　　价：56.00 元

凡所购买电子工业出版社图书有缺损问题，请向购买书店调换。若书店售缺，请与本社发行部联系，联系及邮购电话：（010）88254888，88258888。

质量投诉请发邮件至 zlts@phei.com.cn，盗版侵权举报请发邮件至 dbqq@phei.com.cn。

本书咨询联系方式：（010）88254609，hzh@phei.com.cn。

前 言

网页制作与网店装修课程是电子商务专业的一门核心课程,本课程主要培养学生以下四方面的能力:

(1)掌握网页设计的基本语言——HTML5 语言的使用,能使用记事本制作出神奇的网页。

(2)掌握 Dreamweaver 开发软件,能熟练操作,并能看懂、修改自动生成的 HTML5 代码。

(3)掌握网站开发的整个流程,能进行需求分析、整体规划、页面布局和制作、模板制作、网站发布。

(4)掌握网店装修准备、配色设计、图片美化和店铺装修等技能。

电商行业的飞速发展倒逼教材内容必须及时更新。电子商务是一个综合性很强的专业,也是一个应用操作能力要求很高的专业,更是一个知识和技能更新快、变化快的专业。而相关核心课程的教材远远跟不上行业的快速发展,也远远跟不上企业对相关岗位核心技能的要求,以网页制作和网店装修为例,网页设计技术的变化及人们对页面和店铺审美的变化,以及以 PC 端为主的传统电商进入到了以手机为主的个性化的新电商,App、公众号、微店、移动电商、短视频等新业态的快速发展,使得教材内容必须适应电商业态的发展,因此必须对教材的教学内容进行及时更新。

电商岗位的用人要求倒逼教材设计必须随之改变。电商企业对人才的要求不需要你掌握太多的理论知识,企业更看重的是实际操作能力。电子商务行业目前最为紧缺的是电子商务美工及店铺装修人才,对该类人才的任职要求为能够全面设计和制作相关的网页、主图和店铺装修。因此,本书必须以真实的企业项目作为教学内容,坚持"理论够用、实践为主"的理念,以项目为载体,将真实的项目贯穿在整本的教学设计中,在"教、学、做"一体化模式过程中,充分发挥学生的动手能力,把教材的着力点放在引导学生"做"上,强化训练学生的实践能力。

本书的编写思路是，以项目为载体，将多个完整的项目贯穿整个学习的始终。在项目的选择上，在考虑项目实用性的同时，也尽可能地提高项目的趣味性，从而帮助学生理解和掌握相关知识与技能。实施任务驱动、教学做一体化，使学生完整地介入不同电商业态电子商务网页设计和制作及店铺设计的整个过程，最终完成一个较为成熟的项目。

本书在讲解上以实用为先，语言精练，在页面外观上全程图解，在信息显示上栏目丰富，延展学习。本书还是一本全新、齐全的网页制作和网店装修的实战宝典，详细介绍网页制作和网店装修的方方面面。传统电商PC端、App、公众号、微店、移动电商全面介入，完全覆盖网页制作和网店装修准备、配色设计、图片美化、图片后期、店铺装修、广告海报、图文排版、代码活用的方方面面，全流程指导，手把手教学。不仅有系统、全面的知识讲解和真实项目案例，更有杰出美工大神的实战经验，让你一开始就站在巨人的肩膀上。

本书采用情景化、立体化、多样化和富媒体形式开展线上、线下课堂深度融合，同时对教学内容开展一体化设计。运用同步视频教程如PPT、微课、视频、音频等数字资源形式支撑教材的教学应用，以嵌入二维码的纸质教材为载体，配套手机端应用、PC端平台，将教材、课堂、教学资源三者融合。

本书在编写的过程中，积极地和相关的电子商务企业开展合作。本书由义乌工商职业技术学院徐峰、金丽静和李文强三位教师任主编，义乌工商职业技术学院关春燕、阿坝师范学院徐起超老师和四川威州民族师范学校顺璐老师任副主编，广厦职业技术大学赵永晖老师、义乌工商职业技术学院陈懿老师为参编，全书由徐峰老师拟定思路和框架，并负责统稿。各项目编写分工如下：项目1、项目7由徐峰编写，项目2～项目4由金丽静编写。项目5、项目6和项目8由李文强编写，其中徐起超、顺璐、赵永晖和陈懿对本书的编写思路和框架提出了宝贵意见，并提供了部分项目背景资料，在此深表感谢。同时感谢出版社相关编辑人员的辛勤工作，此外，在编写过程中，我们借鉴和参考了大量国内外的相关书籍和教材，对于相关的作者也一并表示感谢。

本书是浙江省普通高校"十三五"第二批新形态教材建设项目的成果，适用于国内高职高专院校电子商务专业和相关专业的教学用书，也可供在职人员和对电子商务感兴趣的其他社会人士培训和自学参考。

编写组全体老师的辛勤工作，才有了这本教材的面世。由于受专业水平和实践经验所限，书中不妥之处在所难免，恳请专家、学者和同人批评指正。同时，也恳请使用本书的老师和学生提出意见和建议，给予批评和指导，以利我们日后修订时能做得更好。

徐 峰

2021.7.20

目 录

项目 1　网页设计基础知识和 HTML5 介绍 ………………………… 1
 1.1　网页设计基础知识概述 …… 2
 1.2　HTML5 概述 ………………… 14
 1.3　文本控制标记 ………………… 24
 1.4　图像标记 ……………………… 28
 1.5　超链接标记 …………………… 30

项目 2　HTML5 页面元素及属性 …… 34
 2.1　列表元素 ……………………… 35
 2.2　结构元素 ……………………… 39
 2.3　分组元素 ……………………… 46
 2.4　页面交互元素 ………………… 49
 2.5　文本层次语义元素 …………… 52
 2.6　全局属性 ……………………… 55

项目 3　CSS3 的应用 …………………… 60
 3.1　CSS3 简介 …………………… 61
 3.2　CSS 核心基础 ………………… 63
 3.3　文本样式属性 ………………… 71
 3.4　CSS 高级特性 ………………… 82
 3.5　CSS 盒子模型概述 …………… 84
 3.6　CSS 盒子模型相关属性 …… 87
 3.7　CSS3 新增盒子模型属性 …… 98

项目 4　表格和表单的应用 …………… 107
 4.1　表格 …………………………… 108
 4.2　CSS 控制表格样式 …………… 118
 4.3　表单 …………………………… 121
 4.4　表单控件 ……………………… 123
 4.5　HTML5 表单新属性 ………… 130
 4.6　CSS 控制表单样式 …………… 138

项目 5　多媒体技术 …………………… 142
 5.1　HTML5 多媒体的特性 ……… 143
 5.2　多媒体的支持条件 …………… 144
 5.3　嵌入视频和音频 ……………… 146
 5.4　CSS 控制视频的宽高 ………… 149
 5.5　视频和音频的方法和事件 …… 151
 5.6　HTML5 音视频发展趋势 …… 152

项目 6　CSS 网页布局 ………………… 158
 6.1　元素的浮动 …………………… 159
 6.2　元素的定位 …………………… 164
 6.3　元素的类型与转换 …………… 169
 6.4　CSS 网页布局 ………………… 172

项目 7　Dreamweaver 的使用 ············ 182
　　7.1　Dreamweaver 简介及工具
　　　　界面介绍 ···················· 183
　　7.2　创建并管理 Dreamweaver
　　　　站点 ·························· 192
　　7.3　创建与编辑页面 ··········· 206
　　7.4　在 Dreamweaver 中实现
　　　　网页布局 ···················· 224

　　7.5　使用 CSS 美化页面 ······· 246
项目 8　移动端布局 ························ 254
　　8.1　移动端设备 ················ 255
　　8.2　移动端页面布局概述 ····· 261
　　8.3　流式布局 ···················· 269
　　8.4　弹性盒布局 ················ 272
　　8.5　响应式布局 ················ 289

项目 1　网页设计基础知识和 HTML5 介绍

项目前言

电子商务网站是电子商务从事商务活动的平台，它在互联网开放的网络环境下，基于浏览器/服务器的应用方式，买卖双方通过电子商务网站平台在不需要谋面的情况下进行各种商贸活动和信息交流，实现企业及商家的商品展示和介绍，实现消费者的网上购物，实现商户之间的网上交易和在线电子支付及各种商务活动、交易活动、金融活动和相关的综合服务活动。

学习目标

- ❖ 了解网站的分类及各自的特点功能；
- ❖ 了解开发电子商务网站所需要的语言和工具；
- ❖ 掌握 HTML5 的基本特点；
- ❖ 掌握 HTML5 的文本控制标记使用；
- ❖ 掌握 HTML5 的图像标记使用；
- ❖ 掌握 HTML5 的超链接标记。

教学建议

- ❖ 使用案例引入法，使学生更好地理解和掌握网页设计基础知识；
- ❖ 指定相关实操任务，让学生练习操作相关技能。

综合案例展示

1.1 网页设计基础知识概述

电子商务是一种建立在信息技术平台上的先进的商务活动方式,它以计算机网络为基础,以电子化方式为手段。电子商务已经成为 21 世纪人类信息和经济世界的核心,它构筑了 21 世纪新型的经济贸易框架,它渗透到了我国国民经济和社会发展的各个领域,目前已呈现出了爆发式的增长态势,未来更具有无法预测的增长前景。大力发展电子商务,对于国家以信息化带动工业化的战略,实现跨越式发展,增强国家竞争力,具有十分重要的战略意义。

1.1.1 互联网的发展

1.互联网的产生和发展

互联网是计算机交互网络的简称,又称网间网。它是按照一定的通信协议组成的国际计算机网络。互联网利用通信设备和线路将全世界不同地理位置的功能相对独立的数以千万计的计算机系统互联起来,用功能完善的网络软件(网络通信协议、网络操作系统等)实现网络资源共享和信息交换的数据通信网。

互联网最早起源于美国国防部高级研究计划署 DARPA 的前身 ARPAnet,该网于 1969 年投入使用。由此,ARPAnet 成为现代计算机网络诞生的标志。

20 世纪 60 年代起，由 DARPA 提供经费，在 DARPA 制定的协议下将美国西南部的大学[UCLA（加利福尼亚大学洛杉矶分校）、Stanford Research Institute（斯坦福大学研究学院）、UCSB（加利福尼亚大学）和 University of Utah（犹他州大学）]的 4 台主要的计算机连接起来。这个协定由剑桥大学的 BBN 和 MA 执行，在 1969 年 12 月开始联机。到 1970 年 6 月，MIT（麻省理工学院）、Harvard（哈佛大学）、BBN 和 Systems Development Corpin Santa Monica（加州圣达莫尼卡系统发展公司）加入进来。到 1972 年 1 月，Stanford（斯坦福大学）、MIT's Lincoln Labs（麻省理工学院的林肯实验室）、Carnegie-Mellon（卡内基-梅隆大学）加入进来。紧接着几个月内 NASA/Ames（国家航空和宇宙航行局）、RAND（兰德公司）和 The University of Illinois（伊利诺利州大学）也加入进来。之后随着越来越多公司的加入而日益扩大。

最初，ARPAnet 主要用于军事研究，它主要基于这样的指导思想：网络必须经受得住故障的考验而维持正常的工作，一旦发生战争，当网络的某一部分因遭受攻击而失去工作能力时，网络的其他部分应能维持正常的通信工作。ARPAnet 在技术上的另一个重大贡献是 TCP/IP 协议簇的开发和利用。作为互联网的早期骨干网，ARPAnet 的试验奠定了互联网存在和发展的基础，较好地解决了异种机网络互联的一系列理论和技术问题。

1983 年，ARPAnet 分裂为两部分，即 ARPAnet 和纯军事用的 MILNET。同时，局域网和广域网的产生与蓬勃发展对互联网的进一步发展起了重要的作用。其中最引人注目的是美国国家科学基金会 ASF（National Science Foundation）建立的 NSFnet。NSF 在全美国建立了按地区划分的计算机广域网并将这些地区网络和超级计算机中心互联起来。NSFnet 于 1990 年 6 月彻底取代了 ARPAnet 而成为 Internet 的主干网。

NSFnet 对互联网的最大贡献是使互联网向全社会开放，而不像以前那样仅供计算机研究人员和政府机构使用。1990 年 9 月，由 Merit、IBM 和 MCI 公司联合建立了一个非营利的组织——先进网络科学公司 ANS。ANS 公司的目的是建立一个全美范围的 T3 级主干网，它能以 45Mbps 的速率传送数据。到 1991 年年底，NSFnet 的全部主干网都与 ANS 提供的 T3 级主干网相联通。

互联网的第二次飞跃归功于互联网的商业化，商业机构一踏入互联网这一陌生世界，就很快发现了它在通信、资料检索、客户服务等方面的巨大潜力。于是世界各地的无数企业纷纷涌入互联网，带来了互联网发展史上的一个新的飞跃。

Dephi 是最早为客户提供在线网络服务的国际商业公司。1992 年 7 月开发了电子邮件服务，1992 年 11 月开展了全方位的网络服务。微软全面提供浏览器、服务器和互联网服务，市场的转变已经完成，实现了基于互联网的商业公司。1998 年 6 月微软的浏览器和 Windows 98 很好地集成显示出比尔·盖次在迅速成长的互联网上投资的决心。

互联网是全球性的。互联网的结构是按照"包交换"的方式连接的分布式网络。因此，在技术的层面上，互联网绝对不存在中央控制的问题。也就是说，不可能存在某一个国家或者某一个利益集团通过某种技术手段来控制互联网的问题。反过来，也无法把互联网封闭在一个国家之内。这样一个全球性的网络，必须要有某种方式来确定联入其中的每一台主机。在互联网上绝对不能出现类似两个人同名的现象。这样，就要有一个固定的机构来为每一台主机确定名字，由此确定这台主机在互联网上的"地址"。同样，这个全球性的网络也需要有一个机构来制定所有主机都必须遵守的交往规则（协议），否则就不可能建立起全球所有不同的 PC、不同的操作系统都能够通用的互联网，这就是 TCP/IP 协议。

2. 我国互联网的发展进程及现状

互联网在中国的发展历程可以大略地划分为以下 3 个阶段。

第一阶段为 1986 年 6 月至 1993 年 3 月，是研究试验阶段。

在此期间中国一些科研部门和高等院校开始研究互联网联网技术，并开展了科研课题和科技合作工作。这个阶段的网络应用仅限于小范围内的电子邮件服务，而且仅为少数高等院校、研究机构提供电子邮件服务。

第二阶段为 1994 年 4 月至 1996 年，是起步阶段。

1994 年 4 月，中关村地区教育与科研示范网络工程进入互联网，实现和互联网的 TCP/IP 连接，从而开通了互联网全功能服务，从此中国被国际上正式承认为有互联网的国家。之后，ChinaNet、CERnet、CSTnet、ChinaGBnet 等多个互联网络项目在全国范围内相继启动，互联网开始进入公众生活，并在中国得到了迅速的发展。1996 年年底，中国互联网用户数已达 20 万，利用互联网开展的业务与应用逐步增多。

第三阶段为 1997 年至今，是快速增长阶段。

中国互联网用户数在 1997 年以后基本保持每半年翻一番的增长速度。截至 2012 年，中国网民规模突破 5 亿，互联网普及率达到 38.3%。网民年龄结构方面，10～29 岁群体互联网使用率保持高速增长，已接近高位；30～39 岁群体互联网使用率逐步攀升，将成为下一阶段增长主力。随着中国"超宽带时代"的到来，将继续推动中国互联网产业高歌猛进。大幅增长的用户成为产业的助推器，中国的互联网产业发展到今天已超千亿规模，同时也带动了中国经济结构的优化升级。

移动互联网，是将移动通信和互联网二者结合起来，成为一体。在最近几年里，移动通信和互联网成为当今世界发展最快、市场潜力最大、前景最诱人的两大业务，它们的增长速度都是任何预测家都未曾预料到的。目前，中国移动互联网已经出现了爆发式的发展，2011 年针对中国移动互联网的投资热度不减，成为互联网行业的第二大"吸金"领域。这体现了我国移动互联网行业的发展前景被普遍看好。

1.1.2 网站的分类

1. 网站的发展

所谓网站，就是指在互联网上，根据一定的规则，使用 HTML 等语言或相关工具制作的用于展示特定内容的相关网页的集合。简单地说，网站是一种通信工具，就像布告栏一样，人们可以通过网站来发布自己想要公开的资讯（信息），或者利用网站来提供相关的网络服务。人们可以通过网页浏览器来访问网站，获取自己需要的信息或者享受网络服务。

网页是构成网站的基本元素，是承载各种网站应用的平台。通俗地说，任何网站都是由网页组成的。如果只有域名和虚拟主机而没有制作任何网页的话，客户仍旧无法访问你的网站。网页实际是一个文件，它存放在世界某个角落的某一台计算机中，而这台计算机必须是与互联网相连的。网页经由网址（URL）来识别与存取，当我们在浏览器的地址栏中输入网址后，经过一段复杂而又快速的程序，网页文件会被传送到你的计算机，然后再通过浏览器解释网页的内容，再展示到你的眼前。

通常我们看到的网页，都是以 htm 或 html 后缀结尾的文件，俗称 HTML 文件。不同的后缀，分别代表不同类型的网页文件，如有 CGI、ASP、PHP、JSP 甚至其他更多的类型。网页有多种分类，通常我们把网页分成动态和静态的页面。

自 1996 年以来，中国网站建设历经了 3 个成长发展的时期。

（1）第一代网站建设技术。运用一般的网页制作软件，把一些平面页面效果制作成网页，然后把多张网页链接起来成为一个企业网站。采用"第一代网站建设技术"制作出来的企业网站，由于更新及修改网站内容均需专业人员，维护麻烦，而且网页修改及增加网页均需支付较高的费用，这也导致企业经常不更新其网站内容，从而失去了建设网站的意义；同时由于纯静态页面没有交互性，使得网站访问者不能很好地与企业沟通和信息交流。

（2）第二代网站建设技术，是指在第一代网站建设技术基础上，针对网站的某一个功能采用一些数据库管理功能（如即时新闻发布、最新产品发布等），网站的后台对这些个别的功能模块进行管理。采用"第二代网站建设技术"制作出来的企业网站，在一定程度上摆脱了"第一代网站建设技术"在网站内容更新上的缺点，适合对于网站日常更新维护频繁，对网站各功能模块有独特需要的大型企业网站，但由于需要对企业的不同建站需求进行定制开发，所以价格较高，一般成长型企业难以承受。

（3）第三代网站建设技术。2007 年出现了第三代网站建设技术——智能建站系统。网站用户通过智能建站系统能够很方便快捷地管理自己的网站，自己定义网站的框架内容，并能够随时升级网站的功能，解决了每个客户都需要的网站前台界面个性化的需求。使用智能建站系统进行企业网站开发建设，能够适应大多数成长型企业对于网站建设的一般需求，开发周期短，更新维护便捷，是成长型企业建设网站的理想选择。

2. 网站的分类

（1）根据网站所用开发语言的不同划分，如 ASP 网站、PHP 网站、JSP 网站等。

（2）根据网站的用途的不同划分，如门户网站、行业网站、娱乐网站、商业网站等。

（3）根据网站的持有者不同划分，如个人网站、商业网站，政府网站、教育科研机构网站等。

（4）根据网站的内容不同划分，如网站搜索（比如百度）、资讯（比如新华网）、下载（比如华军软件园）、图片（比如图片天下）等。

根据最新的调查结果显示：企业网站数的比例最大，占整个网站总体的70.9%；其次为商业网站，占8.2%；再次是个人网站，占6.5%；随后依次为教育、科研机构网站占5.1%，其他非营利机构网站占5.0%，政府网站占3.2%，其他类型占1.1%，如图1-1、图1-2所示。

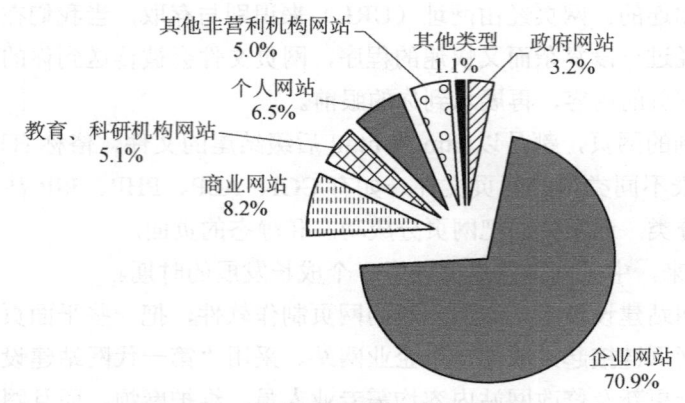

图1-1 不同性质类型网站分布-饼状图

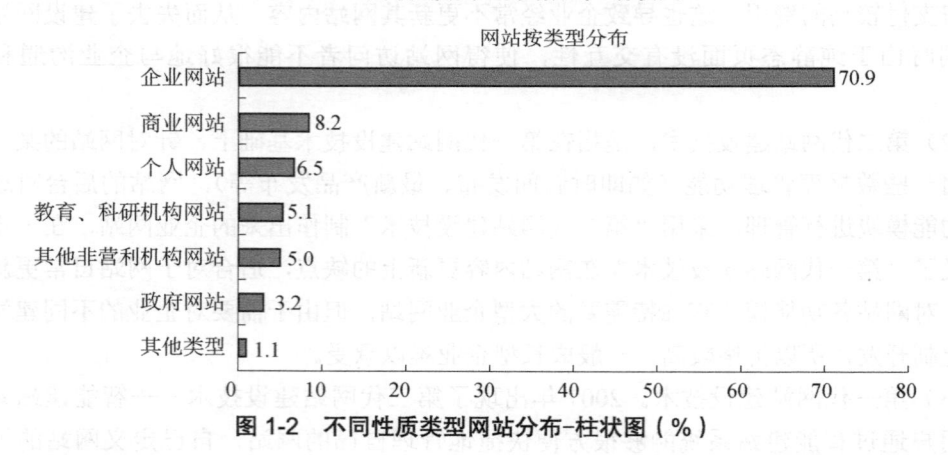

图1-2 不同性质类型网站分布-柱状图（%）

1）政府网站

政府网站是各级政府在互联网上发布政府信息和提供在线服务的综合平台。

全球人气指数第二的中国国家级政府网——中国政府网于2005年10月1日试开通，2006年1月1日正式开通。中国政府网设置了政务信息区、办事服务区、互动交流区和应用功能区等4个区域。政务信息区主要是按照政务公开的要求，公布政府重大决策部署、行政法规、规范性公文及工作动态。办事服务区主要是整合各地区、各部门网上办事服务项目，面向公民、企业和外国人提供网上办事服务。互动交流区主要是建立方便、高效的渠道，增进政府与公众的沟通交流，方便公众建言献策，便于政府直接了解社情民意。应用功能区主要包括检索、导航等网站辅助功能。现开通"今日中国、中国概况、国家机构、政府机构、法律法规、政务公开、工作动态、政务互动、政府建设、人事任免、新闻发布、网上服务"等栏目，面向社会提供政务信息和与政府业务相关的服务，逐步实现政府与企业、公民的互动交流。

中国政府网网站地址为：http://www.gov.cn/。图 1-3 所示为中国政府网首页局部效果。

图 1-3　中国政府网首页局部

2）企业网站

企业网站主要是企业为了让外界了解企业自身、树立良好企业形象并适当提供一定服务的网站。企业网站的功能、服务、内容等因素应该与企业的经营策略相一致，企业网站是为企业的营销服务的，所以，企业网站不需要做很多的功能，不用像电子商务网站那样什么都包括，也不用很多的建站成本。企业网站的管理一般设置一人就行了，或者是兼职管理，这些都是企业网站的特点所决定的。

常规的企业网站，一般都含有公司简介、产品展示、公司新闻、售后服务、联系方式等信息，可多角度诠释产品的状况等，给消费者完整的信息数据链，强化消费者的心理预期，以此来影响消费者的心理接受过程。

企业网站是企业的官方代表，和其他信息相比，更具有企业形象展示的意义。因为消费者可以通过网站内完整的数据，了解更多关于产品的实质信息。企业网站能和消费者在线互动与沟通。如果消费者对产品有疑问或者有意向购买，可以第一时间通过在线客服系统得到解答，能及时化解消费者的疑问，从而影响消费者的心理预期。

联想公司的官方企业网站提供了详细完整的公司介绍，从了解联想—收听联想—体验联想—加入联想展开，相信对每个仔细看过这些介绍的网站浏览者来说，绝对可以对该公司有细致的了解。联想企业网站将客户群体分成个人和家庭用户、成长型企业、大型企业、服务与驱动下载及商城等模块，这种分模块的界面尤其方便实用，更加方便各级不同的消费用户直接进入不同的领域查询自己需要的东西。

联想企业网站中的商城模块是企业自己主导的在线商城，在价格控制和营销活动支持上，更有主导话语权，可以更好地根据自身产品的特点和用户需求，去和用户进行无缝的对接，建立与客户沟通的机制和平台。联想商城在页面设计和布局、会员机制、物流配送时效等方面都站上了一个很高的台阶上，实现用户对在线商城客服、支付、配送等环节的体验。

联想企业官方网站地址为：http://www.lenovo.com.cn/。图 1-4 所示为联想企业官方网站首页效果。

图 1-4　联想企业官方网首页

3) 商业网站

商业网站指以盈利为目的综合性网站,一个完整的商业网站首先要考虑网站的定位,以确定其功能和规模,提出基本需求。商业网站里面的内容包括网站风格、域名、Logo、空间大小、广告位、页面数量、数据库结构、维护需求、人力成本等,它一般分为门户网站和电子商务网站。下面介绍下门户网站。

门户网站是指通向某类综合性互联网信息资源并提供有关信息服务的应用系统。门户网站最初提供搜索服务、目录服务,后来由于市场竞争日益激烈,门户网站不得不快速地拓展各种新的业务类型,希望通过门类众多的业务来吸引和留住互联网用户,以至于目前门户网站的业务包罗万象,成为网络世界的"百货商场"或"网络超市"。

门户网站一般分为搜索引擎式门户网站、综合性门户网站、地方生活门户。

(1) 搜索引擎式门户网站。该类网站的主要功能是提供强大的搜索引擎和其他各种网络服务,如百度网。

(2) 综合性门户网站。该类网站以新闻信息、娱乐资讯为主,如新浪、搜狐,称作资讯综合门户网站。

(3) 地方生活门户。该类网站是时下最流行的,以本地资讯为主,一般包括本地资讯、同城网购、分类信息,如浙江热线门户网站。

百度网网址:http://www.baidu.com。百度网首页效果如图 1-5 所示。

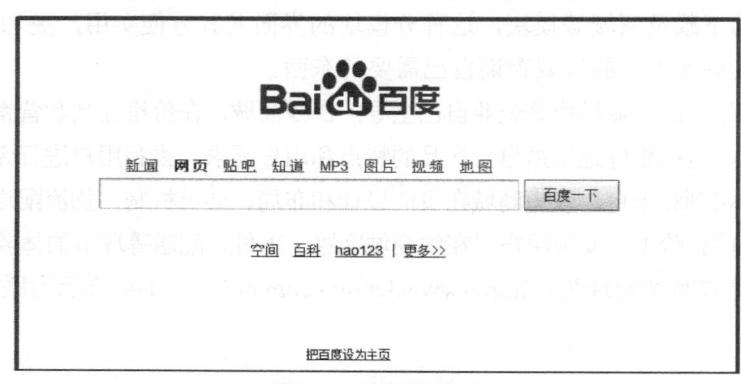

图 1-5　百度网首页

新浪网网址：http://www.sina.com.cn。新浪网首页效果如图1-6所示。

图1-6 新浪网首页

搜狐网网址：http://www.sohu.com。搜狐网首页效果如图1-7所示。

图1-7 搜狐网首页

腾讯网网址：http://www.qq.com。腾讯网首页效果如图1-8所示。

图1-8 腾讯网首页

4）教育、科研机构网站

教育、科研机构网站的本质是以提供教育科研服务为主的网站。教育、科研机构网站的建设者可以是教育部门，也可以是学校、科研机构、师生个人、企业或其他机构，教育、科研机构网站所提供的教育科研服务包括网上教学服务、教育信息资源服务、教育科研研究服务、教育管理服务、教育宣传与成果展示服务等。

教育部网网址：http://www.moe.edu.cn/。教育部网首页效果如图 1-9 所示。

图 1-9 教育部网首页

浙江大学网网址：http://www.zju.edu.cn/。浙江大学网首页效果如图 1-10 所示。

图 1-10 浙江大学网首页

1.1.3 电子商务网站的分类及特点

电子商务网站也是商业网站的一种，电子商务网站主要面向供应商、客户或者企业产品（服务）的消费群体，以提供某种直属于企业业务范围的服务或交易为主。电子商务网站的建立，可以为消费者的购买行为提供方便，使产品服务快捷高效，减少企业资源限制，降低管理成本，提高企业与消费者或客户双方的经济效益。电子商务网站是电子商务的载体，至今没有完全统一的分类模式。

目前国内著名电子商务网站有阿里巴巴、淘宝网、天猫、当当网、京东商城、凡客诚品和拍拍网等。

1. 阿里巴巴

阿里巴巴网成立于 1999 年，由英语教师马云与另外 17 人在中国浙江省杭州市创办，阿里巴巴网是为中小型制造商提供了一个销售产品的批发平台。经过多年的发展，阿里巴巴于 2007 年 11 月 6 日在香港联合交易所上市，现为阿里巴巴集团的旗舰业务。良好的定位、稳固的结构、优秀的服务使阿里巴巴成为全球首家拥有 600 余万商人的电子商务网站，成为全球商人网络推广的首选网站，被商人们评为"最受欢迎的 B2B 网站"。杰出的成绩使阿里巴巴受到各界人士的关注，连续 5 次被美国权威财经杂志《福布斯》选为全球最佳 B2B 站点之一；多次被相关机构评为全球最受欢迎的 B2B 网站、中国商务类优秀网站、中国百家优秀网站、中国最佳贸易网；被国内外媒体硅谷和国外风险投资家誉为与 Yahoo、Amazon、eBay、AOL 比肩的五大互联网商务流派代表之一。

阿里巴巴网网址：http://www.1688.com/。阿里巴巴网首页效果如图 1-11 所示。

图 1-11　阿里巴巴网首页效果

2. 淘宝网

淘宝网是阿里巴巴旗下 C2C 的一个交易平台。C2C 电子商务模式是一种个人对个人的网上交易行为，该模式的产生是以 1998 年易趣网的成立为标志的。C2C 电子商务企业采用的运作模式是通过为买卖双方搭建买卖平台，按比例收取交易费用，或者提供平台方便个人在上面开店铺，以会员制的方式收费。不同于阿里巴巴的是，淘宝网是在 eBay 易趣的严密封锁下突围而出的。淘宝信用评价体系由心、钻石、皇冠三部分构成，并成等级提升，目的是为诚信交易提供参考，并在此成功保障买家利益，督促卖家诚信交易。

淘宝网致力于打造全球领先网络零售商圈，目前已经成为亚太地区最大的网络零售商圈。截至目前，淘宝网注册会员超 5 亿人，覆盖了中国绝大部分网购人群；2008 年交易额为 999.6 亿元，占中国网购市场 80%的份额。2019 年，淘宝的交易额超出 4 万亿元。

淘宝网网址：http://www.taobao.com/。淘宝网首页效果如图 1-12 所示。

图 1-12　淘宝网首页图

3. 天猫

天猫原名淘宝商城，是马云全新打造的 B2C 零售网站。其整合了数千家品牌商、生产商，为商家和消费者之间提供一站式解决方案，提供品质保证的商品，7 天无理由退货的售后服务，以及购物积分返现等优质服务。2012 年 1 月 11 日上午，淘宝商城正式宣布更名为"天猫"。2012 年 3 月 29 日天猫发布全新 Logo 形象。迄今为止，天猫已经拥有 4 亿多买家，5 万多家商户，7 万多个品牌。天猫与淘宝网共享上亿个会员，为网购消费者提供快捷、安全、方便的购物体验。

天猫网址：http://www.tmall.com/。首页效果如图 1-13 所示。

图 1-13　天猫网首页图

4. 当当网

当当网是北京当当网信息技术有限公司营运的一家中文购物网站，以销售图书、音像制品为主，兼具发展小家电、玩具、网络游戏点卡等其他多种商品的销售，总部设在北京。当当网于1999年11月开通，目前是全球最大的中文网上图书音像商城，面向全世界中文读者提供近30多万种中文图书和音像商品。2010年12月，当当网首次登陆美国股市，吸引了全球投资者的目光。

当当网的网址：http://www.dangdang.com。当当网首页效果如图1-14所示。

图1-14 当当网首页图

5. 京东商城

京东商城是中国B2C市场最大的3C网购专业平台，是中国电子商务领域最受消费者欢迎和最具有影响力的电子商务网站之一。京东商城目前拥有遍及全国各地2500万注册用户，近6000家供应商，在线销售家电、数码通讯、电脑、家居百货、服装服饰、母婴、图书、食品等十一大类、数万个品牌、百万种优质商品，日订单处理量超过30万单，网站日均PV超过5000万。2010年，京东商城跃升为中国首家规模超过百亿的网络零售企业，连续6年增长率均超过200%，现占据中国网络零售市场份额35.6%，连续10个季度蝉联行业头名。

京东商城网址：http://www.360buy.com/。京东商城首页效果如图1-15所示。

图1-15 京东商城网首页图

1.2 HTML5 概述

1.2.1 HTML 标记语言

HTML 是网页设置的语法基础，常称它为超文本标记语言（HyperText Markup Language），是用于描述网页文档的一种标记语言。

1. 什么是 HTML

HTML 是标准通用标记语言下的一个应用，也是一种规范、一种标准，它通过标记符号来标记要显示网页中的各个部分。网页文件本身是一种文本文件，通过在文本文件中添加标记符，可以告诉浏览器如何显示其中的内容，如文字如何处理、画面如何安排、图片如何显示等。

HTML 语言文档制作并不复杂，但功能却很强大，支持不同数据格式的文件镶入，包括图片、声音、视频、动画、表单和超链接等内容，这也是它在互联网中盛行的原因之一。

2. HTML 的常用标记

HTML 其实就是文本，它需要浏览器的解释，它的编辑软件大体可以分为 3 种。

➤ 基本文本、文档编辑软件：使用 Windows（视图窗口）自带的记事本或写字板都可以编写，但保存时需使用.htm 或.html 作为扩展名，这样方便浏览器直接运行。

➤ 半所见即所得软件：这种软件能大大提高开发效率，它可以使制作者在很短的时间内做出主页，且可以学习 HTML，这种类型的软件主要有国产软件网页作坊、Amaya（万维网联盟）和 HOTDOG（热狗）等。

➤ 所见即所得软件：使用最广泛的编辑软件，完全不懂 HTML 的知识也可以制作出网页，这类软件主要有 Amaya、Dreamweaver。与半所见即所得的软件相比，其开发速度更快，效率更高，且直观的表现更强。任何地方进行修改只需要刷新即可显示。

一个网页对应一个 HTML 文件。可以使用任何能够生成 TXT 类型源文件的文本编辑软件来产生超文本标记语言文件，只需修改文件后缀即可。标准的超文本标记语言文件都具有一个基本的整体结构，标记一般都是成对出现的（部分标记除外，如
）。

1）头部

<head></head>这两个标记符分别表示头部信息的开始和结尾。头部中包含的标记是页面的标题、序言、说明等内容，它本身不作为内容来显示，但影响网页显示的效果。头部中最常用的标记符是标题标记符和 meta 标记符，其中标题标记符用于定义网页标题的

内容显示。

2）实体

超文本标记语言正文标记符又称为实体标记<body></body>，网页中显示的实际内容均包含在这两个正文标记符之间。

3）元素

HTML 元素用来标记文本，表示文本的内容。比如，body、h1、p、title 都是 HTML 元素。

4）元素的属性

HTML 元素可以拥有属性。属性可以扩展 HTML 元素的功能。比如，可以使用一个 font 属性，使文字变为蓝色，就像这样：<font color="#0000FF">。

属性通常由属性名和值成对出现，就像这样：color="#0000FF"。上面例子中的 font、color 就是 name（属性名），0000FF 就是 value（属性值），属性值一般用双引号标记起来。

1.2.2 HTML5 语言

HTML5 是超文本标记语言的第 5 代版本，目前还处于推广阶段。经过了 Web 2.0 时代，基于互联网的应用已经越来越丰富，同时也对互联网应用提出了更高的要求。

在 HTML5 之前，由于各个浏览器之间的标准不统一，给网站开发人员带来了很大的麻烦。HTML5 的目标就是将 Web 带入一个成熟的应用平台。在 HTML5 平台上，视频、音频、图像、动画及同 PC 的交互都被标准化了。

1. HTML5 的发展历程

HTML 的出现由来已久，1993 年 HTML 首次以因特网的形式发布。20 世纪 90 年代，HTML 快速发展，从 2.0 版到 3.2 版、4.0 版，再到 1999 年的 4.01 版。随着 HTML 的发展，万维网联盟（World Wide Web Consortium，W3C）掌握了对 HTML 规范的控制权，负责后续版本的制定工作。

然而，在快速发布了 HTML 的 4 个版本后，业界普遍认为 HTML 已经穷途末路，对 Web 标准的焦点也开始转移到了 XML 和 xHTML 上，HTML 被放在了次要位置。不过，在此期间 HTML 表现出顽强的生命力，主要的网站内容还是基于 HTML 的。为了支持新的 Web 应用，克服现有的缺点，HTML 迫切需要添加新的功能，制定新规范。

为了能继续深入发展 HTML 规范，在 2004 年，一些浏览器厂商联合成立了 WHATWG 工作组。他们创立了 HTML5 规范，并开始专门针对 Web 应用开发新功能。Web2.0 也是在那个时候被提出来的。2006 年，W3C 组建了新的 HTML 工作组，明智地采纳了 WHATWG 的意见，并于 2008 年发布了 HTML5 的工作草案。由于 HTML5 能解决实际的问题，所以在规范还未定稿的情况下，各大浏览器厂家已经开始对旗下产品进行升级以支持 HTML5 的新功能。这样，得益于浏览器的实验性反馈，HTML5 规范也得到了持续的完善，并以这种方式迅速融入到了对 Web 平台的实质性改进中。

2014 年 10 月 29 日，万维网联盟宣布，经过 8 年的艰辛努力，HTML5 标准规范终于制定完成，并公开发布。HTML5 将会逐渐取代 HTML4.0、XHTML1.0 标准，以期能在互联网应用迅速发展的同时，使网络标准达到符合当代的网络需求，为桌面和移动平台带来无缝衔接的丰富内容。

2. HTML5 的优势

解决了跨浏览器问题，在 HTML5 之前，各大浏览器厂商为了争夺市场占有率，会在各自的浏览器中增加各种各样的功能，并且不具有统一的标准。使用不同的浏览器，常常看到不同的页面效果。在 HTML5 中，纳入了所有合理的扩展功能，具备良好的跨平台性能。针对不支持新标签的老式 IE 浏览器，只需简单地添加 JavaScript 代码就可以使用新的元素。

HTML 语言从 1.0 到 5.0 经历了巨大的变化，新增了多个新特性，从单一的文本显示功能到图文并茂的多媒体显示功能，许多特性经过多年的完善，已经发展成为一种非常重要的标记语言。HTML5 新增的特性如下。

- 新的特殊内容元素，比如 header、nav、section、article、footer。
- 新的表单控件，比如 calendar、date、time、mail、url、search。
- 用于绘画的 canvas 元素。
- 用于媒介回放的 video 和 audio 元素。
- 对本地离线存储的更好支持。
- 地理位置、拖曳、摄像头等 API。

HTML5 标准的制定是以用户优先为原则的，一旦遇到无法解决的冲突时，规范会把用户放在第一位。另外，为了增强 HTML5 的使用体验，还加强了以下两方面的设计。

1）安全机制的设计

为确保 HTML5 的安全，在设计 HTML5 时做了很多针对安全的设计。HTML5 引入了一种新的基于来源的安全模型，该模型不仅易用，而且对不同的 API（Application Programming Interface，应用程序编程接口）都通用。使用这个安全模型，不需要借助任何不安全的 hack 就能跨域进行安全对话。

2）表现和内容分离

表现和内容分离是 HTML5 设计中的另一个重要内容。实际上，表现和内容的分离早在 HTML4.0 中就有设计，但是分离得并不彻底。为了避免可访问性差、代码高复杂度、文件过大等问题，HTML5 规范中更细致、清晰地分离了表现和内容。但是考虑到 HTML5 的兼容性问题，一些陈旧的表现和内容的代码还是可以兼容使用的。

作为当下流行的通用标记语言，HTML5 尽可能地简化，严格遵循了"简单至上"的原则，主要体现在这几个方面：
- 新的简化的字符集声明。
- 新的简化的 DOCTYPE。
- 简单而强大的 HTML 5 API。
- 以浏览器原生能力替代复杂的 JavaScript 代码。

1.2.3　HTML5 浏览器支持情况

现今浏览器的许多新功能都是从 HTML5 标准中发展而来的。目前常用的浏览器有 IE、火狐（Firefox）、谷歌（Chrome）、Safari 和 Opera 等。

IE 浏览器：2010 年 3 月 16 日，微软于 MIX10 技术大会上宣布，其推出的 IE9 浏览器已经支持 HTML5。

火狐浏览器：2010 年 7 月，Mozilla 基金会发布了 Firefox4 浏览器的第一个早期测试版。该版本中 Firefox4 对 HTML5 以完全级别的支持。目前，包括在线视频、在线音频在内的多种应用都已在该版本中实现。

Google 浏览器：2010 年 2 月 19 日，谷歌 Gears 项目经理伊安·费特（Ian Fette）通过微博宣布，谷歌将放弃对 Gears 浏览器插件项目的支持，以重点开发 HTML5 项目。

Safari 浏览器：2010 年 6 月 7 日，苹果在开发者大会的会后发布了 Safari5，这款浏览器支持 10 个以上的 HTML5 新技术，包括全屏幕播放、视频、地理位置、切片元素及 HTML5 的可拖动属性、形式验证、Ruby、Ajax 历史和 Web Socket 字幕。

Opera 浏览器：2010 年 5 月 5 日，Opera 软件公司首席技术官，号称"CSS 之父"的维姆莱（Hakon Wium Lie）认为，HTML5 和 CSS3 将是全球互联网发展的未来趋势，目前包括 Opera 在内的诸多浏览器厂商，纷纷研发 HTML5 相关产品，Web 的未来属于 HTML5。

1.2.4　HTML5 的新标记

HTML5 引入了一些新的元素和属性，下面将分别介绍在 HTML5 语言中添加的常用标记。

（1）搜索引擎标记：主要是有助于索引整理，同时更好地帮助小屏幕装置和视力不佳人使用，即<nav></nav>导航块标签和<footer></footer>。

（2）视频和音频标记：主要用于添加视频和音频文件，如<video controls></video>和<audio controls></audio>。

（3）文档结构标记：主要用于在网页文档中进行布局分块，整个布局框架都使用<div>标记进行制作，如< header>、<footer>、<dialog>、<aside>和<fugure>。

（4）文本和格式标记：在 HTML5 语言中的文本和格式标记与 HTML 语言中的基本相同，但是去掉了<u>、<font、<center>和<strike>标记。

（5）表单元素标记：HTML5 在表单元素标记中，添加了更多的输入对象，即在<input type="">中添加了如电子邮件、日期、URL 和颜色等输入对象。

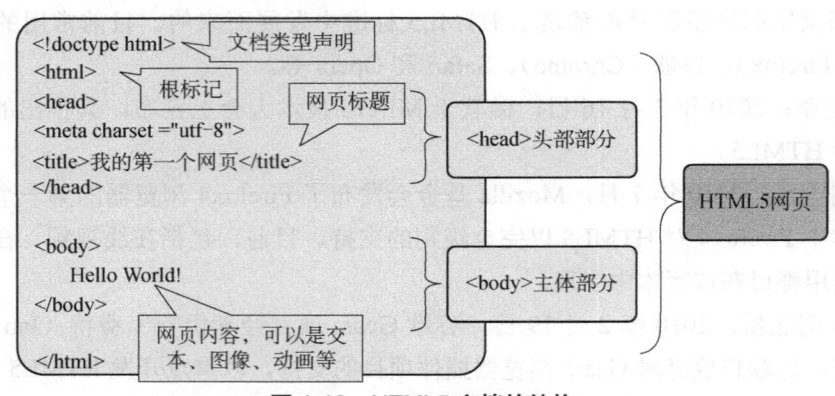

1.2.5　HTML5 文档的结构

HTML5 文档的结构如图 1-16 所示。

图 1-16　HTML5 文档的结构

1.<!doctype>标记

<!doctype>标记位于文档的最前面，用于向浏览器说明当前文档使用哪种 HTML 标准规范，HTML5 文档中的 DOCTYPE 声明非常简单，代码如下：

```
<!doctype html>
```

只有在开头处使用<!doctype>声明，浏览器才能将该网页作为有效的 HTML 文档，并按指定的文档类型进行解析。使用 HTML5 的 DOCTYPE 声明，会触发浏览器以标准兼容模式来显示页面。

2.<html>标记

<html>标记位于<!doctype>标记之后，也称为根标记，用于告知浏览器其自身是一个 HTML 文档，<html>标记标志着 HTML 文档的开始，</html>标记也标志着 HTML 文档的结束，在它们之间的是文档的头部和主体内容。

3.<head>标记

<head>标记用于定义 HTML 文档的头部信息，也称为头部标记，紧跟在<html>标记

之后，主要用来封装其他位于文档头部的标记，如<title>、<meta>、<link>及<style>等，用来描述文档的标题、作者，以及与其他文档的关系等。

一个 HTML 文档只能含有一对<head>标记，大多数文档头部包含的数据都不会真正作为内容显示在页面中。

4.<body>标记

<body>标记用于定义 HTML 文档所要显示的内容，也称为主体标记。浏览器中显示的所有文本、图像、音频和视频等信息都必须位于<body>标记内，<body>标记中的信息才是最终展示给用户看的。

一个 HTML 文档只能含有一对<body>标记，且<body>标记必须在<html>标记内，位于<head>头部标记之后，与<head>标记是并列关系。

1.2.6 标记

在 HTML 页面中，带有"<>"符号的元素被称为 HTML 标记，如上面提到的<html>、<head>、<body>都是 HTML 标记。所谓标记，就是放在"<>"标记符中表示某个功能的编码命令，也称为 HTML 标签或 HTML 元素，本书统一称作 HTML 标记。

1.单标记和双标记

为了方便学习和理解，通常将 HTML 标记分为两大类，分别是"双标记"与"单标记"。对它们的具体介绍如下。

（1）双标记：双标记是指由开始和结束两个标记符组成的标记。其基本语法格式为：

```
<标记名>内容</标记名>
```

该语法中"<标记名>"表示该标记的作用开始，一般称为"开始标记"，"</标记名>"表示该标记的作用结束，一般称为"结束标记"。和开始标记相比，结束标记只是在前面加了一个关闭符"/"。

例如：

```
<h2>传智播客网页平面设计免费公开课</h2>
```

其中，<h2>表示一个标题标记的开始，而</h2>表示一个标题标记的结束，在它们之间是标题内容。

（2）单标记：单标记也称空标记，是指用一个标记符号即可完整地描述某个功能的标记。其格式为：

```
<标记名 />
```

例如：

```
<hr />
```

其中，<hr/>为单标记，用于定义一条水平线。

2.注释标记

在 HTML 中还有一种特殊的标记——注释标记。如果需要在 HTML 文档中添加一些便于阅读和理解但又不需要显示在页面中的注释文字，就需要使用注释标记。

其基本语法格式为：

```
<!--注释语句-->
```

例如，下面为<p>标记添加一段注释：

```
<p>这是一段普通的段落。</p><!--这是一段注释，不会在浏览器中显示。-->
```

需要说明的是，注释内容不会显示在浏览器窗口中，但是作为 HTML 文档内容的一部分，可以被下载到用户的计算机上，查看源代码时就可以看到。

1.2.7 标记的属性

使用 HTML 制作网页时，如果想让 HTML 标记提供更多的信息，例如，希望标题文本的字体为"微软雅黑"且居中显示，段落文本中的某些名词显示为其他颜色加以突出。此时仅仅依靠 HTML 标记的默认显示样式已经不能满足要求，需要使用 HTML 标记的属性加以设置。其基本语法格式为：

```
<标记名 属性1="属性值1" 属性2="属性值2"…>内容</标记名>
```

在上面的语法中，标记可以拥有多个属性，必须写在开始标记中，位于标记名后面。属性之间不分先后顺序，标记名与属性、属性与属性之间均以空格分开。任何标记的属性都有默认值，省略该属性则取默认值。例如：

```
<h1 align="center">标题文本</h1>
```

其中，align 为属性名，center 为属性值，表示标题文本居中对齐，对于标题标记还可以设置文本左对齐或右对齐，对应的属性值分别为 left 和 right。如果省略 align 属性，标题文本则按默认值左对齐显示，也就是说<h1></h1>等价于<h1 align="left"></h1>。

1.2.8 HTML5 语法

为了兼容各个浏览器，HTML5 采用宽松的语法格式，在设计和语法方面做了一些变化。

1. 标签不区分大小写

HTML5 采用宽松的语法格式，标签可以不区分大小写，这是 HTML5 语法变化的重要体现。例如：

```
<p>这里的 p 标签大小写不一致</P>
```

在上面的代码中，虽然 p 标记的开始标记与结束标记大小写并不匹配，但是在 HTML5 语法中是完全合法的。

2. 允许属性值不使用引号

在 HTML5 语法中，属性值不放在引号中也是正确的。例如：

```
<input checked=a type=checkbox/>
<input readonly=readonly type=text/>
```

以上代码都是完全符合 HTML5 规范的，等价于：

```
<input checked="a" type="checkbox">
<input readonly="readonly" type="text">
```

3. 允许部分属性值的属性省略

在 HTML5 中，部分标志性属性的属性值可以省略。例如：

```
<input checked="checked" type="checkbox"/>
<input readonly="readonly" type="text"/>
```

可以省略为：

```
<input checked type="checkbox">
<input readonly type="text">
```

从上述代码可以看出，checked="checked"可以省略为 checked，而 readonly="readonly"可以省略为 readonly。

在 HTML5 中，可以省略属性值的属性如图 1-17 所示。

属性	描述
checked	省略属性值后，等价于 checked="checked"。
readonly	省略属性值后，等价于 readonly="readonly"
defer	省略属性值后，等价于 defer="defer"
ismap	省略属性值后，等价于 ismap="ismap"
nohref	省略属性值后，等价于 nohref="nohref"
noshade	省略属性值后，等价于 noshade="noshade"
nowrap	省略属性值后，等价于 nowrap="nowrap"
selected	省略属性值后，等价于 selected="selected"
disabled	省略属性值后，等价于 disabled="disabled"
multiple	省略属性值后，等价于 multiple="multiple"
noresize	省略属性值后，等价于 noresize="noresize"

图 1-17　HTML5 可以省略属性值的属性

1.2.9　HTML5 文档头部相关标记

制作网页时，经常需要设置页面的基本信息，如页面的标题、作者和其他文档的关系等。为此 HTML 提供了一系列的标记，这些标记通常都写在 head 标记内，因此被称为头部相关标记。

1. 设置页面标题标记<title>

<title>标记用于定义 HTML 页面的标题，即给网页取一个名字，必须位于<head>标记之内。一个 HTML 文档只能包含一对<title></title>标记，<title></title>之间的内容将显示在浏览器窗口的标题栏中。其基本语法格式为：

```
<title>网页标题名称</title>
```

2. 定义页面元信息标记<meta />

<meta/>标记用于定义页面的元信息，可重复出现在<head>头部标记中，在 HTML 中它是个单标记。<meta/>标记本身不包含任何内容，通过"名称/值"的形式成对地使用其属性可定义页面的相关参数，如为搜索引擎提供网页的关键字、作者姓名、内容描述，以及定义网页的刷新时间等。

下面介绍<meta/>标记常用的几组设置，具体如下。

```
<meta name=名称" content=值"/>
```

在<meta>标记中使用 name/content 属性可以为搜索引擎提供信息，其中 name 属性提供搜索内容名称，content 属性提供对应的搜索内容值，具体应用如下。

（1）设置网页关键字，如传智播客官网关键字的设置。

```
<meta name="keywords" content="Java 培训, NET 培训, PHP 培训, CC++培训, OS 培训, 网页设计培训, 平面设计培训, UI 设计培训"/>
```

其中 name 属性的值为 keywords，用于定义搜索内容名称为网页关键字，content 属性的值用于定义关键字的具体内容，多个关键字内容之间可以用"，"分隔。

（2）设置网页描述，如传智播客官网描述信息的设置。

```
<meta name="description" content="IT 培训的龙头老大，口碑最好的 Java 培训, NET 培训, PHP 培训, CC++培训, iOS 培训, 网页设计培训, 平面设计培训。"/>
```

其中 name 属性的值为 description，用于定义搜索内容名称为网页描述，content 属性的值用于定义描述的具体内容。需要注意的是网页描述的文字不必过多。

（3）设置网页作者，如可以为传智播客官网增加作者信息。

```
<meta name="author" content="传智播客网络部">
```

其中 name 属性的值为 author，用于定义搜索内容名称为网页作者，content 属性的值用于定义具体的作者信息。

```
<meta http-equiv="名称" content="值"/>
```

在 <meta>标记中使用 http-equiv/content 属性可以设置服务器发送给浏览器的 HTTP 头部信息，为浏览器显示该页面提供相关的参数。其中 http-equiv 属性提供参数类型，content 属性提供对应的参数值。默认会发送<meta http-equiv="Content-Type" content="text/html" />，通知浏览器发送的文件类型是 HTML。

（4）设置字符集，如传智播客官网字符集的设置：

```
<meta http-equiv="Content-Type" content="text/html;charset=utf-8" />
```

其中，http-equiv 属性的值为 Content-Type，content 属性的值为 text/html 和 charset=utf-8，中间用"；"隔开，用于说明当前文档类型为 HTML，字符集为 utf-8（国际化编码）。utf-8 是目前最常用的字符集编码方式，常用的字符集编码方式还有 gbk 和 gb2312。

（5）设置页面自动刷新与跳转，如定义某个页面 10 秒后跳转至传智播客官网：

```
<meta http-equiv="refresh" content="10;url=http://www.itcast.cn">
```

其中，http-equiv 属性的值为 refresh，content 属性的值为数值和 url 地址，中间用"；"隔开，用于指定在特定的时间后跳转至目标页面，该时间默认以秒为单位。

3.引用外部文件标记<link>

一个页面往往需要多个外部文件的配合，在<head>中使用<link>标记可引用外部文件，一个页面允许使用多个<link>标记引用多个外部文件。

其基本语法格式为：

```
<link 属性="属性值" />
```

该语法中，<link>标记的几个常用属性如图 1-18 所示。

属性名	常用属性值	描述
href	URL	指定引用外部文档的地址
rel	stylesheet	指定当前文档与引用外部文档的关系，该属性值通常为 stylesheet，表示定义一个外部样式表
type	text/css	引用外部文档的类型为CSS样式表
	text/javascript	引用外部文档的类型为JavaScript脚本

图 1-18　link 标记的常用属性

例如，使用<link>标记引用外部 CSS 样式表：

```
<link rel="stylesheet" type="text/css" href="style.css"/>
```

上面的代码表示引用当前 HTML 页面所在文件夹中，文件名为"style.css"的 CSS 样式表文件。

4. 内嵌样式标记 <style>

<style> 标记用于为 HTML 文档定义样式信息，位于 <head> 头部标记中，其基本语法格式为：

```
<style 属性="属性值">样式内容</style>
```

在 HTML 中使用 <style> 标记时，常常定义其属性为 type，相应的属性值为 text/css 表使用内嵌式的 CSS 样式。

课堂实例 1-1 使用记事本创建网页。

```
<!doctype html>
<html>
<head>
    <meta charset="UTF-8">
    <title>第一个网页</title>
</head>
<body>
     这是我的第一个 HTML5 页面哦
</body>
</html>
```

延伸阅读：
HTML5 基础
知识视频

1.3　文本控制标记

在一个网页中文字往往占有较大的篇幅，为了让文字能够排版整齐、结构清晰，HTML 提供了一系列的文本控制标记。

一篇结构清晰的文章通常都有标题和段落，HTML 网页也不例外。为了使网页中的文字有条理地显示出来，HTML 提供了相应的标记。

1. 标题标记

为了使网页更具有语义化，我们经常会在页面中用到标题标记，HTML 提供了 6 个等级的标题，即 <h1>、<h2>、<h3>、<h4>、<h5> 和 <h6>，从 <h1> 到 <h6> 重要性递减。其基本语法格式为：

```
<hn align="对齐方式">标题文本</hn>
```

该语法中 n 的取值为 1 到 6，align 属性为可选属性，用于指定标题的对齐方式，其取值如下。

> left：设置标题文字左对齐（默认值）。
> center：设置标题文字居中对齐。
> right：设置标题文字右对齐。

课堂实例 1-2　创建一个<h1>到<h6>的标题页面，使标题居中显示。

```
<!doctype html>
<html>
<head>
<meta charset="utf-8">
<title>标题标记的使用</title>
</head>
<body>
<h1 align = "center">1 级标题</h1>
<h2 align = "center">2 级标题</h2>
<h3 align = "center">3 级标题</h3>
<h4 align = "center">4 级标题</h4>
<h5 align = "center">5 级标题</h5>
<h6 align = "center">6 级标题</h6>
</body>
</html>
```

2. 段落标记

在网页中要把文字有条理地显示出来，离不开段落标记，就如同我们平常写文章一样，整个网页也可以分为若干个段落，而段落的标记就是<p>。默认情况下，文本在段落中会根据浏览器窗口的大小自动换行。<p>是 HTML 文档中最常见的标记，其基本语法格式为：

```
<p align="对齐方式">段落文本</p>
```

该语法中 align 属性为<p>标记的可选属性，和标题标记<h1>~<h6>一样，同样可以使用 align 属性设置段落文本的对齐方式。

课堂实例 1-3　创建一个段落标记页面。

```
<!doctype html>
<html>
<head>
<meta charset="utf-8">
<title>段落标记的用法和对齐方式</title>
</head>
<body>
<p>"IT 问答精灵"为计算机爱好者提供 Java、.Net、PHP、C/C++、网页设计、平面设计、UI 设计、iOS、Android 方面的技术问题互助问答，由传智播客专业 IT 讲师在线答疑,致力做最专业的 IT 学习互助平台。</p>
<p align="left">Java 学院</p>
<p align="center">网页平面设计学院</p>
```

```
<p align="right">PHP 学院</p>
</body>
</html>
```

3.水平线标记<hr/>

在网页中常常看到一些水平线将段落与段落之间隔开，使得文档结构清晰，层次分明。这些水平线可以通过插入图片实现，也可以简单地通过标记来完成，<hr/>就是创建横跨网页水平线的标记。其基本语法格式为：

```
<hr 属性="属性值"/>
```

<hr/>是单标记，在网页中输入一个<hr/>，就添加了一条默认样式的水平线，<hr/>标记的几个常用的属性如图 1-19 所示。

属性名	含义	属性值
align	设置水平线的对齐方式	可选择left、right、center三种值，默认为center，居中对齐
size	设置水平线的粗细	以像素为单位，默认为2像素
color	设置水平线的颜色	可用颜色名称、十六进制#RGB、rgb(r,g,b)
width	设置水平线的宽度	可以是确定的像素值，也可以是浏览器窗口的百分比，默认为100%

图 1-19 水平线标记常用属性

课堂实例 1-4 创建一个水平线标记页面。

```
<!doctype html>
<html>
<head>
<meta charset="utf-8">
<title>水平线标记的用法和属性</title>
</head>
<body>
<p>传智播客专业于 Java、.Net、PHP、C/C++、网页设计、平面设计、UI 设计。从菜鸟到职场达人的转变就在这里，你还等什么？</p>
<hr/>
<p align="left">Java 学院</p>
<hr color="red" align="left" size="5" width="600"/>
<p align="center">网页平面设计学院</p>
<hr color="#0066FF" align="right" size="2" width="50%"/>
<p align="right">PHP 学院</p>
</body>
</html>
```

4.换行标记

在 HTML 中，一个段落中的文字会从左到右依次排列，直到浏览器窗口的右端，然后自动换行。如果希望某段文本强制换行显示，就需要使用换行标记
，这时如果还像在 Word 中那样直接敲回车键换行就不起作用了。

5.文本格式化标记

在网页中，有时需要为文字设置粗体、斜体或下划线效果，为此 HTML 准备了专门的文本格式化标记，使文字以特殊的方式显示，常用的文本格式化标记如图 1-20 所示。

标记	显示效果
<b></b>和<strong></strong>	文字以粗体方式显示（XHTML推荐使用strong）
<i></i>和<em></em>	文字以斜体方式显示（XHTML推荐使用em）
<s></s>和<del></del>	文字以加删除线方式显示（XHTML推荐使用del）
<u></u>和<ins></ins>	文字以加下划线方式显示（XHTML不赞成使用u）

图 1-20 文本格式化标记

6.特殊字符标记

浏览网页时常常会看到一些包含特殊字符的文本，如数学公式、版权信息等。那么如何在网页上显示这些包含特殊字符的文本呢？其实 HTML 早就想到了这一点，并为这些特殊字符准备了专门的替代代码，如图 1-21 所示。

特殊字符	描述	字符的代码
	空格符	
<	小于号	&lt;
>	大于号	&gt;
&	和号	&amp;
¥	人民币	&yen;
©	版权	&copy;
®	注册商标	&reg;
°	摄氏度	&deg;
±	正负号	&plusmn;
×	乘号	&times;
÷	除号	&divide;
²	平方2（上标2）	&sup2;
³	立方3（上标3）	&sup3;

图 1-21 特殊字符标记

课堂实例 1-5 文本控制标记综合练习。

```
<!doctype html>
<html>
<head>
<meta charset="utf-8">
<title>传智播客云课堂</title>
</head>
<body>
```

```
<h2 align="center">传智播客云课堂上线了</h2>
<p align="center">更新时间：2020年09月12日14时08分 来源：传智播客</p>
<hr size="2" color="#CCCCCC" />
<p>传智云课堂是<strong>传智播客</strong>在线教育平台，可以实现晚上在家学习、在线直播教学、实时互动辅导等多种功能，专注于网页、平面、UI设计以及Web前端的培训。</p>
</body>
</html>
```

文本控制标记综合练习效果如图1-22所示。

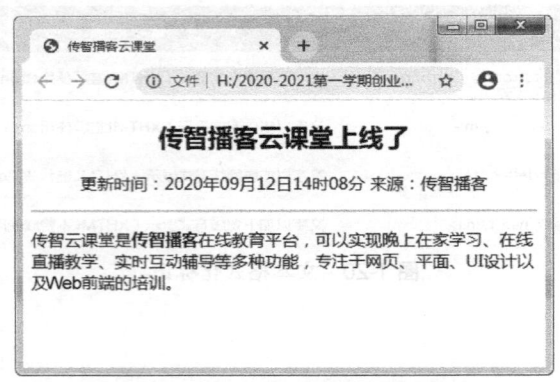

图1-22 文本控制标记综合练习效果

延伸阅读：
文本控制
标记视频

1.4 图像标记

1.4.1 常用图像格式

目前网页上常用的图像格式主要有GIF、JPG和PNG三种，具体区别如下。

➢ GIF格式：GIF最突出的地方就是它支持动画，同时GIF也是一种无损的图像格式，也就是说修改图片之后，图片质量几乎没有损失。再加上GIF支持alpha透明（全透明或全不透明），因此很适合在互联网上使用。GIF格式常常用于Logo、小图标及其他色彩相对单一的图像。

➢ JPG格式：JPG所能显示的颜色比GIF和PNG要多得多，可以用来保存超过256种颜色的图像，但是JPG是一种有损压缩的图像格式，这就意味着每修改一次图片都会造成一些图像数据的丢失。

➢ PNG格式：PNG包括PNG-8和真色彩PNG（PNG-24和PNG-32）。相对于GIF，PNG最大的优势是体积更小，支持alpha透明（全透明、半透明、全不透明），并且颜色过渡更平滑，但PNG不支持动画。

1.4.2 图像标记 <img />

HTML 网页中任何元素的实现都要依靠 HTML 标记，要想在网页中显示图像就需要使用图像标记，接下来将详细介绍图像标记 <img /> 及和它相关的属性。其基本语法格式为：

```
< img src="图像 URL"/>
```

该语法中 src 属性用于指定图像文件的路径和文件名，它是 img 标记的必需属性。要想在网页中灵活地应用图像，仅仅靠 src 属性是不能够实现的。当然 HTML 还为 <img/> 标记准备了很多其他的属性，如图 1-23 所示。

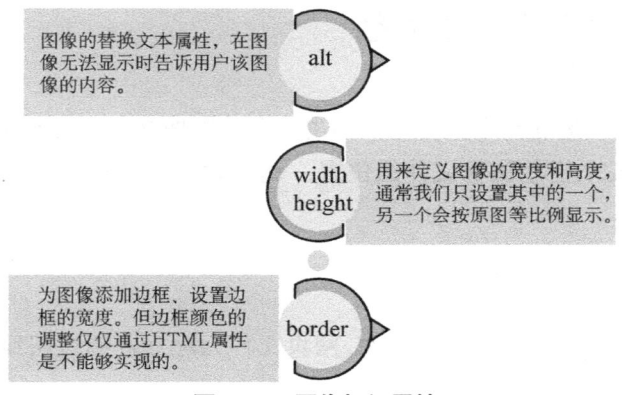

图 1-23 图像标记属性

1. 图像的替换文本属性 alt

由于一些原因图像可能无法正常显示，比如图片加载错误、浏览器版本过低等，因此，为页面上的图像加上替换文本是个很好的习惯，在图像无法显示时告诉用户该图像的信息，这就需要使用图像的 alt 属性。

2. 图像的宽度、高度属性 width、height

通常情况下，如果不给 <img/> 标记设置宽和高，图像就会按照它的原始尺寸显示，当然也可以手动更改图像的大小。width 和 height 属性用来定义图像的宽度和高度，通常我们只设置其中的一个，另一个会按原图等比例显示。如果同时设置两个属性，且其比例和原图大小的比例不一致，显示的图像就会变形或失真。

3. 图像的边框属性 border

默认情况下图像是没有边框的，通过 border 属性可以为图像添加边框、设置边框的宽度，但边框颜色的调整仅仅通过 HTML 属性是不能够实现的。

4. 图像的边距属性 vspace 和 hspace

在网页中，由于排版需要，有时候还需要调整图像的边距。HTML 中通过 vspace 和 hspace 属性可以分别调整图像的垂直边距和水平边距。

5. 图像的对齐属性 align

图文混排是网页中很常见的效果，默认情况下图像的底部会相对于文本的第一行文字对齐。但是在制作网页时经常需要实现其他的图像和文字环绕效果，如图像居左、文字居右等，这就需要使用图像的对齐属性 align。

1.4.3 绝对路径和相对路径

实际工作中，通常新建一个文件夹专门用于存放图像文件。这时再插入图像，就需要采用"路径"的方式来指定图像文件的位置。通过设置"路径"来帮助浏览器找到图像文件。

1. 相对路径

相对路径不带有盘符，通常以 HTML 网页文件为起点，通过层级关系描述目标图像的位置。

2. 绝对路径

绝对路径一般指带有盘符的路径，如完整的网络地址"http://www.itcast.cn/images/logo.gif"。

1.5 超链接标记

一个网站由多个网页构成，每个网页上都有大量的信息，要想使网页中的信息排列有序、条理清晰，并且网页与网页之间有一定的联系，就需要使用列表和超链接。

1.5.1 创建超链接

在 HTML 中创建超链接非常简单，只需用<a></a>标记环绕需要被链接的对象即可。其基本语法格式如下：

```
<a href="跳转目标" target="目标窗口的弹出方式">文本或图像</a>
```

在上面的语法中，<a>标记用于定义超链接，href 和 target 为其常用属性，具体解释如下。

（1）href：用于指定链接目标的 url 地址，当为<a>标记应用 href 属性时，它就具有了超链接的功能。

（2）target：用于指定链接页面的打开方式，其取值有_self 和_blank 两种，其中_self 为默认值，意为在原窗口中打开，_blank 为在新窗口中打开。

课堂实例 1-6 制作超链接，效果如图 1-24 所示。

```
<!doctype html>
<html>
<head>
<meta charset="utf-8">
<title>创建超链接</title>
</head>
<body>
<a href="http://www.itcast.cn/" target="_self">传智播客</a> target="_self"原窗口打开<br />
<a href="http://www.baidu.com/" target="_blank">百度</a> target="_blank"新窗口打开
</body>
</html>
```

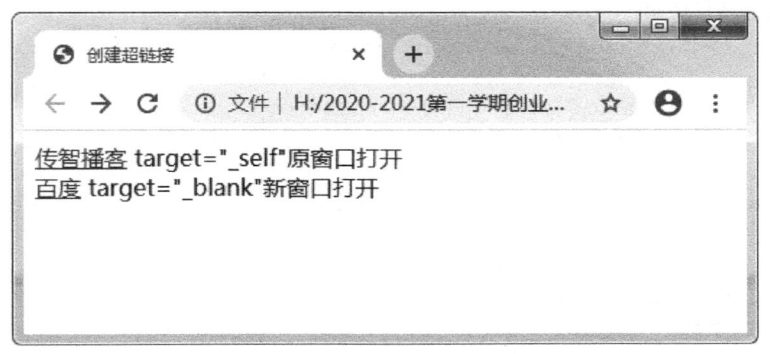

图 1-24 制作超链接效果图

1.5.2 锚点链接

如果网页内容较多，页面过长，浏览网页时就需要不断地拖动滚动条，来查看所需要的内容，这样效率较低且不方便。为了提高信息的检索速度，HTML 语言提供了一种特殊的链接——锚点链接，通过创建锚点链接，用户能够快速定位到目标内容。

创建锚点链接分为两步：

（1）使用"<a href="#id 名">链接文本</a>"创建链接文本。

（2）使用相应的 id 名标注跳转目标的位置。

课堂实例 1-7　在页面中创建锚点链接，效果如图 1-25 所示。

```
<!doctype html>
<html>
<head>
<meta charset="utf-8">
<title>锚点链接</title>
</head>
<body>
课程介绍：
<ul>
    <li><a href="#one">平面广告设计</a></li>
    <li><a href="#two">网页设计与制作</a></li>
    <li><a href="#three">Flash 互动广告动画设计</a></li>
    <li><a href="#four">用户界面（UI）设计</a></li>
    <li><a href="#five">Javascript 与 jQuery 网页特效</a></li>
</ul>
<h3 id="one">平面广告设计</h3>
<p>课程涵盖 Photoshop 图像处理、Illustrator 图形设计、平面广告创意设计、字体设计与标志设计。</p>
<br /><br /><br /><br /><br /><br /><br /><br /><br /><br /><br /><br /><br /><br />
<h3 id="two">网页设计与制作</h3>
<p>课程涵盖 DIV+CSS 实现 Web 标准布局、Dreamweaver 快速网站建设、网页版式构图与设计技巧、网页配色理论与技巧。</p>
<br /><br /><br /><br /><br /><br /><br /><br /><br /><br /><br /><br /><br /><br />
<h3 id="three">Flash 互动广告动画设计</h3>
<p>课程涵盖 Flash 动画基础、Flash 高级动画、Flash 互动广告设计、Flash 商业网站设计。</p>
<br /><br /><br /><br /><br /><br /><br /><br /><br /><br /><br /><br /><br /><br />
<h3 id="four">用户界面（UI）设计</h3>
<p>课程涵盖实用美术基础、手绘基础造型、图标设计与实战演练、界面设计与实战演练。</p>
<br /><br /><br /><br /><br /><br /><br /><br /><br /><br /><br /><br /><br /><br />
<h3 id="five">Javascript 与 jQuery 网页特效</h3>
<p>课程涵盖 Javascript 编程基础、Javascript 网页特效制作、jQuery 编程基础、jQuery 网页特效制作。</p>
</body>
</html>
```

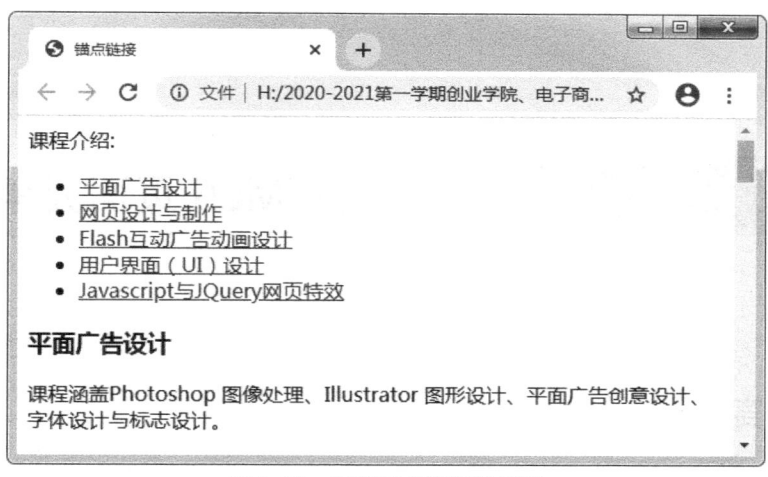

图 1-25　创建锚点链接效果图

项目小结

本项目从网页设计基础知识开始介绍，然后针对 HTML5 的发展历程、HTML5 的基本语法、HTML5 的基本结构、文本相关标签实现文字修饰和布局、图像相关标签实现图文并茂的页面和超链接相关标签实现页面的跳转分别进行了讲解，使学生可以独立完成 HTML5 图文并茂页面的创建过程。

课后实训练习

查看本项目课后练习题，请扫描二维码。

项目 2　HTML5 页面元素及属性

项目前言

HTML5 中引入了很多新的标记元素和属性，这是 HTML5 的一大亮点，这些新增元素使文档结构更加清晰明确，属性则使标记的功能更加强大，掌握这些元素和属性是正确使用 HTML5 构建网页的基础。本项目将 HTML5 中的新增元素分为结构元素、分组元素、页面交互元素和文本层次语义元素，除了介绍这些元素外，还会介绍 HTML5 中常用的几种标准属性。

学习目标

- ❖ 掌握结构元素的使用，可以使页面分区更明确；
- ❖ 理解分组元素的使用，能够建立简单的标题组；
- ❖ 掌握页面交互元素的使用，能够实现简单的交互效果；
- ❖ 理解文本层次语义元素，能够在页面中突出所标记的文本内容；
- ❖ 掌握全局属性的应用，能够使页面元素实现相应的操作。

教学建议

- ❖ 使用案例引入法，使学生更好地理解和掌握 HTML5 的页面元素及属性；
- ❖ 指定相关实操任务，让学生练习操作相关技能。

综合案例展示

2.1 列表元素

为了使网页更易读，制作网页时经常将网页信息以列表的形式呈现，如淘宝商城首页的商品服务分类，排列有序、条理清晰，呈现为列表的形式。为了满足网页排版的需求，HTML 语言提供了 3 种常用的列表元素，分别为 ul 元素（无序列表）、ol 元素（有序列表）和 dl 元素（定义列表），本节将对这 3 种元素进行详细讲解。

2.1.1 无序列表 ul 元素

无序列表是网页中最常用的列表，之所以称为"无序列表"，是因为其各个列表项之间没有顺序级别之分，通常是并列的。定义无序列表的基本语法格式为：

```
<ul>
    <li>列表项 1</li>
    <li>列表项 2</li>
    <li>列表项 3</li>
    ……
</ul>
```

在上面的语法中，<ul></ul>标记用于定义无序列表，<li></li>用于描述具体的列表项，<li></li>标记嵌套在<ul></ul>标记中。

下面通过一个课堂实例对无序列表的用法进行演示，如课堂实例 2-1 所示。

课堂实例 2-1　利用无序列表创建 2-1.html。

```
<!doctype html>
<html>
    <head>
        <meta charset="utf-8" />
        <title>ul 元素的使用</title>
    </head>
    <body>
        <ul type="circle">
            <li>春</li>
            <li>夏</li>
            <li>秋</li>
            <li>冬</li>
        </ul>
    </body>
</html>
```

运行课堂实例 2-1，效果如图 2-1 所示。

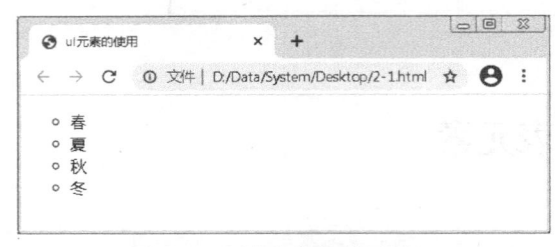

图 2-1　ul 元素使用效果展示

注意：

<li>与</li>之间相当于一个容器，可以容纳所有的元素。但是<ul></ul>中只能嵌套<li></li>，直接在<ul></ul>标记中输入文字的做法是不被允许的。

2.1.2　有序列表 ol 元素

有序列表即为有排列顺序的列表，其各个列表项按照一定的顺序排列，如网页中常见的歌曲排行榜、游戏排行榜等都可以通过有序列表来定义。定义有序列表的基本语法格式为：

```
<ol>
    <li>列表项 1</li>
    <li>列表项 2</li>
```

```
        <li>列表项 3</li>
        ......
</ol>
```

在上面的语法中，<ol></ol>标记用于定义无序列表，<li></li>用于描述具体的列表项，<li></li>标记嵌套在<ol></ol>标记中。

下面通过一个课堂实例对有序列表的用法进行演示，如课堂实例 2-2 所示。

课堂实例 2-2　利用有序列表创建 2-2.html。

```
<!doctype html>
<html>
    <head>
        <meta charset="utf-8" />
        <title>ol 元素的使用</title>
    </head>
    <body>
        <ol>
            <li>苹果</li>
            <li>香蕉</li>
            <li>橘子</li>
            <li>柠檬</li>
        </ol>
    </body>
</html>
```

运行课堂实例 2-2，效果如图 2-2 所示。

如果需要更改列表编号的起始值，可以修改第 8 行代码，例如：

```
<ol start="2">
```

保存后刷新页面，效果如图 2-3 所示。

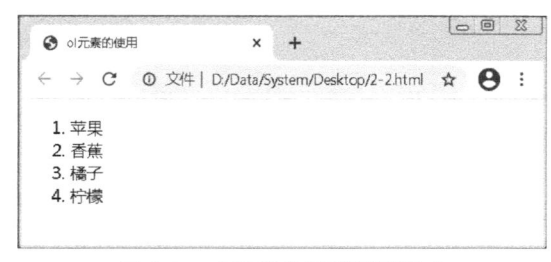

图 2-2　ol 元素使用效果展示 1 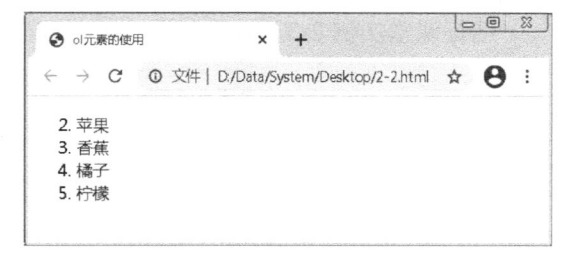　　　　　图 2-3　ol 元素使用效果展示 2

2.1.3　定义列表 dl 元素

定义列表常用于对术语或名词进行解释和描述。与无序列表和有序列表不同，定义列表的列表项前没有任何项目符号。定义列表的基本语法格式为：

```
<dl>
    <dt>名词 1</dt>
        <dd>名词 1 解释 1</dd>
        <dd>名词 1 解释 2</dd>
        ...
    <dt>名词 2</dt>
        <dd>名词 2 解释 1</dd>
        <dd>名词 2 解释 2</dd>
        ...
</dl>
```

在上面的语法中，<dl></dl>标记用于指定定义列表，<dt></dt>标记用于指定术语名词，<dd></dd>标记用于对名词进行解释和描述。

下面通过一个课堂实例对定义列表的用法进行演示，如课堂实例 2-3 所示。

课堂实例 2-3　利用定义列表创建 2-3.html。

```
<!doctype html>
<html>
  <head>
    <meta charset="utf-8" />
    <title>dl 元素的使用</title>
  </head>
  <body>
  <dl>
    <dt>计算机</dt> <!--定义术语名词-->
        <dd>用于大型运算的机器</dd> <!--解释和描述名词-->
        <dd>可以上网冲浪</dd>
        <dd>工作效率非常高</dd>
  </dl>
  </body>
</html>
```

运行课堂实例 2-3，效果如图 2-4 所示。

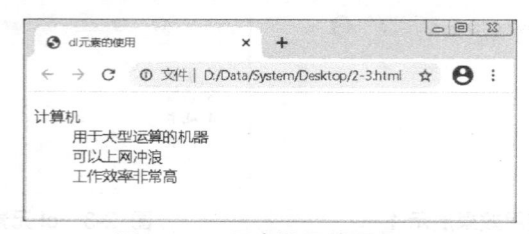

图 2-4　dl 元素使用效果展示

2.1.4　列表的嵌套应用

在网上购物商城中浏览商品时，经常会看到某一类商品被分为若干小类，这些小类通常还包含若干的子类。同样，在使用列表时，列表项中也有可能包含若干子列表项，要想在列表项中定义子列表项就需要将列表进行嵌套。

下面通过一个课堂实例对列表嵌套的用法进行演示，如课堂实例 2-4 所示。

课堂实例 2-4 列表嵌套的使用 2-4.html。

```html
<!doctype html>
<html>
  <head>
    <meta charset="utf-8" />
    <title>列表的嵌套应用</title>
  </head>
  <body>
    <h2>饮品</h2>
    <ul>
      <li>咖啡
        <ol> <!--有序列表的嵌套-->
          <li>拿铁</li>
          <li>摩卡</li>
        </ol>
      </li>
      <li>茶
        <ul> <!--有序列表的嵌套-->
          <li>碧螺春</li>
          <li>龙井</li>
        </ul>
      </li>
    </ul>
  </body>
</html>
```

运行课堂实例 2-4，效果如图 2-5 所示。

在课堂实例 2-4 中，首先定义了一个包含两个列表项的无序列表，然后在第一个列表项中嵌套一个有序列表，在第二个列表项中嵌套一个无序列表，方法为在 <li></li> 中定义有序或无序列表。在图 2-5 中，咖啡和茶两种饮品又进行了第二次分类，"咖啡"分类为"拿铁"和"摩卡"，"茶"分类为"龙井"和"碧螺春"。

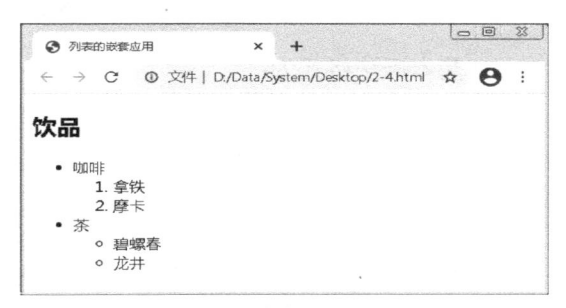

图 2-5 列表嵌套使用效果展示

延伸阅读：
列表元素创建
使用视频

2.2 结构元素

HTML5 中所有的元素都是有结构性的，且这些元素的作用与块元素非常相似。

HTML5 中的结构元素包括 header 元素、nav 元素、article 元素、section 元素、aside 元素和 footer 元素，如图 2-6 所示。

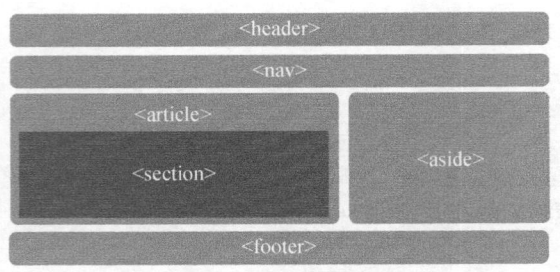

图 2-6　页面结构元素

2.2.1　header 元素

HTML5 中的 header 元素是一种具有引导和导航作用的结构元素，该元素可以包含所有通常放在页面头部的内容。header 元素通常用来放置整个页面或页面内的一个内容区块的标题，也可以包含网站 Logo 图片、搜索表单或者其他相关内容，如图 2-7 所示。

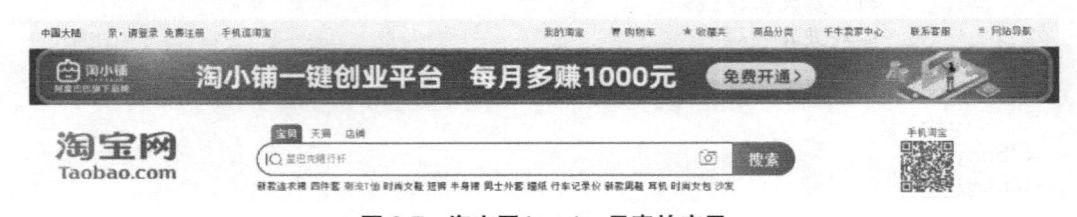

图 2-7　淘宝网 header 元素的应用

其基本语法格式为：

```
<header>
    <h1>网页主题</h1>
    ...
</header>
```

下面通过一个课堂实例对 header 元素的用法进行演示，如课堂实例 2-5 所示。

课堂实例 2-5　利用 header 元素创建 2-5.html。

```
<!doctype html>
    <html>
    <head>
        <meta charset="utf-8" />
        <title>header 元素的使用</title>
    </head>
    <body>
        <header>
            <h1>秋天的味道</h1>
```

```
            <h3>你想不想知道秋天的味道？它是甜、是苦、是涩...</h3>
        </header>
    </body>
</html>
```

运行课堂实例 2-5，效果如图 2-8 所示。

注意：

Header 元素并非 head 元素。在 HTML 网页中，并不限制 header 元素的个数，一个网页中可以使用多个 header 元素，也可以为每一个内容块添加 header 元素。

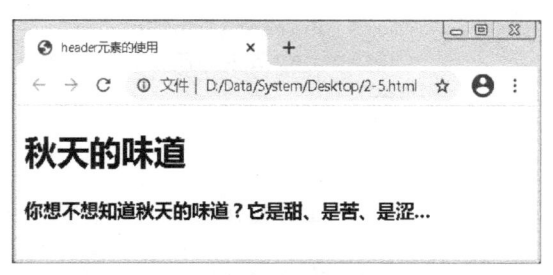

图 2-8　header 元素使用效果展示

2.2.2　nav 元素

nav 元素用于定义导航链接，是 HTML5 新增的元素，该元素可以将具有导航性质的链接归纳在一个区域中，使页面元素的语义更加明确。其中的导航元素可以链接到站点的其他页面，或者当前页的其他部分，如下面这段示例代码：

```
<nav>
    <ul>
        <li><a href="#">首页</li>
        <li><a href="#">公司概况</li>
        <li><a href="#">产品展示</li>
        <li><a href="#">联系我们</li>
    </ul>
</nav>
```

在上面这段代码中，通过在 nav 元素内部嵌套无序列表 ul 来搭建导航结构。通常，一个 HTML 页面中可以包含多个 nav 元素，作为页面整体或不同部分的导航。

具体来说，nav 元素可以用于以下几种场合。

➤ 传统导航条：目前主流网站上都有不同层级的导航条，其作用是跳转到网站的其他主页面。

➤ 侧边栏导航：目前主流博客网站及电商网站都有侧边栏导航，目的是将当前文章或当前商品页面跳转到其他文章或其他商品页面。

➤ 页内导航：它的作用是在本页面几个主要的组成部分之间进行跳转。

➤ 翻页操作：翻页操作切换的是网页的内容部分，可以通过单击"上一页"或"下一页"切换，也可以通过单击实际的页数跳转到某一页。

除了以上几点以外，nav 元素也可以用于其他重要的、基本的导航链接组中。

下面通过一个课堂实例对 header 元素的用法进行演示，如课堂实例 2-6 所示。

课堂实例 2-6 利用 nav 元素创建 2-6.html。

```html
<!doctype html>
<html>
  <head>
    <meta charset="utf-8" />
    <title>nav 元素的使用</title>
  </head>
  <body>
    <nav>
      <ul>
        <li><a href="#">首页</li>
        <li><a href="#">公司概况</li>
        <li><a href="#">产品展示</li>
        <li><a href="#">联系我们</li>
      </ul>
    </nav>
  </body>
</html>
```

运行课堂实例 2-6，效果如图 2-9 所示。

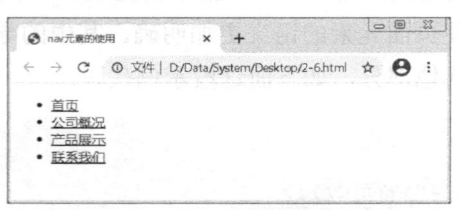

图 2-9 nav 元素使用效果展示

2.2.3 article 元素

article 元素代表文档、页面或者应用程序中与上下文不相关的独立部分，该元素可以是一条新闻或用户评论等。article 元素通常使用多个 section 元素进行划分，一个页面中 article 元素可以出现多次，如图 2-10 所示。

图 2-10 网页中 article 元素的应用

其基本语法格式为：

```
<article>
   <section>
   …(内容和标题)
   </section>
   <section>
   …(内容和标题)
   </section>
</article>
```

2.2.4　section 元素

section 元素用于对网站或应用程序中页面上的内容进行分块，一个 section 元素通常由内容和标题组成。在使用 section 元素时，需要注意以下 3 点：

➢ 不要将 section 元素用作设置样式的页面容器，那是 div 的特性。section 元素并非一个普通的容器元素，当一个容器需要被直接定义样式或通过脚本定义行为时，推荐使用 div。

➢ 如果 article 元素、aside 元素或 nav 元素更符合使用条件，那么不要使用 section 元素。

➢ 没有标题的内容区块不要使用 section 元素定义。

在 HTML5 中，article 元素可以看作是一种特殊的 section 元素，它比 section 元素更具有独立性，即 section 元素强调分段或分块，而 article 元素强调独立性。如果一块内容相对来说比较独立、完整时，应该使用 article 元素；但是如果想要将一块内容分成多段时，应该使用 section 元素。

下面通过一个课堂实例对 article 元素和 section 元素的用法进行演示，如课堂实例 2-7 所示。

课堂实例 2-7　利用 article 元素和 section 元素创建 2-7.html。

```
<!doctype html>
<html>
   <head>
      <meta charset="utf-8" />
      <title>article 元素和 section 元素的使用</title>
   </head>
   <body>
      <article>
         <header>
            <h2>小张的个人介绍</h2>
         </header>
         <p>小张是一个好学生，是一个帅哥……</p>
         <section>
            <h2>评论</h2>
```

```html
            <article>
                <h3>评论者：A</h3>
                <p>小张真的很帅</p>
            </article>
            <article>
                <h3>评论者：B</h3>
                <p>小张是一个好学生</p>
            </article>
        </section>
    </article>
</body>
</html>
```

运行课堂实例 2-7，效果如图 2-11 所示。

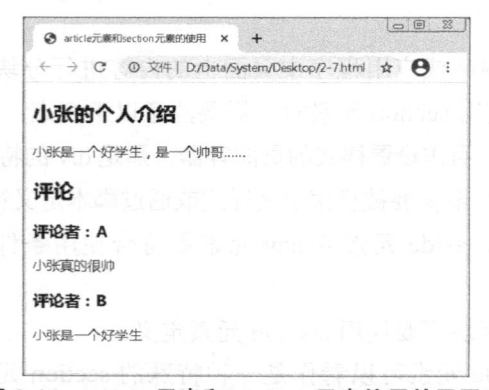

图 2-11　article 元素和 section 元素使用效果展示

2.2.5　aside 元素

aside 元素用来定义当前页面或者文章的附属信息部分，它可以包含与当前页面或主要内容相关的引用、侧边栏、广告、导航条等其他类似的有别于主要内容的部分，如图 2-12 所示。

图 2-12　网页中 aside 元素的应用

aside 元素的用法主要分为两种：
- 被包含在 article 元素内作为主要内容的附属信息。
- 在 article 元素之外使用，作为页面或站点全局的附属信息部分。最常用的形式是侧边栏，其中的内容可以是友情链接、广告单元等。

下面通过一个课堂实例对 aside 元素的用法进行演示，如课堂实例 2-8 所示。

课堂实例 2-8 利用 aside 元素创建 2-8.html。

```html
<!doctype html>
<html>
  <head>
    <meta charset="utf-8" />
    <title>aside 元素的使用</title>
  </head>
  <body>
    <article>
      <header>
        <h1>标题</h1>
      </header>
      <section>文章主要内容</section>
      <aside>其他相关文章</aside>
    </article>
    <aside>右侧菜单</aside>
  </body>
</html>
```

运行课堂实例 2-8，效果如图 2-13 所示。

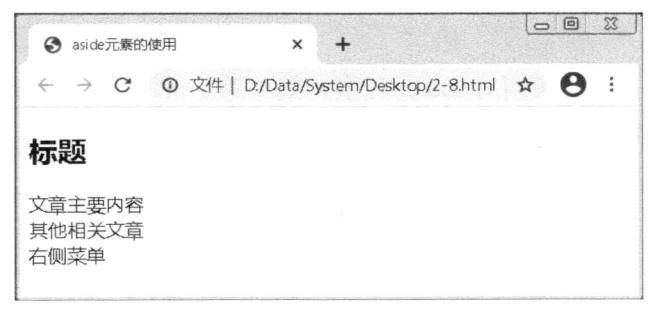

图 2-13 aside 元素使用效果展示

2.2.6 footer 元素

footer 元素用于定义一个页面或者区域的底部，它可以包含所有通常放在页面底部的内容。在 HTML5 出现之前，一般使用<div id="footer"></div>标记来定义页面底部，而通过 HTML5 的 footer 元素可以轻松实现，如图 2-14 所示。

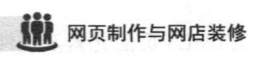

图 2-14　网页中 footer 元素的应用

与 header 元素相同，一个页面中可以包含多个 footer 元素。同时，也可以在 article 元素或者 section 元素中添加 footer 元素。示例代码如下：

```
<article>
    文章内容
    <footer>
        文章分页列表
    </footer>
</article>
<footer>
    页面底部
</footer>
```

在上述代码中，使用了两对 footer 元素，其中第一对 footer 元素用于为 article 元素添加区域底部，第二对 footer 元素用于为页面定义底部。

2.3　分组元素

延伸阅读：
结构元素创建
使用视频

分组元素用于对页面中的内容进行分组。HTML5 中涉及 3 个与分组有关的元素，分别是 figure 元素、figcaption 元素和 hgroup 元素。

2.3.1　figure 和 figcaption 元素

figure 元素用于定义独立的流内容（如图像、图片、照片、代码等），一般指一个单独的单元。figure 元素的内容应该与主内容相关，但如果被删除，也不会对文档产生影响。figcaption 元素用于为 figure 元素组添加标题，一个 figure 元素内最多允许使用一个 figcaption 元素，该元素应该放在 figure 元素的第一个或者最后一个子元素的位置。

下面通过一个课堂实例对 figure 和 figcaption 元素的用法进行演示，如课堂实例 2-9 所示。

课堂实例 2-9　利用 figure 和 figcaption 元素创建 2-9.html。

```
<!doctype html>
<html>
  <head>
    <meta charset="utf-8" />
    <title>figure 和 figcaption 元素的使用</title>
  </head>
  <body>
    <p>被称作"第四代体育馆"的"鸟巢"国家体育场是 2008 年北京奥运会的标志性建筑，她位于北京北四环边，包含在奥林匹克国家森林公园之中。占地面积 20.4 万平米，总建筑面积 25.8 万平米，拥有 9.1 万个固定座位，内设餐厅、运动员休息室、更衣室等。2008 年奥运会期间，承担开幕式、闭幕式、田径比赛、男子足球决赛等赛事活动。</p>
    <figure>
      <figcaption>北京鸟巢</figcaption>
    <p>拍摄者：义乌工商职业技术学院，拍摄时间：2020 年 12 月</p>
      <img src="images/niaochao.jpg" alt="">

    </figure>
  </body>
</html>
```

运行课堂实例 2-9，效果如图 2-15 所示。

图 2-15　figure 和 figcaption 元素使用效果展示

2.3.2 hgroup 元素

hgroup 元素用于将多个标题（主标题和副标题或者子标题）组成一个标题组，通常它与 h1~h6 元素组合使用，并且要将 hgroup 元素放在 header 元素中。

在使用 hgroup 元素时要注意以下几点：

> 如果只有一个标题元素，则不建议使用 hgroup 元素。
> 当出现一个或者一个以上的标题与元素时，推荐使用 hgroup 元素作为标题元素。
> 当一个标题包含副标题、section 或者 article 元素时，建议将 hgroup 元素和标题相关元素存放到 header 元素容器中。

下面通过一个课堂实例对 hgroup 元素的用法进行演示，如课堂实例 2-10 所示。

课堂实例 2-10 利用 hgroup 元素创建 2-10.html。

```html
<!doctype html>
<html>
  <head>
    <meta charset="utf-8" />
    <title>hgroup 元素的使用</title>
  </head>
  <body>
    <header>
    <hgroup>
      <h1>我的个人网站</h1>
      <h2>我的个人作品</h2>
    </hgroup>
    <p>开心快乐每一天</p>
    </header>
  </body>
</html>
```

运行课堂实例 2-10，效果如图 2-16 所示。

图 2-16 hgroup 元素使用效果展示

2.4 页面交互元素

HTML5 是一些独立特性的集合,它不仅增加了许多 Web 页面特性,而且本身也是一个应用程序。对于应用程序而言,表现最为突出的就是交互操作。HTML5 为操作新增加了对应的交互体验元素。

2.4.1 details 和 summary 元素

details 元素用于描述文档或文档某个部分的细节。summary 元素经常与 details 元素配合使用,作为 details 元素的第一个子元素,用于为 details 定义标题。标题是可见的,当用户单击标题时,会显示或隐藏 details 中的其他内容。基本语法格式如下:

```html
<details>
   <summary>显示列表内容</summary>
    <ul>
      <li>列表 1</li>
      <li>列表 2</li>
       ...
    <ul>
</details>
```

下面通过一个课堂实例对 details 和 summary 元素的用法进行演示,如课堂实例 2-11 所示。

课堂实例 2-11　利用 details 和 summary 元素创建 2-11.html。

```html
<!doctype html>
<html>
<head>
<meta charset="utf-8" />
<title>details 和 summary 元素的使用</title>
</head>
<body>
     <details>
         <summary>电子商务课程</summary>
         <ol>
             <li>电子商务实务</li>
             <li>跨境电子商务实务</li>
             <li>网页制作与网店装修</li>
             <li><img src="images/td.jpg" width="100" height="100" border="1" /></li>
```

```
            </ol>
        </details>
</body>
</html>
```

运行课堂实例 2-11，效果如图 2-17 所示。

当单击"电子商务课程"选项时，效果如图 2-18 所示。

图 2-17　details 和 summary 元素效果展示　　　图 2-18　details 和 summary 元素效果展示

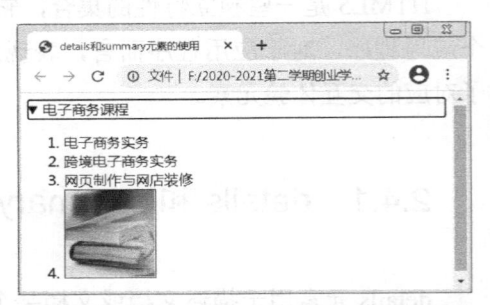

2.4.2　progress 元素

progress 元素用于表示一个任务的完成进度。这个进度可以是不确定的，只是表示进度正在进行，但是不清楚还有多少工作量没有完成。也可以用 0 到某个最大数字（如100）之间的数字来表示准确的进度完成情况（如进度百分比）。

progress 元素的常用属性值有两个：

➢ value：已经完成的工作量。

➢ max：总共有多少工作量。

其基本语法如下：

```
<progress value="数值" max="数值"></progress>
```

需要注意的是，value 和 max 属性的值必须大于 0，且 value 的值要小于或等于 max 属性的值。

下面通过一个课堂实例对 progress 元素的用法进行演示，如课堂实例 2-12 所示。

课堂实例 2-12　利用 progress 元素创建 2-12.html。

```
<!doctype html>
<html>
    <head>
        <meta charset="utf-8" />
        <title>progress 元素的使用</title>
    </head>
    <body>
```

```
    <h1>我的工作进展</h1>
    <p><progress min="0" max="100" value="50"></progress></p>
  </body>
</html>
```

运行课堂实例 2-12，效果如图 2-19 所示。

图 2-19 progress 元素效果展示

2.4.3 meter 元素

meter 元素用于表示指定范围内的数值。例如，显示硬盘容量或者对某个候选者的投票人数占投票总人数的比例等，都可以使用 meter 元素。meter 元素有多个常用的属性，如表 2-1 所示。

表 2-1 meter 元素的常用属性

属　　性	说　　明
high	定义度量的值位于哪个点被界定为高的值
low	定义度量的值位于哪个点被界定为低的值
max	定义最大值，默认值是 1
min	定义最小值，默认值是 0
optimum	定义什么样的度量值是最佳的值。如果该值高于 high 属性值，则意味着值越高越好。如果该值低于 low 属性值，则意味着值越低越好
value	定义度量的值

下面通过一个课堂实例对 meter 元素的用法进行演示，如课堂实例 2-13 所示。

课堂实例 2-13　利用 meter 元素创建 2-13.html。

```
<!doctype html>
<html>
  <head>
    <meta charset="utf-8" />
    <title>meter 元素的使用</title>
  </head>
  <body>
```

```
        <h1>学生成绩列表</h1>
        <p>
            小红：<meter value="65" min="0" max="100" low="60" high="80" title=
"65 分" optimum="100">65</meter><br/>
            小明：<meter value="80" min="0" max="100" low="60" high="80" title=
"80 分" optimum="100">80</meter><br/>
            小李：<meter value="75" min="0" max="100" low="60" high="80" title=
"75 分" optimum="100">75</meter><br/>
        </p>
    </body>
</html>
```

运行课堂实例 2-13，效果如图 2-20 所示。

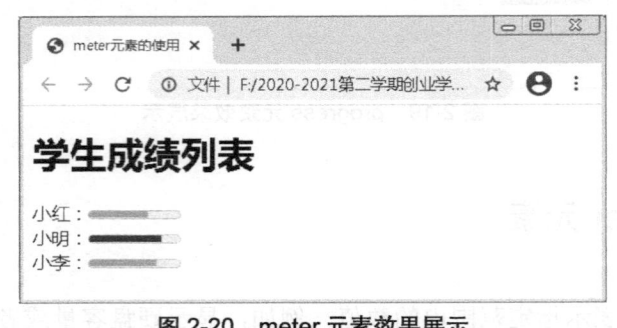

图 2-20   meter 元素效果展示

延伸阅读：
交互页面元素
创建使用视频

2.5 文本层次语义元素

为了使 HTML 页面中的文本内容更加形象生动，需要使用一些特殊的元素来突出文本之间的层次关系，这样的元素被称为层次语义元素。文本层次语义元素主要包括 time 元素、mark 元素和 cite 元素。

2.5.1 time 元素

time 元素用于定义时间或日期，可以代表 24 小时中的某一时间。time 元素不会在浏览器中呈现任何特殊效果，但是该元素能以机器可读的方式对日期和时间进行编码，这样，用户能够将生日提醒或其他事件添加到日程表中，搜索引擎也能够生成更智能的搜索结果，如图 2-21 所示。

浏览新闻页面时，我们经常可以看到很多带有时间和日期的新闻事件。有时候，这些时间我们需要记录下来，将生日提醒或其他事件添加到日程表中以提醒我们以后的生活或工作。

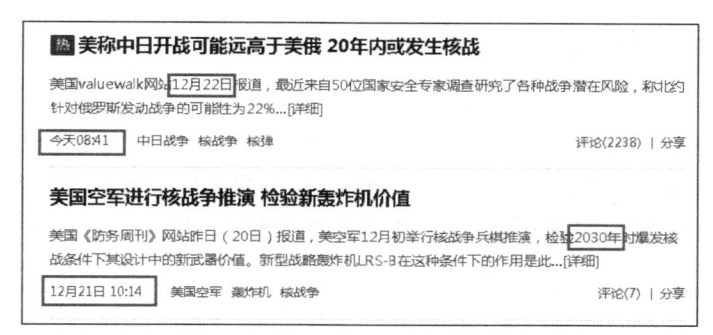

图 2-21 网页中 time 元素的应用

time 元素有以下两个属性。

➢ datetime：用于定义相应的时间或日期。取值为具体时间（如 14:00）或具体日期（如 2020-09-17），不定义该属性时，由元素的内容给定日期/时间。

➢ pubdate：用于定义 time 元素中的日期/时间，是文档（或 article 元素）的发布日期，取值一般为"pubdate"。

下面通过一个课堂实例对 time 元素的用法进行演示，如课堂实例 2-14 所示。

课堂实例 2-14　利用 time 元素创建 2-14.html。

```
<!doctype html>
<html>
    <head>
        <meta charset="utf-8" />
        <title>time 元素的使用</title>
    </head>
    <body>
        <p>我们早上<time>9:00</time>开始上班</p>
        <p>今年的<time datetime="2020—10—01">十一</time>我们准备去旅游</p>
        <time datetime="2020-09-17" pubdate="pubdate">
本消息发布于 2020 年 09 月 17 日
        </time>
    </body>
</html>
```

运行课堂实例 2-14，效果如图 2-22 所示。

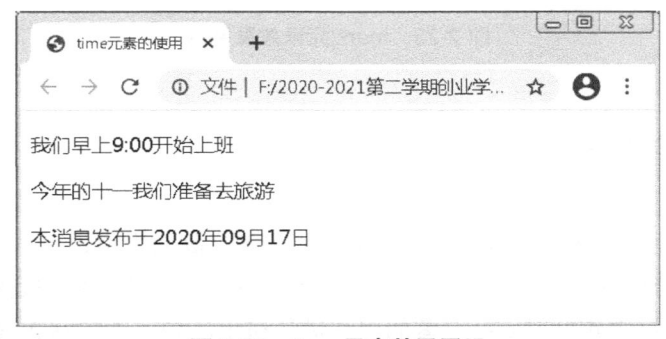

图 2-22　time 元素效果展示

2.5.2 mark 元素

mark 元素的主要功能是在文本中高亮显示某些字符，以引起用户注意。该元素的用法与 em 和 strong 有相似之处，但是使用 mark 元素在突出显示样式时更随意灵活。

下面通过一个课堂实例对 mark 元素的用法进行演示，如课堂实例 2-15 所示。

课堂实例 2-15 利用 mark 元素创建 2-15.html。

```
<!doctype html>
<html>
    <head>
        <meta charset="utf-8" />
        <title>mark 元素的使用</title>
    </head>
    <body>
        <h3>小苹果</h3>
        <p>我种下一颗<mark>种子</mark>，终于长出了<mark>果实</mark>，今天是个伟大日子。摘下星星送给你，拽下月亮送给你，让太阳每天为你升起。变成蜡烛燃烧自己，只为照亮你，把我一切都献给你，只要你欢喜。你让我每个明天都变得有意义，生命虽短爱你永远，不离不弃。你是我的小呀<mark>小苹果儿</mark> 怎么爱你都不嫌多。红红的小脸儿温暖我的心窝 点亮我生命的火 火火火火。你是我的小呀<mark>小苹果儿</mark> 就像天边最美的云朵。春天又来到了花开满山坡 种下希望就会收获。</p>
    </body>
</html>
```

运行课堂实例 2-15，效果如图 2-23 所示。

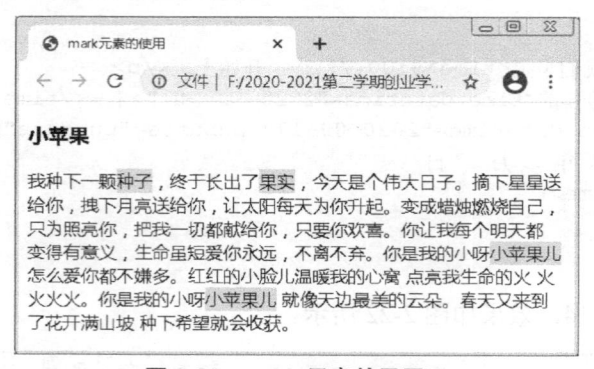

图 2-23 mark 元素效果展示

2.5.3 cite 元素

cite 元素可以创建一个引用标记，用于对文档参考文献的引用说明，一旦在文档中使用了该标记，被标记的文档内容将以斜体的样式展示在页面中，以区别于段落中的其他字符。

下面通过一个课堂实例对 cite 元素的用法进行演示，如课堂实例 2-16 所示。

课堂实例 2-16　利用 cite 元素创建 2-16.html。

```
<!doctype html>
<html>
    <head>
        <meta charset="utf-8" />
        <title>cite 元素的使用</title>
    </head>
    <body>
        <p>也许愈是美丽就愈是脆弱,就像盛夏的泡沫。</p>
        <cite>——明晓溪《泡沫之夏》</cite>
    </body>
</html>
```

运行课堂实例 2-16，效果如图 2-24 所示。

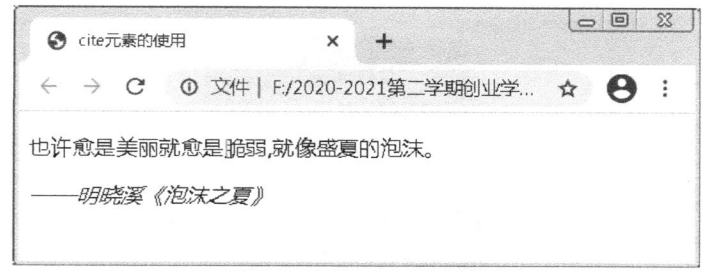

图 2-24　cite 元素效果展示

2.6　全局属性

全局属性是指在任何元素中都可以使用的属性，在 HTML5 中常用的全局属性有 draggable、hidden、spellcheck 和 contenteditable，本节将对它们进行具体讲解。

2.6.1　draggable 属性

draggable 属性用来定义元素是否可以拖动，该属性有两个值：true 和 false。默认为 false，当值为 true 时表示元素选中之后可以进行拖动操作，否则不能拖动。

下面通过一个课堂实例对 draggable 属性的用法进行演示，如课堂实例 2-17 所示。

课堂实例 2-17　利用 draggable 属性创建 2-17.html。

```
<!doctype html>
<html>
    <head>
```

```
        <meta charset="utf-8" />
        <title>draggable 属性的应用</title>
    </head>
    <body>
        <h3>元素拖动属性</h3>
        <article draggable="true">这些文字可以被拖动</article>
        可拖动的图片<img src="images/td.jpg" draggable="true">
    </body>
</html>
```

运行课堂实例 2-17，效果如图 2-25 所示。

图 2-25　draggable 属性效果展示

2.6.2　hidden 属性

在 HTML5 中，大多数元素都支持 hidden 属性，该属性有两个属性值：true 和 false。当 hidden 属性取值为 true 时，元素将会被隐藏，反之则会显示。元素中的内容是通过浏览器创建的，页面装载后允许使用 JavaScript 脚本将该属性取消，取消后该元素变为可见状态，同时元素中的内容也及时显示出来。

2.6.3　spellcheck 属性

spellcheck 属性主要针对于 input 元素和 textarea 文本输入框，对用户输入的文本内容进行拼写和语法检查。spellcheck 属性有两个值：true（默认值）和 false。值为 true 时检测输入框中的值，反之不检测。

下面通过一个课堂实例对 spellcheck 属性的用法进行演示，如课堂实例 2-18 所示。

课堂实例 2-18　利用 spellcheck 属性创建 2-18.html。

```html
<!doctype html>
<html>
    <head>
        <meta charset="utf-8" />
        <title>spellcheck 属性的应用</title>
    </head>
    <body>
        <h3>输入框语法检测</h3>
        <p>spellcheck 属性值为 true<br/>
        <textarea spellcheck="true">html5</textarea>
        </p>
        <p>spellcheck 属性值为 false<br/>
        <textarea spellcheck="false">html5</textarea>
        </p>
    </body>
</html>
```

运行课堂实例 2-18，效果如图 2-26 所示。

图 2-26　spellcheck 属性效果展示

2.6.4　contenteditable 属性

contenteditable 属性规定是否可编辑元素的内容，但是前提是该元素必须可以获得鼠标焦点并且其内容不是只读的。在 HTML5 之前的版本中如果直接在页面上编辑文本需要编写比较复杂的 JavaScript 代码，但是在 HTML5 中只要指定该属性的值即可。该属性有两个值，如果为 true 则表示可编辑，为 false 则表示不可编辑。

下面通过一个课堂实例对 contenteditable 属性的用法进行演示，如课堂实例 2-19 所示。

课堂实例 2-19　利用 contenteditable 属性创建 2-19.html。

```html
<!doctype html>
<html>
```

```html
<head>
    <meta charset="utf-8" />
    <title>contenteditable属性的应用</title>
</head>
<body>
    <h3>可编辑列表</h3>
    <ul contenteditable="true">
        <li>列表 1</li>
        <li>列表 2</li>
        <li>列表 3</li>
        <li>列表 4</li>
    </ul>
</body>
</html>
```

运行课堂实例 2-19，效果如图 2-27 所示。

图 2-27　contenteditable 属性效果展示

动手实践——制作电影影评网

本项目讲解了 HTML5 新增的结构元素、分组元素、页面交互元素、文本层次语义元素及常用的标准属性等内容。请结合前面所学知识点制作一个"电影影评网"，默认效果如图 2-28 所示。

图 2-28　"电影影评网"效果

当单击"动作电影"时，会显示动作电影的下拉菜单，如图 2-29 所示；再次单击，将下拉菜单收缩。

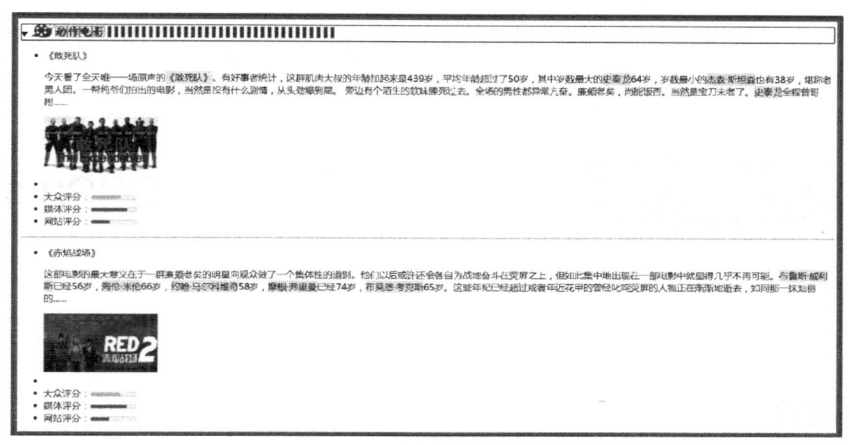

图 2-29 "动作电影"下拉菜单

同样，单击"科幻电影"时，会显示科幻电影的下拉菜单，如图 2-30 所示；再次单击，将下拉菜单收缩。

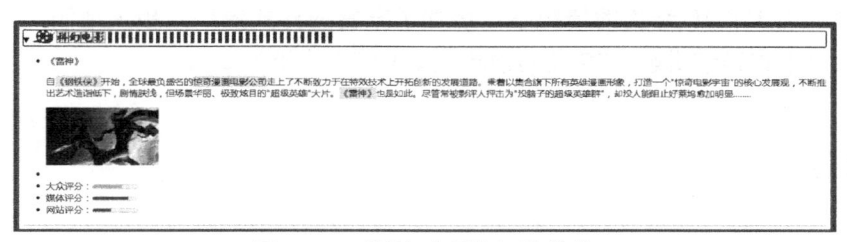

图 2-30 "科幻电影"下拉菜单

项目小结

本项目从页面结构元素开始介绍，然后针对分组元素、页面交互元素、文本层次语义元素等 HTML5 中的重要元素分别进行了讲解，而且针对每个元素设置了实例。除了介绍 HTML5 中的相关元素外，本项目还对 HTML5 中的全局属性做了详细介绍。最后通过阶段案例剖析 HTML5 元素的实际应用。HTML5 中的相关元素还有很多，在后面的项目中将会做进一步介绍。

课后实训练习

查看本项目课后练习题，请扫描二维码。

项目 3 CSS3 的应用

项目前言

随着网页制作技术的不断发展，单调的 HTML 属性样式已经无法满足网页设计的需求。开发者往往需要更多的字体选择、更方便的样式效果、更绚丽的图形动画。CSS 的出现在不改变原有 HTML 结构的情况下，增加了丰富的样式效果，极大地满足了开发者的需求。本项目中将详细讲解 CSS 及其最新版本 CSS3 的相关知识。

学习目标

- ❖ 掌握 CSS 基础选择器，能够运用 CSS 选择器定义标记样式；
- ❖ 熟悉 CSS 文本样式属性，能够运用相应的属性定义文本样式；
- ❖ 理解 CSS 优先级，能够区分复合选择器权重的大小；
- ❖ 掌握盒子的相关属性，能够制作常见的盒子模型效果；
- ❖ 掌握背景属性的设置方法，能够设置背景颜色和图像；
- ❖ 理解渐变属性的原理，能够设置渐变背景。

教学建议

- ❖ 使用案例引入法，使学生更好地理解和掌握 CSS3 的应用；
- ❖ 指定相关实操任务，让学生练习操作相关技能。

综合案例展示

3.1 CSS3 简介

3.1.1 CSS 结构与表现分离

使用 HTML 标记属性对网页进行修饰的方式存在很大的局限和不足，如网站维护困难、不利于代码阅读等。如果希望网页美观、大方，并且升级轻松、维护方便，就需要使用 CSS，实现结构与表现的分离。结构与表现相分离是指在网页设计中，HTML 标签只用于搭建网页的基本结构，不使用标签属性设置显示样式，所有的样式交由 CSS 来设置。

CSS 非常灵活，既可以嵌入在 HTML 文档中，也可以是一个单独的外部文件，如果是独立的文件，则必须以 .css 为后缀名。图 3-1 所示的代码片段，就是将 CSS 嵌入在 HTML 文档中，虽然与 HTML 在同一个文档中，但 CSS 集中写在 HTML 文档的头部，也是符合结构与表现相分离的。

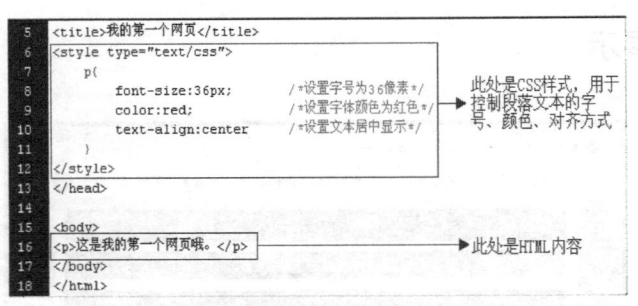

```
5   <title>我的第一个网页</title>
6   <style type="text/css">
7       p{
8           font-size:36px;        /*设置字号为36像素*/
9           color:red;             /*设置字体颜色为红色*/
10          text-align:center      /*设置文本居中显示*/
11      }
12  </style>
13  </head>
14
15  <body>
16  <p>这是我的第一个网页哦。</p>
17  </body>
18  </html>
```

此处是CSS样式，用于控制段落文本的字号、颜色、对齐方式

此处是HTML内容

图 3-1　CSS 代码片段

如今大多数网页都是遵循 Web 标准开发的，即用 HTML 编写网页结构和内容，而相关版面布局、文本或图片的显示样式都使用 CSS 控制。HTML 与 CSS 的关系就像人的身体与衣服，通过更改 CSS 样式，可以轻松控制网页的表现样式。

CSS 以 HTML 为基础，提供了丰富的动能，如字体、颜色、背景的控制及整体排版等，如图 3-2 所示，而且还可以针对不同的浏览器设置不同的样式。图 3-3 所示的学院信息中文字的颜色、粗体、背景、行间距和左右两列的排版等，都是通过 CSS 控制的。

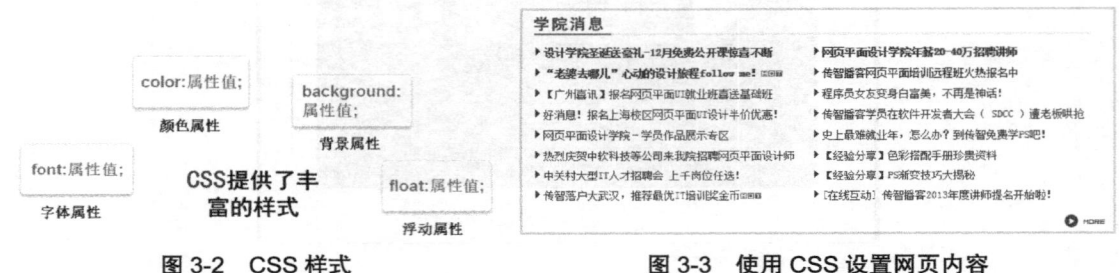

图 3-2　CSS 样式　　　　　　　　　图 3-3　使用 CSS 设置网页内容

3.1.2　CSS3 的优势

CSS3 是 CSS 规范的最新版本，在 CSS2.1 的基础上增加了很多强大的新功能，以帮助开发人员解决一些实际面临的问题。使用 CSS3 不仅可以设计炫酷美观的网页，还能提高网页性能。与传统的 CSS 相比，CSS3 最突出的优势主要体现在节约成本和提高性能两方面。

1. 节约成本

CSS3 提供了很多新特性，如圆角、多背景、透明度、阴影、动画、图表等功能。在老版本的 CSS 中，这些功能都需要大量的代码或复杂的操作来完成，有些动画功能还涉及 JavaScript 脚本。但 CSS3 的新功能帮我们摒弃了冗余的代码结构，远离很多 JavaScript 脚本或者 Flash 代码，网页设计者不再需要花大把时间去写脚本，极大地节约了开发成本。

2. 提高性能

由于功能的加强，CSS3 能够用更少的图片或脚本制作出图形化网站。在进行网页设计时，减少了标签的嵌套和图片的使用数量，网页页面加载也会更快。此外，减少图片、脚本代码，Web 站点就会减少 HTTP 请求数，页面加载速度和网站的性能就会得到提升。

3.2 CSS 核心基础

在学习 CSS3 之前，我们首先要掌握 CSS 的基础知识，为学习 CSS3 夯实基础。本节将从 CSS 样式规则、引入 CSS 样式表、CSS 基础选择器 3 个方面，详细讲解 CSS 的基础知识。

3.2.1 CSS 样式规则

要想熟练地使用 CSS 对网页进行修饰，首先要了解 CSS 样式规则。设置 CSS 样式的具体语法规则如下：

```
选择器{属性1:属性值1； 属性2:属性值2； 属性3:属性值3；……}
```

在上面的样式规则中，选择器用于指定需要改变样式的 HTML 标签，花括号内部是一条或多条声明。每条声明由一个属性和属性值组成，以"键值对"的形式出现。

其中属性是对指定的标签设置的样式属性，如字体大小、文本颜色等。属性和属性值之间用英文冒号"："连接，多个声明之间用英文分号"；"进行分隔。图 3-4 是一个 CSS 样式规则的结构示意图。

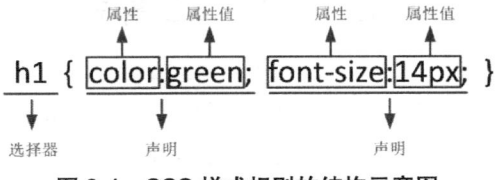

图 3-4 CSS 样式规则的结构示意图

值得一提的是，在书写 CSS 样式时，除了要遵循 CSS 样式规则，还必须注意 CSS 代码结构的特点，具体如下：

➢ CSS 样式中的选择器严格区分大小写，而声明不区分大小写，按照书写习惯一般将选择器、声明都采用小写的方式。

➢ 多个属性之间必须用英文状态下的分号隔开，最后一个属性后的分号可以省略，但是为了便于增加新样式最好保留。

➢ 如果属性的属性值由多个单词组成且中间包含空格，则必须为这个属性值加上英文状态下的引号。例如：

```
p{font-family: "Times New Roman"; }
```

➢ 在编写 CSS 代码时，为了提高代码的可读性，可使用"/*注释语句*/"来进行注释。例如，上面的样式代码可添加如下注释：

```
p{font-family: "Times New Roman"; }
/*这是CSS注释文本，有利于方便查找代码，此文本不会显示在浏览器窗口中*/
```

➢ 在 CSS 代码中空格是不被解析的，花括号及分号前后的空格可有可无。因此可以使用空格键、Tab 键、回车键等对样式代码进行排版，即所谓的格式化 CSS 代码，这样可以提高代码的可读性。例如：

代码段 1：

```
h1{ color:blue; font-size:16px; }
```

代码段 2：

```
h1{
color:blue;        /*定义颜色属性*/
font-size:16px;    /*定义字体大小属性*/
 }
```

上述两段代码所呈现的效果是一样的，但是"代码段 2"书写方式的可读性更高。

需要注意的是，属性值和单位之间是不允许出现空格的，否则浏览器解析时会出错。例如下面这行代码就是错误的：

```
h1{font-size: 16 px; }    /*16 和单位 px 之间有空格，浏览器解析时会出错*/
```

延伸阅读：
CSS 样式
规则视频

3.2.2 引入 CSS 样式表

要想使用 CSS 修饰网页，就需要在 HTML 文档中引入 CSS 样式表。CSS 提供了 4 种引入方式，分别为行内式、内嵌式、外链式、导入式，具体介绍如下。

1. 行内式

行内式也被称为内联样式，它通过标签的 style 属性来设置标签的样式，其基本语法格式如下：

```
<标签名 style="属性1:属性值1;属性2:属性值2;属性3:属性值3; ">内容</标签名>
```

上述语法中，style 是标签的属性，实际上任何 HTML 标签都拥有 style 属性，用来设置行内式。属性和属性值的书写规范与 CSS 样式规则一样，行内式只对其所在的标签及嵌套在其中的子标签起作用。

通常 CSS 的书写位置是在<head>头部标签中，但是行内式却写在<html>根标签中。

下面通过一个课堂实例对行内式的用法进行演示，如课堂实例 3-1 所示。

课堂实例 3-1 行内式的用法 3-1.html。

```
<!doctype html>
<html>
    <head>
        <meta charset="utf-8" />
        <title>行内式引入 CSS 样式表</title>
    </head>
    <body>
        <h1>使用 CSS 行内式修饰一级标题的字体大小和颜色</h1>
        <h1 style="font-size:20px; color:red;">使用 CSS 行内式修饰一级标题的字体大小和颜色</h1>
    </body>
</html>
```

运行课堂实例 3-1，效果如图 3-5 所示。

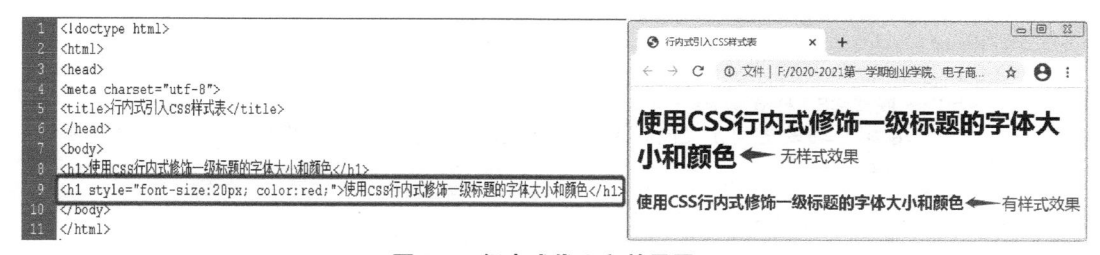

图 3-5 行内式代码和效果展示

在上述代码中，使用<h1>标签的 style 属性设置行内式 CSS 样式，用来修饰一级标题的字体大小和颜色。需要注意的是，行内式是通过标签的属性来控制样式的，这样并没有做到结构与样式分离，所以不推荐使用。

2. 内嵌式

内嵌式是将 CSS 代码集中写在 HTML 文档的<head>头部标签中，并且用<style>标签定义，其基本语法格式如下：

```
<head>
<style type="text/css">
    选择器{属性1:属性值1;属性2:属性值2;属性3:属性值3;}
</style>
</head>
```

上述语法中，<style>标签一般位于<title>标签之后，也可以把它放在 HTML 文档的任何地方。但是由于浏览器是从上到下解析代码的，把 CSS 代码放在头部有利于提前下载和解析，从而避免网页内容下载后没有样式修饰带来的尴尬。除此之外，需要设置 type 的属性值为"text/css"，这样浏览器才知道<style>标签包含的是 CSS 代码。

下面通过一个课堂实例对内嵌式的用法进行演示，如课堂实例 3-2 所示。

课堂实例 3-2　内嵌式的用法 3-2.html。

```html
<!doctype html>
<html>
  <head>
    <meta charset="utf-8" />
    <title>内嵌式引入 CSS 样式表</title>
    <style type="text/css">
      h2{text-align:center;}    /*定义标题标签居中对齐*/
      p{                        /*定义段落标签的样式*/
          font-size:16px;
          font-family:"宋体";
          font-weight:bold;
          color:blue;
          text-decoration:underline;
      }
    </style>
  </head>
  <body>
    <h2>内嵌式 CSS 样式</h2>
    <p>使用 style 标签可定义内嵌式 CSS 样式表，style 标签一般位于 head 头部标签中，title 标签之后。</p>
  </body>
</html>
```

运行课堂实例 3-2，效果如图 3-6 所示。

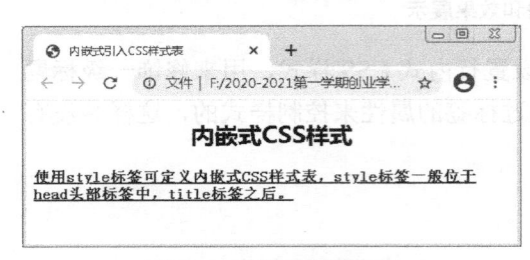

图 3-6　内嵌式效果展示

内嵌式将结构与样式进行了不完全分离。由于内嵌式 CSS 样式只对其所在的 HTML 页面有效，因此仅设计一个页面时，使用内嵌式是个不错的选择。但如果是一个网站，则不建议使用这种方式，因为内嵌式不能充分发挥 CSS 代码重用的优势。

3. 外链式

外链式也叫链入式，是将所有的样式放在一个或多个以.css 为扩展名的外部样式表文件中，通过<link />标签将外部样式表文件链接到 HTML 文档中，其基本语法格式如下：

```html
<head>
  <link href="css 件的路径" type="text/css" rel="stylesheet">
</head>
```

上述语法中，<link/>标签需要放在<head>头部标签中，并且必须指定<link/>标签的 3 个属性，具体如下。

➢ href：定义所链接外部样式表文件的 URL，可以是相对路径，也可以是绝对路径。

➢ type：定义所链接文档的类型，在这里需要指定为"text/css"，表示链接的外部文件为 CSS 样式表。在一些宽松的语法格式中，type 属性可以省略。

➢ rel：定义当前文档与被链接文档之间的关系，在这里需要指定为"stylesheet"，表示被链接的文档是一个样式表文件。

下面通过一个课堂实例对外链式的用法进行演示，如课堂实例 3-3 所示。

课堂实例 3-3 外链式的用法 3-3.html。

（1）创建一个 HTML 文档，并在该文档中添加一个标题和一个段落文本，保存为 HTML 文件，如以下代码所示。

```html
<!doctype html>
<html>
  <head>
    <meta charset="utf-8" />
    <title>外链式引入 CSS 样式表</title>
  </head>
  <body>
    <h2>外链式 CSS 样式</h2>
    <p>通过 link 标签可以将扩展名为".css"的外部样式表文件链接到 HTML 文档中。</p>
  </body>
</html>
```

（2）创建一个 CSS 文档，并在该 CSS 文档中输入以下代码，保存为 CSS 样式表文件。

```css
h2{text-align:center;}          /*定义标题标签居中对齐*/
p{                              /*定义段落标签的样式*/
    font-size:16px;
    font-family:"宋体";
    font-weight:bold;
    color:blue;
    text-decoration:underline;
    }
```

（3）在课堂实例 3-3 的<head>头部标签中加<link />语句，将 style.css 外部样式文件链接到课堂实例 3-3 中，具体代码如下：

```html
<link href="css/style.css" type="text/css" rel="stylesheet" />
```

（4）运行课堂实例 3-3，效果如图 3-7 所示。

外链式最大的好处是同一个 CSS 样式表可以被不同的 HTML 页面链接使用，同时一个 HTML 页面也可以通过多个<link />标签链接多个 CSS 样式表。在网页设计中，外链式是使用频率最高也最实用的

图 3-7 外链式效果展示

CSS 样式表，因为它将 HTML 代码与 CSS 代码分离为两个或多个文件，实现了将结构和样式完全分离，使得网页的前期制作和后期维护都十分方便。

4. 导入式

导入式与外链式相同，都是针对外部样式表文件的。对 HTML 头部文档应用 style 标签，并在<style>标签内的开头处使用@import 语句，即可导入外部样式表文件，其基本语法格式如下：

```
<style type="text/css">
    @import url(css 文件路径); 或@import"css 文件路径";
    /*在此还可以存放其他 CSS 样式*/
</style>
```

该语法中，style 标签内还可以存放其他的内嵌样式，@import 语句需要位于其他内嵌样式的上面。

如果对课堂实例 3-3 应用导入式 CSS 样式，只需把 HTML 文档中的<link/>语句替换成以下代码即可：

```
<style type="text/css">
    @import "style.css";
</style>
```

或者：

```
<style type="text/css">
    @import url(style. css);
</style>
```

虽然导入式和外链式功能基本相同，但是大多数网站都是采用外链式引入外部样式表的，主要原因是两者的加载时间和顺序不同。当一个页面被加载时，<link/>标签引用的 CSS 样式表将同时被加载，而@import 引用的 CSS 样式表会等到页面全部下载完后再被加载。因此，当用户的网速比较慢时，会先显示没有 CSS 修饰的网页，这样会造成不好的用户体验，所以大多数网站采用外链式。

延伸阅读：
引入 CSS 样式表视频

3.2.3 CSS 基础选择器

要想将 CSS 样式应用于特定的 HTML 标签，首先需要找到该目标元素。在 CSS 中，执行这一任务的样式规则被称为选择器。在 CSS 中的基础选择器有标签选择器、类选择器、id 选择器、通配符选择器，对它们的具体解释如下。

1. 标签选择器

标签选择器是指用 HTML 标签名称作为选择器，按标签名称分类，为页面中某一类标签指定统一的 CSS 样式，其基本语法格式如下：

```
标签名{属性1:属性值1;属性2:属性值2;属性3:属性值3;}
```

该语法中，所有的 HTML 标签名都可以作为标签选择器，如 body、h1、p、strong 等。用标签选择器定义的样式对页面中该类型的所有标签都有效。

例如，可以使用 p 选择器定义 HTML 页面中所有段落的样式，示例代码如下：

```
p{font-size:14px; color:#666;font-family:"微软雅黑"; }
```

上述 CSS 样式代码用于设置 HTML 页面中所有的段落文本，其中字体大小为 14 像素、颜色为#666、字体为微软雅黑。标签选择器最大的优点是能快速为页面中同类型的标签统一样式，同时这也是它的缺点，不能设计差异化样式。

2. 类选择器

类选择器使用"."（英文点号）进行标识，后面紧跟类名，其基本语法格式如下：

```
.类名{属性1:属性值1; 属性2:属性值2; 属性3:属性值3;}
```

该语法中，类名即为 HTML 元素的 class 属性值，大多数 HTML 元素都可以定义 class 属性。类选择器最大的优势是可以为元素对象定义单独的样式。

☞ **注意：**

类名的第一个字符不能使用数字，并且严格区分大小写，一般采用小写的英文字符。

下面通过一个课堂实例对类选择器的用法进行演示，如课堂实例 3-4 所示。

课堂实例 3-4 类选择器的用法 3-4.html。

```html
<!doctype html>
<html>
<head>
    <meta charset="utf-8" />
    <title>类选择器</title>
    <style type="text/css">
      .red{color:red;}
      .green{color:green;}
      .font22{font-size:22px;}
     p{
      text-decoration:underline;
      font-family:"微软雅黑";
      }
    </style>
</head>
<body>
```

```
        <h2 class="red">二级标题文本</h2>
        <p class="green font22">段落一文本内容</p>
        <p class="red font22">段落二文本内容</p>
        <p>段落三文本内容</p>
    </body>
</html>
```

运行课堂实例 3-4，效果如图 3-8 所示。

图 3-8 类选择器应用展示

以上代码中"二级标题文本"和"段落二文本内容"均显示为红色，可见多个标签可以使用同一个类名，这样就可以为不同类型的标签指定相同的样式。同时一个 HTML 元素也可以应用多个 class 类，设置多个样式。在 HTML 标签中多个类名之间需要用空格隔开，如上代码中的前两个<p>标签，就设置了两个类名。

3. id 选择器

id 选择器使用"#"进行标识，后面紧跟 id 名，其基本语法格式如下：

```
id 名{属性1:属性值1; 属性2:属性值2; 属性3:属性值3; }
```

该语法中，id 名即为 HTML 元素的 id 属性值，大多数 HTML 元素都可以定义 id 属性，元素的 id 名是唯一的，只能对应于文档中某一个具体的元素。

下面通过一个课堂实例对 id 选择器的用法进行演示，如课堂实例 3-5 所示。

课堂实例 3-5 id 选择器的用法 3-5.html。

```
<!doctype html>
<html>
<head>
    <meta charset="utf-8" />
    <title>id 选择器</title>
    <style type="text/css">
      #bold {font-weight:bold;}
      #font24 {font-size:24px;}
    </style>
</head>
<body>
    <p id="bold">段落1：id="bold"，设置粗体文字。</p>
```

```
        <p id="font24">段落 2：id="font24"，设置字号为 24px。</p>
        <p id="font24">段落 3：id="font24"，设置字号为 24px。</p>
        <p id="bold font24">段落 4：id="bold font24"，同时设置粗体和字号 24px。</p>
    </body>
</html>
```

运行课堂实例 3-5，效果如图 3-9 所示。

从图 3-9 中容易看出，第 2 行和第 3 行文本都显示了 #font24 定义的样式。在很多浏览器下，同一个 id 也可以应用于多个标签浏览器并不报错，但是这种做法是不被允许的，因为 JavaScript 等脚本语言调用 id 时会出错。另外，最后一行没有应用任何 CSS 样式，这意味着 id 选择器不支持像类选择器那样定义多个值，类似"id="bold font224""的写法是错误的。

图 3-9 id 选择器应用展示

4. 通配符选择器

通配符选择器用"*"号表示，它是所有选择器中作用范围最广的，能匹配页面中所有的元素，其基本语法格式如下：

```
*{属性1:属性值1；属性2:属性值2；属性3:属性值3；}
```

例如，下面的代码，使用通配符选择器定义 CSS 样式，清除所有 HTML 标签的默认边距：

```
* {
  margin:0;   /*定义外边距*/
  padding:0;  /*定义内边距*/
  }
```

但在实际网页开发中不建议使用通配符选择器，因为通配符选择器设置的样式对所有的 HTML 标签都生效，不管标签是否需要该样式，这样反而降低了代码的执行速度。

延伸阅读：
CSS 基础
选择器视频

3.3 文本样式属性

学习 HTML 时，我们可以使用文本样式标签及其属性控制文本的显示样式，但是这种方式烦琐且不利于代码的共享和移植。为此，CSS 提供了相应的文本设置属性。使用

CSS 可以更轻松方便地控制文本样式。本节将对常用的文本样式属性进行详细的讲解。

3.3.1 CSS 字体样式属性

为了更方便地控制网页中各种各样的字体，CSS 提供了一系列的字体样式属性，具体如图 3-10 所示。

1. font-size属性用于设置字号。
2. font-family属性用于设置字体。
3. font-weight属性用于定义字体的粗细。
4. font-style属性用于设置变体（字体变化）。
5. font属性用于对字体样式进行综合设置。
6. @font-face属性用于定义服务器字体。

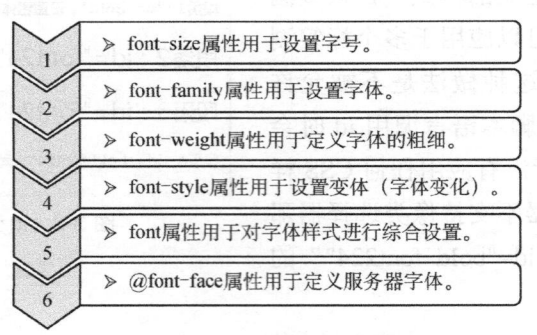

图 3-10　CSS 字体样式属性

1. font-size：字号大小

font-size 属性用于设置字号，该属性的值可以使用相对长度单位，也可以使用绝对长度单位，具体如表 3-1 所示。

表 3-1　CSS 长度单位

相对长度单位	说明	绝对长度单位	说明
em	相对于当前对象内文本的字体尺寸	in	英寸
px	像素，最常用，推荐使用	cm	厘米
		mm	毫米
		pt	点

其中，相对长度单位比较常用，推荐使用像素单位 px，绝对长度单位使用较少。例如，将网页中所有段落文本的字号大小设为 14px，可以使用如下 CSS 样式代码：

```
p{font-size:14px;}
```

2. font-family：字体类型

font-family 属性用于设置字体。网页中常用的字体有宋体、微软雅黑、黑体等，例如，将网页中所有段落文本的字体设置为微软雅黑，可以使用以下 CSS 样式代码：

```
p{font-family: "微软雅黑";}
```

可以同时指定多个字体，中间用逗号隔开，如果浏览器不支持第一个字体，则会尝试下一个，直到找到合适的字体，如下面的代码：

```
body{font-family: "华文彩云","宋体","黑体"; }
```

当应用上面的字体样式时，系统会首选"华文彩云"，如果用户计算机上没有安装该字体则选择"宋体"，如果没有安装"宋体"，则选择"黑体"。当指定的字体都没有安装时，就会使用浏览器默认字体。

使用 font-family 设置字体时，需要注意以下几点：
➤ 各种字体之间必须使用英文状态下的逗号隔开。
➤ 中文字体需要加英文状态下的引号，英文字体一般不需要加引号。当需要设置英文字体时，英文字体名称必须位于中文字体名称之前，如下面的代码：

```
body{font-family: Arial,"微软雅黑","宋体","黑体";}   /*正确的书写方式*/
body{fon-family: "微软雅黑","宋体","黑体",Arial;}    /*错误的书写方式*/
```

➤ 如果字体名中包含空格、#、$等符号，则该字体必须加英文状态下的单引号或双引号，如 font-family："Times New Roman"。
➤ 尽量使用系统默认字体，保证在任何用户的浏览器中都能正确显示。

3. font-weight：*字体粗细*

font-weight 属性用于定义字体的粗细，其可用属性值如表 3-2 所示。

表 3-2 font-weight 可用属性值

值	描 述
normal	默认值。定义标准的字符
bold	定义粗体字符
bolder	定义更粗的字符
lighter	定义更细的字符
100~900（100 的整数倍）	定义由细到粗的字符。其中 400 等同于 normal，700 等同于 bold，值越大字体越粗

实际工作中，常用的 font-weight 的属性值为 normal 和 bold，用来定义正常或加粗显示的字体。

4. font-style：*字体风格*

font-style 属性用于定义字体风格，如设置斜体、倾斜或正常字体，其可用属性值如下。
➤ normal：默认值，浏览器会显示标准的字体样式。
➤ italic：浏览器会显示斜体的字体样式。

➢ oblique：浏览器会显示倾斜的字体样式。

其中，italic 和 oblique 都用于定义斜体，两者在显示效果上并没有本质区别，但 italic 是使用了文字本身的斜体属性，oblique 是让没有斜体属性的文字作为倾斜处理。实际工作中常使用 italic。

5. font：综合设置字体样式

font 属性用于对字体样式进行综合设置，其基本语法格式如下：

```
选择器{font: font-style font-weight font-size/line-height font-family;}
```

使用 font 属性时，必须按上面语法格式中的顺序书写，各个属性以空格隔开。其中 line-height 指的是行高，例如：

```
p{
 font-famly: Arial,"宋体";
 font-size: 30px;
 font-style:italic;
 font-weight: bold;
 line-height: 40px;
}
```

等价于：

```
p{font: italic bold 30px/40px Arial,"宋体";}
```

其中不需要设置的属性可以省略（取默认值）但必须保留 font-size 和 font-family 属性，否则 font 属性将不起作用。

下面通过一个课堂实例对 font 综合设置字体样式的用法进行演示，如课堂实例 3-6 所示。

课堂实例 3-6　font 综合设置字体样式的用法 3-6.html。

```
<!doctype html>
<html>
<head>
  <meta charset="utf-8">
  <title>font 属性</title>
  <style type="text/css">
    .one{
     font-famly: Arial,"宋体";
     font-size: 18px;
     font-style:italic;
     font-weight: bold;
     line-height: 30px;
        }
    .two{ font:italic 18px/30px "隶书";}
    .three{ font:italic 18px/30px;}
```

```
        </style>
    </head>
    <body>
        <p class="one">段落1：使用font属性设置段落文本的字体、字号、风格、粗细和行高。</p>
        <p class="two">段落2：使用font属性综合设置段落文本的字体风格，字号，行高和字体。</p>
        <p class="three">段落3：使用font属性综合设置段落文本的字体风格、字号和行高。由于省略了字体属性font-family，这时font属性不起作用。</p>
    </body>
</html>
```

运行课堂实例3-6，效果如图3-11所示。

从图3-11容易看出，font属性设置的样式并没有对第3个段落文本生效，这是因为对第3个段落文本的设置中省略了字体属性font-family。由于省略了字体属性font-family，这时font属性不起作用。

图3-11 font综合设置字体样式的用法展示

6. @font-face 规则

@font-face是CSS3的新增规则，用于定义服务器字体。通过@font-face规则，网页设计师可以在用户计算机未安装字体时，使用任何喜欢的字体。使用@font-face规则定义服务器字体的基本语法格式如下：

```
@font-face{
    font-family:字体名称;
    src:字体路径;
     }
```

在上面的语法格式中，font-family用于指定该服务器字体的名称，该名称可以随意定义；src属性用于指定该字体文件的路径。

下面通过一个课堂实例对@font-face规则的用法进行演示，如课堂实例3-7所示。

课堂实例3-7 @font-face规则的用法 3-7.html。

```
<!doctype html>
<html>
<head>
    <meta charset="utf-8" />
    <title>@font-face 属性</title>
    <style type="text/css">
        @font-face{
            font-family:jianzhi;          /*服务器字体名称*/
            src:url(FZJZJW.TTF); /*服务器字体名称*/
                }
        p{
```

```
                font-family:jianzhi;          /*设置字体样式*/
                font-size:32px;
            }
        </style>
    </head>
    <body>
        <p>为莘莘学子改变命运而讲课</p>
        <p>为千万学生少走弯路而著书</p>
    </body>
</html>
```

运行课堂实例 3-7，效果如图 3-12 所示。

总结课堂实例 3-7，可以得出使用服务器字体的步骤，如下所示：

（1）下载字体，并存储到相应的文件夹中。

（2）使用@font-face 规则定义服务器字体。

（3）对元素应用"font-family"字体样式。

图 3-12　@font-face 规则的用法展示

3.3.2　CSS 文本外观属性

1. color：文本颜色

color 属性用于定义文本的颜色，其取值方式有如下 3 种。

➢ 预定义的颜色值，如 red、green、blue 等。

➢ 十六进制数，如#FF0000、#FF6600、#29D794 等。实际工作中，十六进制数是最常用的定义颜色的方式。

➢ RGB 代码，如红色可以表示为 rgb（25，0，0）或 rgb（100%，0%，0%）。

注意：如果使用 RGB 代码的百分比颜色值，取值为 0 时也不能省略百分号，必须写为 0%。 例如，我们要把一段<p>标签定义的段落文本设置为红色，可以书写以下代码：

```
p{
    color:red;
}
```

2. letter-spacing：字间距

letter-spacing 属性用于定义字间距，所谓字间距就是字符与字符之间的空白。其属性值可为不同单位的数值。定义字间距时，允许使用负值，默认属性值为 normal。例如，下面的代码分别为 h2 和 h3 定义了不同的字间距：

```
h2{letter-spacing:20px;}
h3{letter-spacing: -0.5em; }
```

延伸阅读：
CSS 字体样式属性视频

3. word-spacing：单词间距

word-spacing 属性用于定义英文单词之间的间距，对中文字符无效。和 letter-spacing 一样，其属性值可为不同单位的数值，允许使用负值，默认为 normal。word-spacing 和 letter-spacing 均可对英文进行设置。不同的是 letter-spacing 定义的为字母之间的间距，而 word-spacing 定义的为英文单词之间的间距。

下面通过一个课堂实例对 color、letter-spacing 和 word-spacing 属性的用法进行演示，如课堂实例 3-8 所示。

课堂实例 3-8　color、letter-spacing 和 word-spacing 属性的用法 3-8.html。

```
<!doctype html>
<html>
<head>
  <meta charset="utf-8" />
  <title>word-spacing 和 letter-spacing</title>
  <style type="text/css">
    .letter{letter-spacing:20px; color:red;}
    .word{word-spacing:20px; color:blue;}
  </style>
</head>
<body>
  <p class="letter">letter spacing(字母间距)</p>
  <p class="word">word spacing word spacing(单词间距)</p>
</body>
</html>
```

运行课堂实例 3-8，效果如图 3-13 所示。

图 3-13　color、letter-spacing 和 word-spacing 属性用法展示

延伸阅读：
文本外观
属性视频

4. line-height：行间距

line-height 属性用于设置行间距。所谓行间距，就是行与行之间的距离，即字符的垂直间距，一般称为行高。line-height 常用的属性值单位有 3 种，分别为像素 px、相对值 em 和百分比%，实际工作中使用最多的是像素 px。

5. text-decoration：文本装饰

text-decoration 属性用于设置文本的下划线、上划线、删除线等装饰效果，其可用属性值如下。

- none：没有装饰（正常文本默认值）。
- underline：下划线。
- overline：上划线。
- line-through：删除线。

text-decoration 后可以赋多个值，用于给文本添加多种显示效果，例如，希望文字同时有下划线和删除线效果，就可以将 underline 和 line-through 同时赋给 text-decoration。

6. text-align：水平对齐方式

text-align 属性用于设置文本内容的水平对齐，相当于 HTML 中的 align 对齐属性，其可用属性值如下。

- left：左对齐（默认值）。
- right：右对齐。
- center：居中对齐。

例如，设置二级标题居中对齐，可使用如下 CSS 代码：

```css
h2{text-align: center;}
```

下面通过一个课堂实例对 line-height、text-decoration 和 text-align 属性的用法进行演示，如课堂实例 3-9 所示。

课堂实例 3-9 line-height、text-decoration 和 text-align 属性的用法 3-9.html。

```html
<!doctype html>
<html>
<head>
  <meta charset="utf-8">
  <title>行高 line-height 的使用</title>
  <style type="text/css">
    .one{
      font-size:16px;
      line-height:18px;
      text-decoration:underline;
      text-align:left;
      }
    .two{
      font-size:12px;
      line-height:2em;
      text-decoration:overline;
      text-align:right;
      }
    .three{
      font-size:14px;
      line-height:150%;
      text-decoration:line-through;
```

```
            text-align:center;
                }
        .four{
            font-size:18px;
            line-height:20px;
            text-decoration:underline line-through;
                }
    </style>
</head>
<body>
    <p class="one">段落 1：使用像素 px 设置 line-height。该段落字体大小为 16px，line-height 属性值为 18px。设置下划线（underline），文本左对齐。</p>
    <p class="two">段落 2：使用相对值 em 设置 line-height。该段落字体大小为 12px，line-height 属性值为 2em。设置上划线（overline），文本右对齐。</p>
    <p class="three">段落 3：使用百分比%设置 line-height。该段落字体大小为 14px，line-height 属性值为 150%。设置删除线（line-through），文本居中对齐。</p>
    <p class="four">段落 4：使用像素 px 设置 line-height。该段落字体大小为 18px，line-height 属性值为 20px。同时设置下划线和删除线（underline 和 line-through）</p>
</body>
</html>
```

运行课堂实例 3-9，效果如图 3-14 所示。

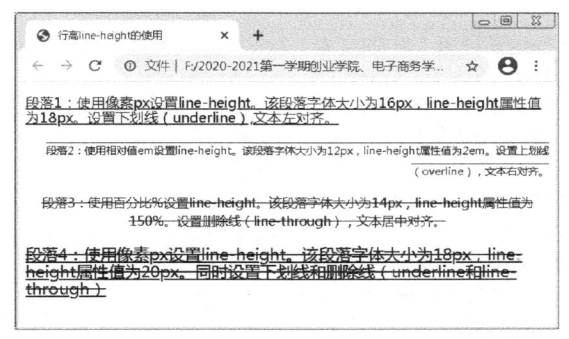

图 3-14　line-height、text-decoration 和 text-align 属性用法展示

7. text-indent：首行缩进

text-indent 属性用于设置首行文本的缩进，其属性值可为不同单位的数值、em 字符宽度的倍数或相对于浏览器窗口宽度的百分比%，允许使用负值，建议使用 em 作为设置单位。

8. white-space：空白符处理

使用 HTML 制作网页时，不论源代码中有多少空格，在浏览器中只会显示一个字符的空白。在 CSS 中，使用 white-space 属性可设置空白符的处理方式，其属性值如下。

➢ normal：常规（默认值），文本中的空格、空行无效，满行（到达区域边界）后自动换行。

➢ pre：预格式化，按文档的书写格式保留空格、空行，原样显示。

➤ nowrap：空格空行无效，强制文本不能换行，除非遇到换行标签
。内容超出元素的边界也不换行，若超出浏览器页面则会自动增加滚动条。

下面通过一个课堂实例对 text-indent 和 white-space 属性的用法进行演示，如课堂实例 3-10 所示。

课堂实例 3-10　text-indent 和 white-space 属性的用法 3-10.html。

```html
<!doctype html>
<html>
<head>
  <meta charset="utf-8">
  <title>首行缩进 text-indent</title>
  <style type="text/css">
    p{font-size:14px;}
    .one{text-indent:2em;}
    .two{text-indent:50px;}
    .three{white-space:normal;}
    .four{white-space:pre;}
    .five{white-space:nowrap;}
  </style>
</head>
<body>
    <p class="one">这是段落 1 中的文本，text-indent 属性可以对段落文本设置首行缩进效果，段落 1 使用 text-indent:2em;。</p>
    <p class="two">这是段落 2 中的文本，text-indent 属性可以对段落文本设置首行缩进效果，段落 2 使用 text-indent:50px;。</p>
    <p class="three">这个           段落中        有很多
空格。此段落应用 white-space:normal;。</p>
    <p class="four">这个           段落中        有很多
空格。此段落应用 white-space:pre;。</p>
    <p class="five">此段落应用 white-space:nowrap;。这是一个较长的段落。这是一个较长的段落。这是一个较长的段落。这是一个较长的段落。这是一个较长的段落。这是一个较长的段落。这是一个较长的段落。这是一个较长的段落。这是一个较长的段落。</p>
</body>
</html>
```

运行课堂实例 3-10，效果如图 3-15 所示。

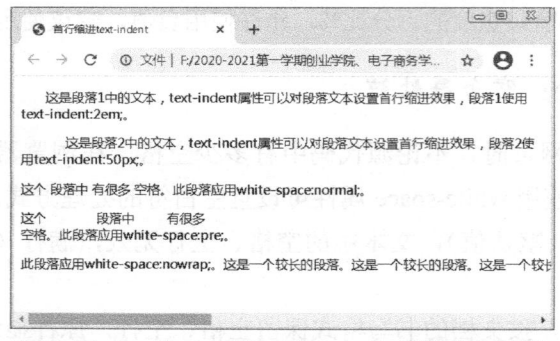

图 3-15　text-indent 和 white-space 属性用法展示

延伸阅读：
文本外观
属性视频

9. text-shadow：阴影效果

text-shadow 是 CSS3 新增属性，使用该属性可以为页面中的文本添加阴影效果。text-shadow 属性的基本语法格式如下：

```
选择器{text-shadow: h-shadow v-shadow blur color;}
```

☞ **注意：**

阴影的水平或垂直距离参数可以设为负值，但阴影的模糊半径参数只能设置为正值，并且数值越大，阴影向外模糊的范围也就越大。

在上面的语法格式中，h-shadow 用于设置水平阴影的距离，y-shadow 用于设置垂直阴影的距离，blur 用于设置模糊半径，color 用于设置阴影颜色。

下面通过一个课堂实例对 text-shadow 属性的用法进行演示，如课堂实例 3-11 所示。

课堂实例 3-11　text-shadow 属性的用法 3-11.html。

```
<!doctype html>
<html>
<head>
   <meta charset="utf-8">
   <title>text-shadow属性</title>
   <style type="text/css">
     P{
         font-size: 50px;
         text-shadow:10px 10px 10px red;   /*设置文字阴影的距离、模糊半径、和颜色*/
     }
   </style>
</head>
<body>
   <p>Hello CSS3</p>
</body>
</html>
```

运行课堂实例 3-11，效果如图 3-16 所示。

图 3-16　text-shadow 属性用法展示

拓展知识：设置多个阴影叠加效果

可以使用 text-shadow 属性给文字添加多个阴影，从而产生阴影叠加的效果，方法为设置多组阴影参数，中间用逗号隔开。例如，对课堂实例 3-11 中的段落设置红色和绿色阴影叠加的效果，可以将 p 标签的样式更改为：

```
P{
    font-size: 50px;
    text-shadow: 10px 10px 10px red, 20px 20px 20px green;   /*红色和绿色的投影叠加*/
}
```

在上面的代码中，为文本依次指定了红色和绿色的阴影效果，并设置了相应的位置和模糊数值，对应的效果如图 3-17 所示。

图 3-17　多个阴影叠加效果

3.4　CSS 高级特性

学习 HTML 时，我们可以使用文本样式标签及其属性控制文本的显示样式，但是这种方式烦琐且不利于代码的共享和移植。为此，CSS 提供了相应的文本设置属性。使用 CSS 可以更轻松方便地控制文本样式。本节将对常用的文本样式属性进行详细的讲解。

3.4.1　CSS 复合选择器

在写 CSS 样式表时，可以使用 CSS 基础选择器选中目标元素。但是在实际网站开发中一个网页可能包含成千上万的元素，仅使用 CSS 基础选择器是远远不够的。为此 CSS 提供了几种复合选择器，实现了更强、更方便的选择功能。复合选择器是由两个或多个基础选择器通过不同的方式组合而成的，具体如下：

1. 标签指定式选择器

标签指定式选择器又称交集选择器，由两个选择器构成，其中第一个为标记选择器，第二个为 class 选择器或 id 选择器，两个选择器之间不能有空格，如 h3.special 或 p#one。

2. 后代选择器

后代选择器用来选择元素或元素组的后代，其写法就是把外层标记写在前面，内层标记写在后面，中间用空格分隔。当标记发生嵌套时，内层标记就成为外层标记的后代。

3. 并集选择器

并集选择器是各个选择器通过逗号连接而成的，任何形式的选择器（包括标签选择器、类选择器及 id 选择器）都可以作为并集选择器的一部分。如果某些选择器定义的样式完全或部分相同，可利用并集选择器为它们定义相同的 CSS 样式。

3.4.2 CSS 的层叠性和继承性

CSS 是层叠式样式表的简称，层叠性和继承性是其基本特征。对于网页设计师来说，应深刻理解和灵活运用这两种特性。

1. 层叠性

所谓层叠性是指多种 CSS 样式的叠加。例如，当使用内嵌式 CSS 样式表定义<p>标签的字号大小为 14 像素，使用外链式定义<p>标签颜色为红色，那么段落文本将显示为 14 像素、红色，即这两种样式产生了叠加。

2. 继承性

继承性是指书写 CSS 样式表时，子标签会继承父标签的某些样式，如文本颜色和字号。例如，定义主体元素 body 的文本颜色为黑色，那么页面中所有的文本都将显示为黑色，这是因为其他的标签都嵌套在<body>标签中，是<body>标签的子标签。

继承性非常有用，它使设计师不必在元素的每个后代上添加相同的样式。如果设置的属性是一个可继承的属性，只需将它应用于父元素即可，如下面的代码：

```
p,div,h1,h2,h3,h4,ul,ol,dl,li{color: black;}
```

就可以写成：

```
body{color: black;}
```

第 2 种写法可以达到相同的控制效果，且代码更简洁。

> **注意：**
> 并不是所有的 CSS 属性都可以继承，如下面的属性就不具有继承性：边框属性、外边距属性、内边距属性、背景属性、定位属性、布局属性和元素宽高属性。

3.5 CSS 盒子模型概述

盒子模型是网页布局的基础，只有掌握了盒子模型的各种规律和特征，才可以更好地控制网页中各个元素所呈现的效果。接下来，本节将对盒子模型的概念、盒子的相关属性进行详细讲解。

3.5.1 认识盒子模型

学习盒子模型首先需要了解其概念，所谓盒子模型就是把 HTML 页面中的元素看作是一个矩形的盒子，也就是一个盛装内容的容器。每个矩形都由元素的内容、内边距（padding）、边框（border）和外边距（margin）组成，如图 3-18 所示。

为了更形象地认识 CSS 盒子模型，首先我们从生活中常见的手机盒子的构成说起，如图 3-19 所示。

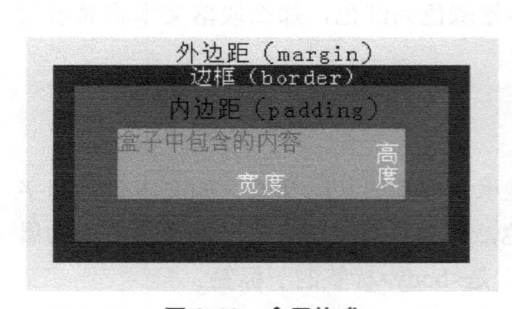

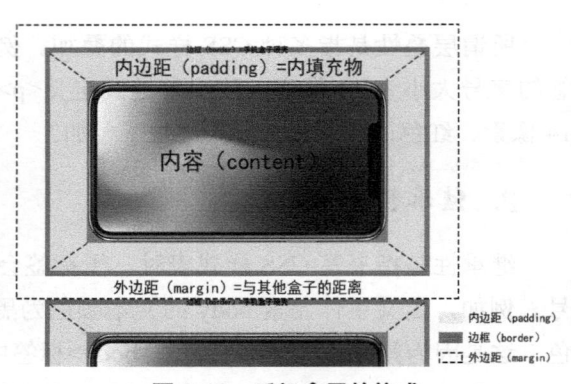

图 3-18 盒子构成　　　　　图 3-19 手机盒子的构成

一个完整的手机盒子通常包含手机、填充泡沫和盛装手机的纸盒。如果把手机想象成 HTML 元素，那么手机盒子就是一个 CSS 盒子模型，其中手机为 CSS 盒子模型的内容，填充泡沫的厚度为 CSS 盒子模型的内边距，纸盒的厚度为 CSS 盒子模型的边框，当多个手机盒子放在一起时，它们之间的距离就是 CSS 盒子模型的外边距。

要想随心所欲地控制页面中每个盒子的样式，还需要掌握盒子模型的相关属性，盒子模型的相关属性就是我们前面提到边框、边距、背景、宽高等。

下面通过一个课堂实例来认识一下到底什么是盒子模型，如课堂实例 3-12 所示。

课堂实例 3-12　盒子模型的用法 3-12.html。

```html
<!doctype html>
<html>
<head>
    <meta charset="utf-8" />
    <title>认识盒子模型</title>
    <style type="text/css">
        .box{
            width:200px;           /*盒子模型的宽度*/
            height:50px;           /*盒子模型的高度*/
            border:15px solid red; /*盒子模型的边框*/
            background:#CCC;       /*盒子模型的背景颜色*/
            padding:30px;          /*盒子模型的内边距*/
            margin:20px;           /*盒子模型的外边距*/
        }
    </style>
</head>
<body>
    <p class="box">盒子中包含的内容</p>
</body>
</html>
```

运行课堂实例 3-12，效果如图 3-20 所示。

需要注意的是，虽然盒子模型拥有内边距、边框、外边距、宽度和高度这些基本属性，但是并不要求每个元素都必须定义这些属性。

图 3-20　盒子在浏览器中的效果

3.5.2　盒子的宽与高

网页是由多个盒子排列而成的，每个盒子都有固定的大小，在 CSS 中使用宽度属性 width 和高度属性 height 可以对盒子的大小进行控制。width 和 height 的属性值可以为不同单位的数值或相对于父元素的百分比，实际工作中最常用的是像素值。

例如，课堂实例 3-12 中盒子的宽度是多少？初学者可能会不假思索地说是 200px。实际上这是不正确的，因为在 CSS 规范中，元素的 width 和 height 盒子模型的

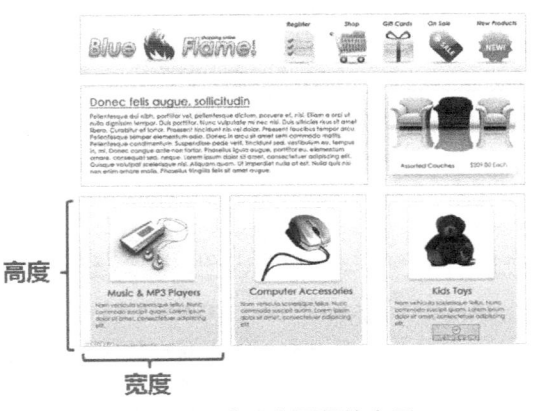

图 3-21　盒子在网页的应用

宽度与高度属性仅指块级元素内容的宽度和高度，其周围的内边距、边框和外边距是另外计算的。大多数浏览器都采用了 W3C 规范，符合 CSS 规范的盒子模型的总宽度和总高度的计算原则是：

> 盒子的总宽度=width+左右内边距之和+左右边框宽度之和+左右外边距之和。
> 盒子的总高度=height+上下内边距之和+上下边框高度之和+上下外边距之和。

注意：

宽度属性 width 和高度属性 height 仅适用于块级元素，对行内元素无效（<img /> 标记和 <input /> 除外）。

3.5.3 <div>标记

div 是英文 division 的缩写，意为"分割、区域"。<div>标记简单而言就是一个区块容器标记，可以将网页分割为独立的、不同的部分，以实现网页的规划和布局。<div>与</div>之间相当于一个"盒子"，可以设置外边距、内边距、宽和高，同时内部可以容纳段落、标题、表格、图像等各种网页元素，也就是说大多数 HTML 标记都可以嵌套在<div>标记中，<div>中还可以嵌套多层<div>。

<div>标记非常强大，通过与 id、class 等属性配合设置 CSS 样式，可以替代大多数的块级文本标记。下面通过一个课堂实例对 div 标记的用法进行演示，如课堂实例 3-13 所示。

课堂实例 3-13 div 标记的用法 3-13.html。

```
<!doctype html>
<html>
<head>
    <meta charset="utf-8" />
    <title>div 标记</title>
    <style type="text/css">
      .one{
          width:450px;              /*设置宽度*/
          height:30px;              /*设置高度*/
          line-height:30px;         /*设置行高*/
          background:#FCC;          /*设置背景颜色*/
          font-size:18px;           /*设置字体大小*/
          font-weight:bold;         /*设置字体加粗*/
          text-align:center;        /*设置文本水平居中对齐*/
      }
      .two{
          width:450px;              /*设置宽度*/
          height:100px;             /*设置高度*/
          background:#0F0;          /*设置背景颜色*/
          font-size:14px;           /*设置字体大小*/
```

```
            text-indent:2em;         /*设置首行文本缩进*/
        }
    </style>
</head>
<body>
    <div class="one">
        用div标记设置的标题文本
    </div>
    <div class="two">
        <p>div标记中嵌套的p标记中的文本</p>
    </div>
</body>
</html>
```

运行课堂实例3-13，效果如图3-22所示。

☞ **注意：**

· <div>标记最大的意义在于和浮动属性float配合，实现网页的布局，这就是常说的"DIV+CSS"网页布局。

· <div>可以替代块级元素，如<h>、<p>，但是它们在语义上有一定的区别。例如，<div>和<h2>的不同在于<h2>具有特殊的含义，语义较重，代表着标题，而<div>是一个通用的块级元素，主要用于布局。

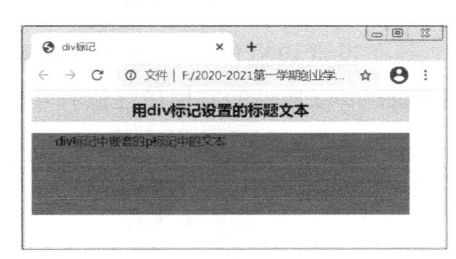

图 3-22 块元素div示例

3.6 CSS盒子模型相关属性

延伸阅读：
认识盒子
模型视频

3.6.1 边框属性

在网页设计中，常常需要给元素设置边框效果。CSS边框属性包括边框样式属性、边框宽度属性、边框颜色属性及边框的综合属性。同时，为了进一步满足设计需求，CSS3中还增加了许多新的属性，如圆角边框及图片边框等属性，如表3-3所示。

表 3-3 边框属性

设置内容	样式属性	常用属性值
边框样式	border-style：上边［右边 下边 左边］	none 无（默认）、solid 单实线、dashed 虚线、dotted 点线、double 双实用
边框宽度	border-width：上边［右边 下边 左边］	像素值
边框颜色	border-color：上边［右边 下边 左边］	颜色值、#十六进制、rgd(r,g,b)、rgb(r%,g%,b%)

续表

设置内容	样式属性	常用属性值
综合设置边框	border：四边宽度 四边样式 四边颜色	
圆角边框	border-radius：水平半径参数/垂直半径参数	像素值或百分比
图片边框	border-images：图片路径裁切方式/边框宽度/边框扩展距离重复方式	

1. 边框样式（border-style）

在 CSS 属性中，border-style 属性用于设置边框样式。其基本语法格式为：

```
border-style:上边 [右边 下边 左边];
```

在设置边框样式时既可以针对 4 条边分别设置，也可以综合设置 4 条边的样式。border-style 属性的常用属性值有 4 个，分别用于定义不同的显示样式，具体如下。

- solid：边框为单实线。
- dashed：边框为虚线。
- dotted：边框为点线。
- double：边框为双实线。

使用 border-style 属性综合设置 4 边样式时，必须按上右下左的顺时针顺序，省略时采用值复制的原则，即一个值为 4 边，两个值为上下/左右，3 个值为上/左右/下，例如：

```
border-style:solid ;  /*4边均为实线*/
border-style:solid dotted ;  /*上下实线、左右点线*/
border-style:solid dotted dashed; /*上实线、左右点线、下虚线*/
```

2. 边框宽度（border-width）

border-width 属性用于设置边框的宽度，其基本语法格式为：

```
border-width:上边 [右边 下边 左边];
```

在上面的语法格式中，border-width 属性常用取值单位为像素 px。并且同样遵循值复制的原则，其属性值可以设置 1~4 个，即一个值为 4 边，两个值为上下/左右，3 个值为上/左右/下，4 个值为上/右/下/左。

3. 边框颜色（border-color）

border-color 属性用于设置边框的颜色，其基本语法格式为：

```
border-color:上边 [右边 下边 左边];
```

在上面的语法格式中，border-color 的属性值可为预定义的颜色值、十六进制数 #RRGGBB（最常用）或 RGB 代码 rgb(r, g, b)。border-color 的属性值同样可以设置为 1～4 个，遵循值复制的原则。

下面通过一个课堂实例对边框属性的用法进行演示，如课堂实例 3-14 所示。

课堂实例 3-14　边框属性的用法 3-14.html。

```
<!doctype html>
<html>
<head>
    <meta charset="utf-8" />
    <title>设置边框样式</title>
    <style type="text/css">
      h2{
        border-style:double;
        border-width:7px;
        border-color:red;
        }
      .one{
        border-style:dotted solid;
        border-width:7px 3px;
        border-color:red green;
          }
      .two{
        border-style:solid dotted dashed;
        border-width:7px 3px 5px;
        border-color:red green blue;
          }
    </style>
</head>
<body>
    <h2>边框样式—双实线；边框宽度7px；边框颜色红色</h2>
    <p class="one">边框样式—上下为点线左右为单实线；边框宽度上下 7px，左右 3px;边框颜色上下红色，左右绿色</p>
    <p class="two">边框样式—上边框单实线、左右点线、下边框虚线；边框宽度上 7px，左右 3px，下 5px；边框颜色上红色，左右绿色，下蓝色</p>
</body>
</html>
```

运行课堂实例 3-14，效果如图 3-23 所示。

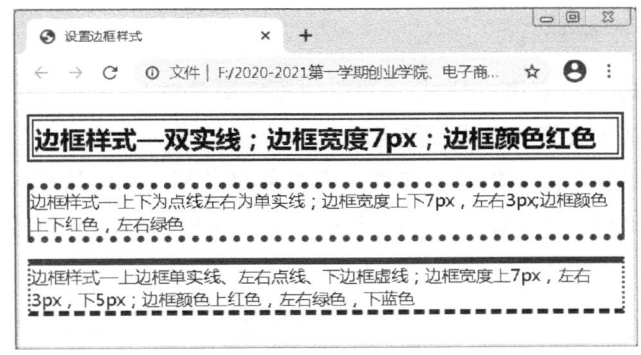

图 3-23　边框属性用法展示

延伸阅读：
边框属性视频

拓展知识：

值得一提的是，在 CSS3 中对边框颜色属性进行了增强，运用该属性可以制作渐变等绚丽的边框效果。CSS 在原边框颜色属性（border-color）的基础上派生了 4 个边框颜色属性，即 border-top-colors、border-right-colors、border-bottom-colors、border-left-colors。

上面的 4 个边框属性的属性值同样可为预定义的颜色值、十六进制数#RRGGBB 或 RGB 代码 rgb(r, g, b)。并且，每个属性最多可以设置的边框颜色数和其边框宽度相等，这时，每种边框颜色占 1px 宽度，边框颜色从外向内渲染。例如，边框的宽度是 10px，那它最多可以设置 10 种边框颜色。需要注意的是，如果边框的宽度为 10px，却只设置了 8 种边框颜色，那么最后一个边框颜色将自动渲染剩余的宽度。

例如，对段落文本<p>添加渐变边框效果，示例代码如下：

```
p{
    border-style:solid;
    border-width:10px;
    -moz-border-top-colors:#a0a #909 #808 #707 #606 #505 #404 #303;
    -moz-border-right-colors:#a0a #909 #808 #707 #606 #505 #404 #303;
    -moz-border-bottom-colors:#a0a #909 #808 #707 #606 #505 #404 #303;
    -moz-border-left-colors:#a0a #909 #808 #707 #606 #505 #404 #303;
}
```

在上面的示例代码中，设置段落文本<p>的边框宽度为 10px，并为其添加了 8 种边框颜色。需要注意的是，由于目前只有 Firefox3.0 版本以上的浏览器才支持 CSS3 的新边框颜色属性，所以在使用时会加上火狐浏览器私有前缀"-moz"。边框颜色会按照设置的顺序，由外到内渲染边框，最后一种边框颜色（#303）渲染剩余 3px 的边框宽度。

4. 综合设置边框

使用 border-style、border-width、border-color 虽然可以实现丰富的边框效果，但是这种方式书写的代码烦琐，且不便于阅读，为此 CSS 提供了更简单的边框设置方式，其基本格式如下：

```
border:宽度 样式 颜色；
```

上面的设置方式中，宽度、样式、颜色的顺序不分先后，可以只指定需要设置的属性，省略的部分将取默认值（样式不能省略）。

当每一侧的边框样式都不相同，或者只需单独定义某一侧的边框时，可以使用单侧边框的综合属性 border-top、border-bottom、border-left 或 border-right 进行设置。例如，单独定义段落的上边框，代码如下。

```
p{border-top: 2px solid #ccc;}   /*定义上边框，各个值顺序任意*/
```

当 4 条边的边框样式都相同时，可以使用 border 属性进行综合设置。

下面通过一个课堂实例对综合设置边框的用法进行演示，如课堂实例 3-15 所示。

课堂实例 3-15　综合设置边框的用法 3-15.html。

```html
<!doctype html>
<html>
<head>
  <meta charset="utf-8" />
  <title>综合设置边框</title>
  <style type="text/css">
    h2{
         border-top:3px dashed #F00;              /*单侧复合属性设置各边框*/
         border-right:10px double #900;
         border-bottom:5px double #FF6600;
         border-left:10px solid green;
      }
  .pingmian{border:15px solid #FF6600;}    /*border 复合属性设置各边框相同*/
  </style>
</head>
<body>
  <h2>综合设置边框</h2>
  <img class="pingmian" src="images/1.jpg" alt="网页平面设计" />
</body>
</html>
```

运行课堂实例 3-15，效果如图 3-24 所示。

图 3-24　综合设置边框

3.6.2　边框属性

CSS 的边距属性包括"内边距"和"外边距"两种。

1. 内边距属性

在网页设计中，为了调整内容在盒子中的显示位置，常常需要给元素设置内边距，所谓内边距指的是元素内容与边框之间的距离，也常常称为内填充。在 CSS 中 padding 属性用于设置内边距，同边框属性 border 一样，padding 也是复合属性，其相关设置方法如下。

- padding-top：上内边距。
- padding-right：右内边距。
- padding-bottom：下内边距。
- padding-left：左内边距。
- padding：上内边距（右内边距、下内边距、左内边距）。

在上面的设置中，padding 相关属性的取值可为 Auto 自动（默认值）、不同单位的数值、相对于父元素（或浏览器）宽度的百分比（%），实际工作中最常用的是像素值（px），不允许使用负值。

同边框相关属性一样，使用复合属性 padding 定义内边距时，必须按顺时针顺序采用值复制，一个值为 4 边，两个值为上下/左右，3 个值为上/左右/下。

下面通过一个课堂实例对内边距属性的用法进行演示，如课堂实例 3-16 所示。

课堂实例 3-16　内边距属性的用法 3-16.html。

```
<!doctype html>
<html>
<head>
    <meta charset="utf-8" />
    <title>设置内边距</title>
    <style type="text/css">
      .border{border:5px solid #F60;}         /*为图像和段落设置边框*/
      img{
            padding:80px;                     /*图像 4 个方向内边距相同*/
            padding-bottom:0;                 /*单独设置下内边距*/
          }                    /*上面两行代码等价于 padding:80px 80px 0;*/
      p{padding:5%;}                          /*段落内边距为父元素宽度的 5%*/
    </style>
</head>
<body>
    <img class="border" src="images/2.jpg" alt="2020 课程马上升级" />
    <p class="border">段落内边距为父元素宽度的 5%。</p>
</body>
</html>
```

运行课堂实例 3-16，效果如图 3-25 所示。

图 3-25 设置内边距

2. 外边距属性

网页是由多个盒子排列而成的，要想拉开盒子与盒子之间的距离，合理地布局网页，就需要为盒子设置外边距。所谓外边距指的是元素边框与相邻元素之间的距离。在 CSS 中 margin 属性用于设置外边距，它是一个复合属性，与内边距 padding 的用法类似，设置外边距的方法如下。

➢ margin-top：上外边距。
➢ margin-right：右外边距。
➢ margin-bottom：下外边距。
➢ margin-left：左外边距。
➢ margin：上外边距（右外边距、下外边距、左外边距）。

margin 相关属性的值，以及复合属性 margin 取 1~4 个值的情况与 padding 相同。但是外边距可以使用负值，使相邻元素重叠。

当对块级元素应用宽度属性 width，并将左右的外边距都设置为 auto 时，可使块级元素水平居中，实际工作中常用这种方式进行网页布局，示例代码如下。

```
.header{width:960px; margin:0 auto;}
```

下面通过一个课堂实例对外边距属性的用法进行演示，如课堂实例 3-17 所示。

课堂实例 3-17　外边距属性的用法 3-17.html。

```
<!doctype html>
<html>
<head>
  <meta charset="utf-8" />
  <title>设置外边距</title>
  <style type="text/css">
    img{
        width:300px;
        border:5px solid red;
        margin-right:50px;            /*设置图像的右外边距*/
```

```
                margin-left:30px;           /*设置图像的左外边距*/
                /*上面两行代码等价于margin:0 50px 0 30px;*/
            }
            p{text-indent:2em;}
        </style>
    </head>
    <body>
        <img src="images/3.png"  align = "left" />
        <p>前端开发工程师,会熟练使用时下非常流行的HTML5、CSS3技术,架构炫酷的页面;3D、旋转、粒子效果,页面变得越来越炫,对人才的要求也越来越高。前端开发工程师,会全面掌握PC、手机、iPad等多种设备的网页呈递解决方案,响应式技术那可是看家本领,不仅仅是使用,我们会更多地探讨使用领域。</p>
    </body>
</html>
```

运行课堂实例3-17,效果如图3-26所示。

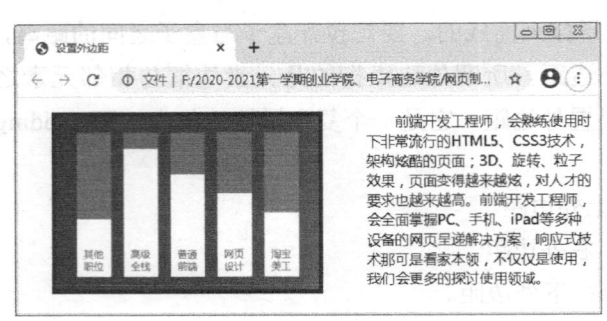

图 3-26　设置外边距

延伸阅读:
外边距属性
视频

3.6.3　背景属性

1. 设置背景颜色

在CSS中,使用background-color属性来设置网页元素的背景颜色,其属性值与文本颜色的取值一样,可使用预定义的颜色值、十六进制数#RRGGBB或RGB代码rgb(r, g, b)。background-color的默认值为transparent,即背景透明,此时子元素会显示其父元素的背景。

下面通过一个课堂实例对背景颜色的用法进行演示,如课堂实例3-18所示。

课堂实例3-18　背景颜色的用法 3-18.html。

```
<!doctype html>
<html>
    <head>
        <meta charset="utf-8">
        <title>设置背景颜色</title>
        <style type="text/css">
            body{
                background-color: #CCC;  /*设置网页的背景颜色*/
```

```
        }
        h2{
            font-family:"微软雅黑";
            color:#FFF;
            background-color:#FC3;          /*设置标题的背景颜色*/
            }
    </style>
</head>
<body>
    <h2>云课堂课程报名即可免费听</h2>
    <p>特大喜讯：云课堂课程全面开放，基础课程试听 3 天全免费，高级课程试听 1 天全免费，不需要缴纳任何费用，只要申请，你就可以听课啦！</p>
</body>
</html>
```

运行课堂实例 3-18，效果如图 3-27 所示。

2. 设置背景图像

背景不仅可以设置为某种颜色，还可以将图像作为元素的背景。在 CSS 中通过 background-image 属性设置背景图像。

以课堂实例 3-18 为基础，准备一张背景图像，将图像放置在 images 文件夹中，然后更改 body 元素的 CSS 样式代码：

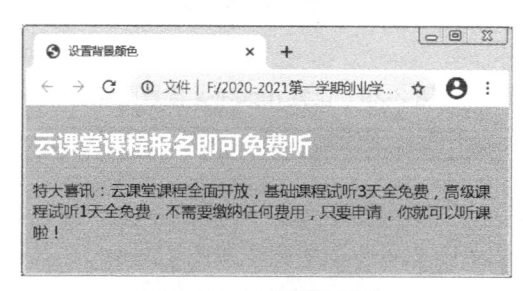

图 3-27　设置背景颜色

```
body{
background-color: #CCC;   /*设置网页的背景颜色*/
background-image:url(images/jianbian.png);/*设置网页的背景图像*/
}
```

保存 HTML 文件，刷新网页，效果如图 3-28 所示。背景图像自动沿着水平和竖直两个方向平铺，充满整个页面，并且覆盖了<body>的背景颜色。

3. 设置背景图像平铺

默认情况下，背景图像会自动沿着水平和竖直两个方向平铺，如果不希望图像平铺，或者只沿着一个方向平铺，可以通过 background-repeat 属性来控制，该属性的取值如下。

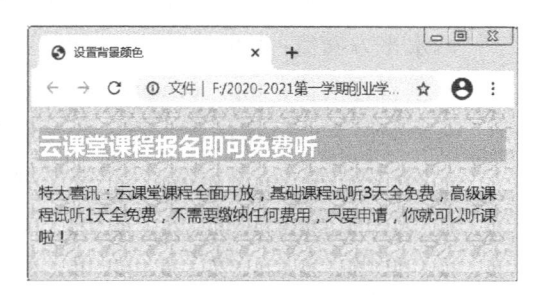

图 3-28　设置背景图像

- repeat：沿水平和竖直两个方向平铺（默认值）。
- no-repeat：不平铺（图像位于元素的左上角，只显示一个）。
- repeat-x：只沿水平方向平铺。
- repeat-y：只沿竖直方向平铺。

还是以课堂实例 3-18 为基础，希望上面例子中的图像只沿着水平方向平铺，可以将 body 元素的 CSS 样式代码更改如下：

```
body{
background-color: #CCC;  /*设置网页的背景颜色*/
background-image:url(images/jianbian.png);/*设置网页的背景图像*/
background-repeat:repeat-x;  /*设置背景图像的平铺*/
}
```

保存 HTML 文件，刷新网页，效果如图 3-29 所示。

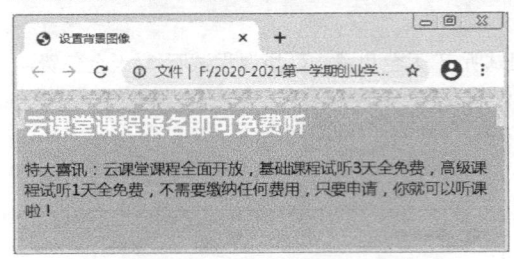

图 3-29 设置 repeat-x 背景图像

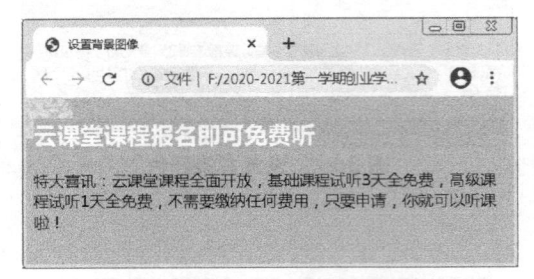

图 3-30 设置 no-repeat 背景图像

4. 设置背景图像的位置

如果将背景图像的平铺属性 background-repeat 定义为 no-repeat，图像将默认以元素的左上角为基准点显示，如图 3-30 所示。

在 CSS 中，background-position 属性的值通常设置为两个，中间用空格隔开，用于定义背景图像在元素的水平和垂直方向上的坐标。background-position 属性的默认值为"0 0"或"left top"，即背景图像位于元素的左上角。

background-position 属性的取值有多种，如表 3-4 所示，具体如下。

（1）使用不同单位（最常用的是像素 px）的数值：直接设置图像左上角在元素中的坐标，如"background-position:20px 20px"。

（2）使用预定义的关键字：指定背景图像在元素中的对齐方式。

- 水平方向值：left、center、right。
- 垂直方向值：top、center、bottom。

两个关键字的顺序任意，若只有一个值，则另一个默认为 center。例如：

center 相当于 center center（居中显示）。

top 相当于 center top（水平居中、上对齐）。

（3）使用百分比：按背景图像和元素的指定点对齐。

- 0% 0% 表示图像左上角与元素的左上角对齐。
- 50% 50% 表示图像 50%50%中心点与元素 50%50%的中心点对齐。
- 20% 30%表示图像 20%30%的点与元素 20%30%的点对齐。
- 100% 100%表示图像右下角与元素的右下角对齐，而不是图像充满元素。

如果只有一个百分数，将作为水平值，垂直值则默认为 50%。

表 3-4 background-position 属性的值通常设置值

位置属性取值	含 义
单位数值	设置图像左上角在元素中的坐标，如 background-position:20px20px
预定义的关键字	水平方向值：left、center、right 垂直方向值：top、center、bottom
百分比	0% 0%：图像左上角与元素的左上角对齐 50% 50%：图像 50% 50%中心点与元素 50% 50%的中心点对齐 20% 30%：图像 20% 30%的点与元素 20% 30%的点对齐 100% 100%：图像右下角与元素的右下角对齐，而不是图像充满元素

接下来将 background-position 的值定义为像素值来控制课堂实例 3-18 中背景图像的位置，body 元素的 CSS 样式代码如下：

```
body{
background-color: #CCC;  /*设置网页的背景颜色*/
background-image:url(images/jianbian.png);/*设置网页的背景图像*/
background-repeat:no-repeat;  /*设置背景图像的平铺*/
background-position:100px 100px;   /*用像素值控制背景图像的位置*/
}
```

保存 HTML 文件，刷新网页，效果如图 3-31 所示。

5. 设置背景图像固定

当网页中的内容较多时，在网页中设置的背景图像会随着页面滚动条的移动而移动，如果希望背景图像固定在屏幕的某一位置，不随着滚动条移动，可以使用 background-attachment 属性来设置。background-attachment 有两个属性值，分别代表不同的含义，如表 3-5 所示。

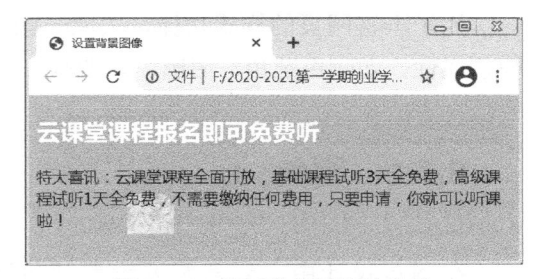

图 3-31 控制背景图像的位置

表 3-5 background-attachment 两个属性值

固定属性取值	含 义
scroll	图像随页面元素一起滚动（默认值）
fixed	图像固定在屏幕上，不随页面元素滚动

接下来将利用 background-position 来控制课堂实例 3-18 中的背景图像，使其固定在屏幕上，body 元素的 CSS 样式代码如下：

```
body{
background-color: #CCC;  /*设置网页的背景颜色*/
background-image:url(images/jianbian.png);/*设置网页的背景图像*/
```

```
background-repeat:no-repeat;    /*设置背景图像的平铺*/
background-position:100px 100px;  /*用像素值控制背景图像的位置*/
background-attachment:fixed;   /*设置背景图像的位置固定*/
}
```

保存 HTML 文件，刷新网页，效果如图 3-32 所示。

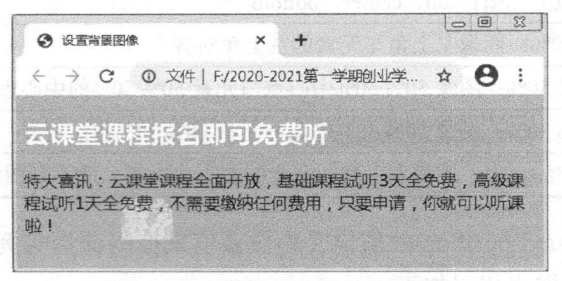

图 3-32　设置背景图像的位置固定

延伸阅读：
背景属性视频

3.7　CSS3 新增盒子模型属性

为了丰富网页的样式功能，去除一些冗余的样式代码，CSS3 中添加了一些新的盒子模型属性，如颜色圆角、阴影、渐变等。本节将详细介绍这些全新的 CSS 样式属性。

3.7.1　圆角

在网页设计中，经常需要设置圆角边框，如按钮、头像图片等，运用 CSS3 中的 border-radius 属性可以将矩形边框圆角化，其基本语法格式为：

```
border-radius:参数1/参数2
```

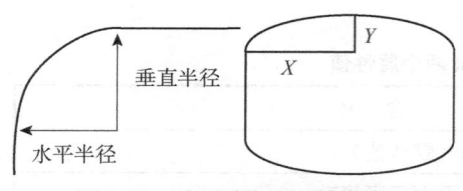

图 3-33　水平半径和垂直半径

在上面的语法格式中，border-radius 的属性值包含两个参数，它们的取值可以为像素值或百分比。其中"参数 1"表示圆角的水平半径，"参数 2"表示圆角的垂直半径，如图 3-33 所示，两个参数之间用"/"隔开。

下面通过一个课堂实例对 border-radius 属性的用法进行演示，如课堂实例 3-19 所示。

课堂实例 3-19　border-radius 属性的用法 3-19.html。

```
<!doctype html>
<html>
```

```
<head>
    <meta charset="utf-8" />
    <title>圆角边框</title>
    <style type="text/css">
        img{
            border:8px solid #6C9024;
            border-radius:100px/50px;   /*设置水平半径为100像素,垂直半径 为50像素*/
        }
    </style>
</head>
<body>
    <img class="yuanjiao" src="images/tupian1.jpg" alt="圆角边框" />
</body>
</html>
```

运行课堂实例 3-19，效果如图 3-34 所示。

👉 **注意：**

在使用 border-radius 属性时，如果第二个参数省略，则会默认等于第一个参数。例如，将上面第 9 行代码替换为：

```
border-radius:50px;  /*设置圆角半径为50像素*/
```

保存 HTML 文件，刷新页面，效果如图 3-35 所示。

图 3-34　圆角边框使用　　　　　　　图 3-35　圆角边框使用

3.7.2　阴影

在网页制作中，经常需要对盒子添加阴影效果。CSS3 中的 box-shadow 属性可以轻松实现阴影的添加，其基本语法格式如下：

```
box-shadow:像素值1 像素值2 像素值3 像素值4 颜色值 阴影类型;
```

在上面的语法格式中，box-shadow 属性共包含 6 个参数值，对它们的具体解释如表 3-6 所示。

表 3-6 box-shadow 属性参数值

参数值	说　明
像素值 1	表示元素水平阴影位置，可以为负值（必选属性）
像素值 2	表示元素垂直阴影位置，可以为负值（必选属性）
像素值 3	阴影模糊半径（可选属性）
像素值 4	阴影扩展半径，不能为负值（可选属性）
颜色值	阴影颜色（可选属性）
阴影类型	内阴影（inset）/外阴影（默认）（可选属性）

其中"像素值 1"和"像素值 2"为必选参数值不可以省略，其余为可选参数值。不设置"阴影类型"参数时默认为"外阴影"，设置"inset"参数值后，阴影类型变为内阴影。

下面通过一个课堂实例对 box-shadow 属性的用法进行演示，如课堂实例 3-20 所示。

课堂实例 3-20　box-shadow 属性的用法 3-20.html。

```html
<!doctype html>
<html>
<head>
  <meta charset="utf-8">
  <title>box-shadow 属性</title>
  <style type="text/css">
    img{
        padding:20px;
        border-radius:50%;
        border:1px solid #ccc;
        box-shadow:5px 5px 10px 2px #999 inset;
        }
  </style>
</head>
<body>
  <img class="border" src="images/5.jpg" />
</body>
</html>
```

运行课堂实例 3-20，效果如图 3-36 所示。

图 3-36 box-shadow 属性的使用

3.7.3 渐变

在 CSS3 之前如果需要添加渐变效果，通常要设置背景图像来实现。而 CSS3 中增加了渐变属性，通过渐变属性可以轻松实现渐变效果。CSS3 的渐变属性主要包括线性渐变和径向渐变。

1. 线性渐变

在线性渐变过程中，起始颜色会沿着一条直线按顺序过渡到结束颜色。运用 CSS3 中的"background-image:linear-gradient（参数值）;"样式可以实现线性渐变效果，其基本语法格式如下：

```
background-image: linear-gradient (渐变角度, 颜色值1, 颜色值2…, 颜色值n);
```

在上面的语法格式中，linear-gradient 用于定义渐变方式为线性渐变，括号内用于设定渐变角度和颜色值。

1）渐变角度

渐变角度指水平线和渐变线之间的夹角，可以是以 deg 为单位的角度数值或"to"加"left""right""top 和"bottom"等关键词。在使用角度设定渐变起点的时候，0deg 对应"to top"，90deg 对应"to right"，180deg 对应"to bottom"，270deg 对应"to left"，整个过程就是以 bottom 为起点顺时针旋转，当未设置渐变角度时，会默认为"180deg"等同于"to bottom"。

2）颜色值

颜色值用于设置渐变颜色，其中"颜色值 1"表示起始颜色，"颜色值 n"表示结束颜色，起始颜色和结束颜色之间可以添加多个颜色值，各颜色值之间用","隔开。

下面通过一个课堂实例对线性渐变的用法进行演示，如课堂实例 3-21 所示。

课堂实例 3-21 线性渐变的用法 3-21.html。

```
<!doctype html>
<html>
<head>
  <meta charset="utf-8">
  <title>线性渐变</title>
  <style type="text/css">
    div{
        width:200px;
        height:200px;
        background-image:linear-gradient(30deg,#0f0,#00F);
        }
  </style>
</head>
<body>
```

```
        <div></div>
    </body>
</html>
```

运行课堂实例 3-21，效果如图 3-37 所示。

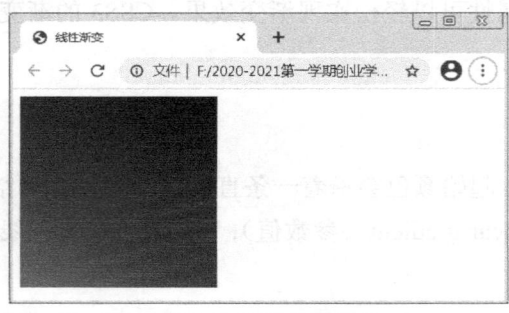

图 3-37　线性渐变

2. 径向渐变

径向渐变是网页中另一种常用的渐变，在径向渐变过程中，起始颜色会从一个中心点开始，依据椭圆或圆形形状进行扩张渐变。运用 CSS3 中的 "background-image:radial-gradient（参数值）;" 样式可以实现径向渐变效果，其基本语法格式如下：

```
background-image: radial-gradient(渐变形状 圆心位置, 颜色值 1, 颜色值 2..., 颜色值 n);
```

1）渐变形状

渐变形状用来定义径向渐变的形状，其取值既可以是定义水平和垂直半径的像素值或百分比，也可以是相应的关键词。其中关键词主要包括两个值："circle" 和 "ellipse"。

- 像素值/百分比：用于定义形状的水平和垂直半径，如 "80px 50px" 表示一个水平半径为 80px，垂直半径为 50px 的椭圆形。
- circle：指定圆形的径向渐变。
- ellipse：指定椭圆形的径向渐变。

2）圆心位置

圆心位置用于确定元素渐变的中心位置，使用 "at" 加上关键词或参数值来定义径向渐变的中心位置。该属性值类似于 CSS 中 background-position 属性值，如果省略则默认为 "center"，该属性值主要有以下几种。

- 像素值/百分比：用于定义圆心的水平和垂直坐标，可以为负值。
- left：设置左边为径向渐变圆心的横坐标值。
- center：设置中间为径向渐变圆心的横坐标值或纵坐标值。
- right：设置右边为径向渐变圆心的横坐标值。
- top：设置顶部为径向渐变圆心的纵坐标值。
- bottom：设置底部为径向渐变圆心的纵坐标值。

3）颜色值

"颜色值 1"表示起始颜色,"颜色值 n"表示结束颜色,起始颜色和结束颜色之间可以添加多个颜色值,各颜色值之间用","隔开。

下面通过一个课堂实例对径向渐变的用法进行演示,如课堂实例 3-22 所示。

课堂实例 3-22　径向渐变的用法 3-22.html。

```
<!doctype html>
<html>
<head>
  <meta charset="utf-8">
  <title>径向渐变</title>
  <style type="text/css">
    div{
        width:200px;
        height:200px;
        border-radius:50%;        /*设置圆角边框*/
        background-image:radial-gradient(ellipse at center,#0f0,#030);
/*设置径向渐变*/
        }
  </style>
</head>
<body>
    <div></div>
</body>
</html>
```

运行课堂实例 3-22,效果如图 3-38 所示。

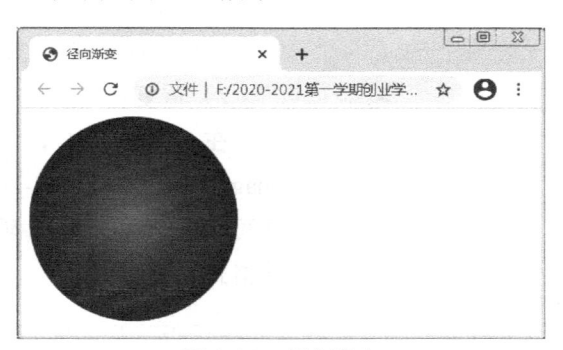

图 3-38　径向渐变

3. 重复渐变

在网页设计中,经常会遇到在一个背景上重复应用渐变模式的情况,这时就需要使用重复渐变。重复渐变包括重复线性渐变和重复径向渐变。

1）重复线性渐变

在 CSS3 中,通过"background-image:repeating-linear-gradient(参数值);"样式可以

实现重复线性渐变的效果，其基本语法格式如下：

```
background-image: repeating-linear-gradient(渐变角度，颜色值 1，颜色值 2…,颜色值 n);
```

在上面的语法格式中，"repeating-linear-gradient（参数值）用于定义渐变方式为重复线性渐变，括号内的参数取值和线性渐变相同，分别用于定义渐变角度和颜色值。

下面通过一个课堂实例对重复线性渐变的用法进行演示，如课堂实例 3-23 所示。

课堂实例 3-23 重复线性渐变的用法 3-23.html。

```html
<!doctype html>
<html>
<head>
   <meta charset="utf-8">
   <title>重复线性渐变</title>
   <style type="text/css">
     div{
          width:200px;
          height:200px;
          background-image:repeating-linear-gradient(90deg,#E50743,#E8ED30 10%,#3FA62E 15%);
          }
   </style>
</head>
<body>
   <div></div>
</body>
</html>
```

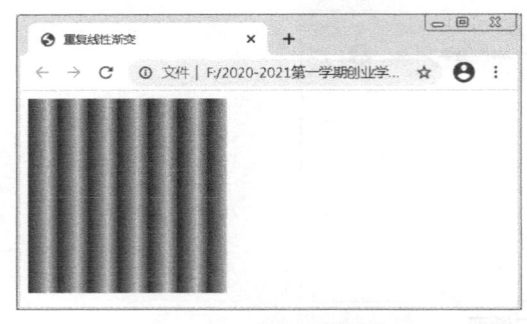

图 3-39 重复线性渐变

运行课堂实例 3-23，效果如图 3-39 所示。

2）重复径向渐变

在 CSS3 中，通过"background-image:repeating-radial-gradient（参数值）;"样式可以实现重复径向渐变的效果，其基本语法格式如下。

```
background-image:repeating-radial-gradient(渐变形状 圆心位置,颜色值 1,颜色值 2…,颜色值 n);
```

在上面的语法格式中，"repeating-radial-gradient（参数值）用于定义渐变方式为重复径向渐变，括号内的参数取值和径向渐变相同，分别用于定义渐变形状、圆心位置和颜色值。

下面通过一个课堂实例对重复径向渐变的用法进行演示，如课堂实例 3-24 所示。

课堂实例 3-24 重复径向渐变的用法 3-24.html。

```html
<!doctype html>
<html>
<head>
    <meta charset="utf-8">
    <title>重复径向渐变</title>
    <style type="text/css">
      div{
            width:200px;
            height:200px;
            border-radius:50%;
            background-image:repeating-radial-gradient(circle at 50% 50%,#E50743,#E8ED30 10%,#3FA62E 15%);
         }
    </style>
</head>
<body>
    <div></div>
</body>
</html>
```

运行课堂实例 3-24，效果如图 3-40 所示。

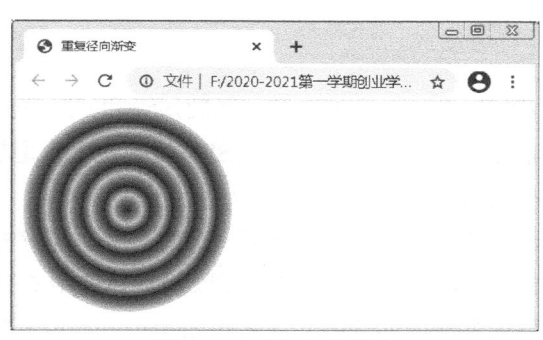

图 3-40 重复径向渐变

动手实践——制作音频排行榜

本项目重点讲解了 CSS 核心基础知识、盒子模型的概念、盒子的相关属性等内容。为了使学生更熟练地运用盒子模型相关属性控制页面中的各个元素，将通过案例的形式分步骤制作一个音乐排行榜页面，其效果如图 3-41 所示。

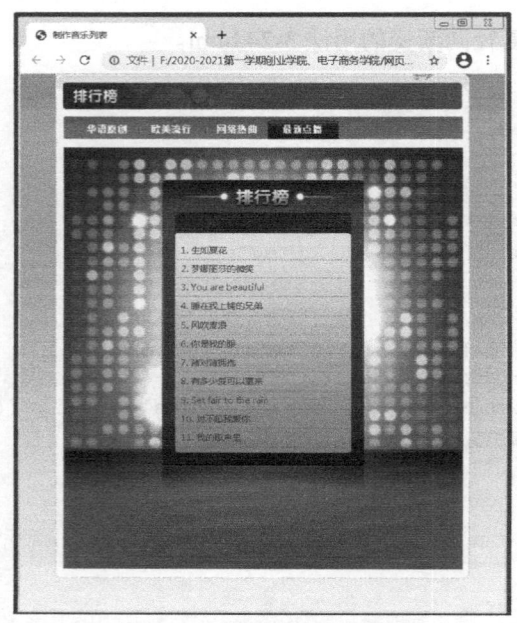

图 3-41　音频排行榜效果图

项目小结

本项目首先介绍了 CSS3 的简介、CSS 核心基础知识和 CSS 文本样式属性等，然后讲解了盒子模型的概念，盒子模型相关的属性和 CSS3 新增盒子模型属性，最后运用所学知识制作了一个音乐排行榜效果。

通过本项目的学习，读者应该对 CSS3 有了一定的了解，能够充分理解 CSS 所实现的结构与表现的分离及 CSS 样式的优先级规则，可以熟练地使用 CSS 控制页面中的字体、文本外观样式、边框、背景和渐变属性等，完成页面中一些简单模块的制作。

课后实训练习

查看本项目课后练习题，请扫描二维码。

项目 4　表格和表单的应用

项目前言

表格与表单是 HTML 网页中的重要标签，利用表格可以对网页进行排版，使网页信息有条理地显示出来，而表单的出现则使网页从单向的信息传递发展到能够与用户进行交互对话，实现了网上注册、网上登录、网上交易等多种功能。本项目将对表格与表单知识进行详细的讲解。

学习目标

- ❖ 掌握表格标签的应用，能够创建表格并添加表格样式；
- ❖ 理解表单的构成，可以快速创建表单；
- ❖ 掌握表单相关标签，能够创建具有相应功能的表单控件；
- ❖ 掌握表单样式，能够使用表单样式美化表单界面。

教学建议

- ❖ 使用案例引入法，使学生更好理解和掌握表格和表单的应用；
- ❖ 指定相关实操任务，让学生练习操作相关技能。

综合案例展示

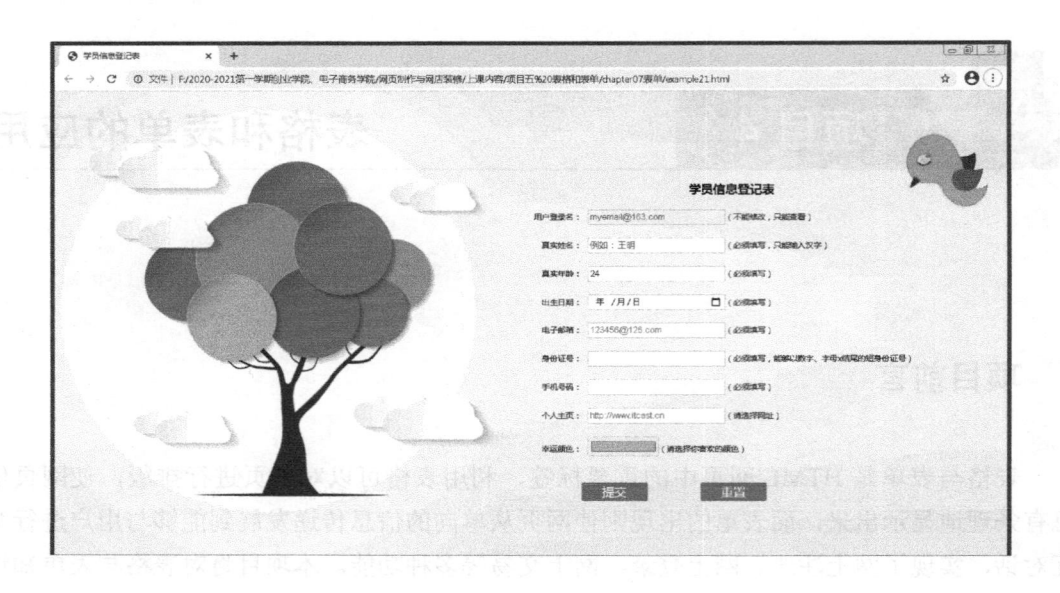

4.1 表格

日常生活中，为了清晰地显示数据或信息，我们常常会使用表格对数据或信息进行统计，同样在制作网页时，为了使网页中的元素有条理地显示，也可以使用表格对网页进行规划。为此，HTML 语言提供了一系列的表格标签。

4.1.1 创建表格

表格由一行或多行单元格组成，用于显示数字和其他项，以便快速引用和分析。表格中的项被组织为行和列。表格由行、列和单元格 3 个部分组成，如图 4-1 所示。在 HTML 文档中，表格被广泛应用于存放网页上的文本和图像。

图 4-1 表格的组成

在 Word 中，如果要创建表格，只需插入表格，然后设定相应的行数和列数即可。然而在 HTML 网页中，所有的元素都是通过标签定义的，要想创建表格，就需要使用表格相关的标签。使用标签创建表格的基本语法格式如下：

```
<table>
    <tr>
        <td>单元格内的文字</td>
        ...
    </tr>
</table>
```

在上面的语法中包含 3 对 HTML 标签，分别为<table></table>、<tr></tr>、<td></td>，它们是创建 HTML 网页中表格的基本标签，缺一不可。对这些标签的具体解释如下。

➢ <table></table>：用于定义一个表格的开始与结束。在<table>标签内部，可以放置表格的标题、表格行和单元格等。

➢ <tr></tr>：用于定义表格中的一行，必须嵌套在<table></table>标签中，在<table></table>中包含几对<tr></tr>，就表示该表格有几行。

➢ <td></td>：用于定义表格中的单元格，必须嵌套在<tr></tr>标签中，一对<tr></tr>中包含几对<td></td>，就表示该行中有多少列（或多少个单元格）。

为了了解创建表格的基础语法，下面通过一个课堂实例对表格的创建进行演示，如课堂实例 4-1 所示。

课堂实例 4-1　表格的创建 4-1.html。

```
<!doctype html>
<html>
<head>
    <meta charset="utf-8" />
    <title>表格</title>
</head>
<body>
    <table border="1">
        <tr>
            <td>学生名称</td>
            <td>竞赛学科</td>
            <td>分数</td>
        </tr>
        <tr>
            <td>小明</td>
            <td>数学</td>
            <td>87</td>
        </tr>
        <tr>
            <td>小李</td>
```

```
            <td>英语</td>
            <td>86</td>
        </tr>
        <tr>
            <td>小萌</td>
            <td>物理</td>
            <td>72</td>
        </tr>
    </table>
</body>
</html>
```

在课堂实例 4-1 中，使用表格相关的标签定义了一个 4 行 3 列的表格。为了使表格的显示格式更加清晰，在第 8 行代码中，对表格标签<table>应用了边框属性 border。

运行课堂实例 4-1，效果如图 4-2 所示。

通过图 4-2 可以看出，表格以 4 行 3 列的方式显示，并且添加了边框效果。如果去掉第 8 行代码中的边框属性 border，刷新页面，保存 HTML 文件，效果如图 4-3 所示。 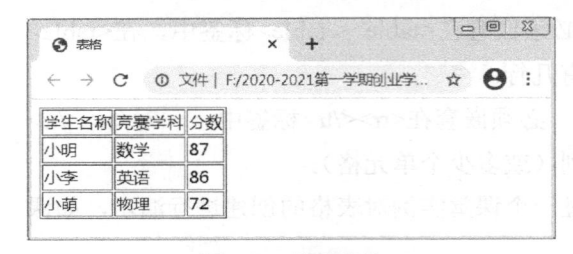

图 4-2　创建表格 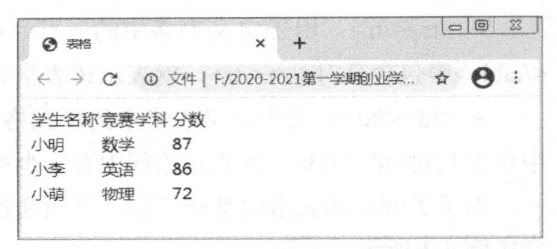　　　　　　　　图 4-3　去掉边框属性的表格

通过图 4-3 可以看出，即使去掉边框，表格中的内容依然整齐有序地排列着。创建表格的基本标签为<table></table>、<tr></tr>、<td></td>，默认情况下，表格的边框为 0，宽度和高度（自适应）靠表格里的内容来支撑。

注意：

学习表格的核心是学习<td></td>标签，它就像一个容器，可以容纳所有的标签，<td></td>中甚至可以嵌套表格<table></tale>。但是<tr></tr>中只能嵌套<td></td>，不可以在<tr></tr>标签中输入文字。

延伸阅读：
表格创建

4.1.2　<table>标签的属性

表格标签包含了大量属性，虽然大部分属性都可以使用 CSS 进行替代，但是 HTML 语言中也为<table>标签提供了一系列的属性，用于控制表格的显示样式，具体如表 4-1 所示。

表 4-1 <table>标签的属性

属性	描述	常用属性值
border	设置表格的边框（默认 border="0"为无边框）	像素值
cellspacing	设置单元格与单元格边框之间的空白间距	像素值（默认为 2 像素）
cellpadding	设置单元格内容与单元格边框之间的空白间距	像素值（默认为 1 像素）
width	设置表格的宽度	像素值
height	设置表格的高度	像素值
align	设置表格在网页中的水平对齐方式	left、center、right
bgcolor	设置表格的背景颜色	预定义的颜色值、十六进制数#RGB、rgb(r, g, b)
background	设置表格的背景图像	url 地址

1. border 属性

在<table>标签中，border 属性用于设置表格的边框，默认值为 0。在课堂实例 4-1 中，设置<table>标签的 border 属性值为 1 时，出现了图 4-2 所示的双线边框效果。为了更好地理解 border 属性，这里将课堂实例 4-1 中<table>标签的 border 属性值设置为 20，将代码更改如下：

```
<table border="20">
```

这时保存 HTML 文件，刷新页面，效果如图 4-4 所示。

比较图 4-2 和图 4-4，我们会发现表格双线边框的外边框变宽了，但是内边框不变。其实，在双线边框中，外边框为表格<table>的边框，内边框为单元格<td>的边框。也就是说，<table>标签的 border 属性值改变的是外边框宽度，所以内边框宽度仍然为 1 像素。

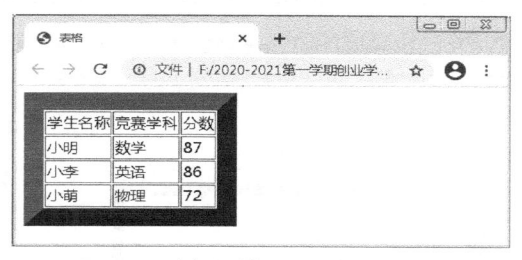

图 4-4 边框属性 20px 的效果展示

2. cellspacing 属性

cellspacing 属性用于设置单元格与单元格之间的空间，默认距离为 2px。例如，对课堂实例 4-1 中的<table>标签应用 cellspacing="20"，代码如下：

```
    <table border="20" cellspacing="20">
```

这时保存 HTML 文件，刷新页面，效果如图 4-5 所示。

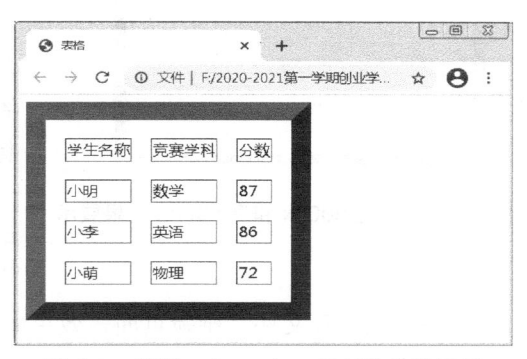

图 4-5 设置 cellspacing="20"的效果展示

3. cellpadding 属性

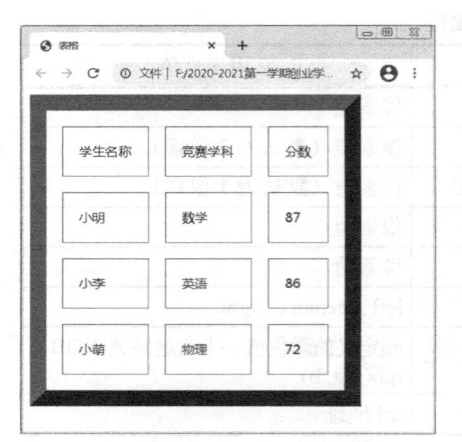

cellpadding 属性用于设置单元格内容与单元格边框之间的空白间距，默认为 1px。例如，对课堂实例 4-1 中的 <table> 标签应用 cellpadding="20"，代码更改如下：

```
<table border="20" cellspacing="20" cellpadding="20">
```

这时保存 HTML 文件，刷新页面，效果如图 4-6 所示。

图 4-6 设置 cellpadding="20"效果展示

比较图 4-5 和图 4-6 会发现，在图 4-5 中单元格内容与单元格边框之间出现了 20px 的空白间距，如"学生名称"与其所在的单元格边框之间拉开了 20px 的距离。

4. width 属性和 height 属性

默认情况下，表格的宽度和高度是自适应的，依靠表格内的内容来支撑，要想更改表格的尺寸，就需要对其应用宽度属性 width 和高度属性 height。接下来我们来为课堂实例 4-1 设置表格的宽度和高度，将代码更改如下：

```
<table  border="20"  cellspacing="20"  cellpadding="20"  width="600" height="600">
```

这时保存 HTML 文件，刷新页面，效果如图 4-7 所示。

图 4-7 设置宽 600px 和高 600px 效果展示

5. align 属性

align 属性可用于定义表格的水平对齐方式，其可选属性值有 left、center、right。需要注意的是，当对 <table> 标签应用 align 属性时，控制的是表格在页面中的水平对齐方式，单元格中的内容不受影响。例如，对课堂实例 4-1 中的 <table> 标签应用 align="center"，将代码改为如下：

```
<table  border="20"  cellspacing"20" cellpadding="20"  width="600"  height="600" align="center">
```

保存 HTML 文件，刷新页面，效果如图 4-8 所示。

图 4-8 表格居中效果展示

6. bgcolor 属性

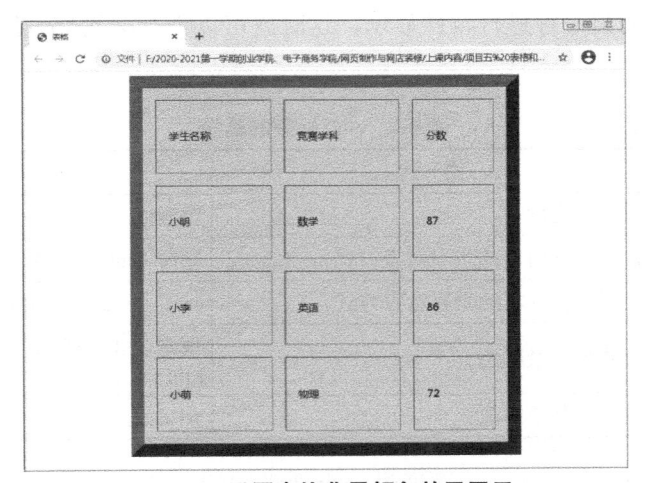

在<table>标签中，bgcolor 属性用于设置表格的背景颜色，例如，要将课堂实例 4-1 中表格的背景颜色设置为粉色，可以将代码更改如下：

```
<table border="20" cellspacing="20" cellpadding="20" width="600" height="600" align="center" bgcolor="pink">
```

保存 HTML 文件，刷新页面，效果如图 4-9 所示。

图 4-9 设置表格背景颜色效果展示

7. background 属性

在<table>标签中，background 属性用于设置表格的背景图像。例如，为课堂实例 4-1 中的表格添加背景图像，可以将代码更改如下：

```
<table border="20" cellspacing="20" cellpadding="20" width="600" height="600 align="center" bgcolor="#" background="images/1.jpg">
```

保存 HTML 文件，刷新页面，效果如图 4-10 所示。

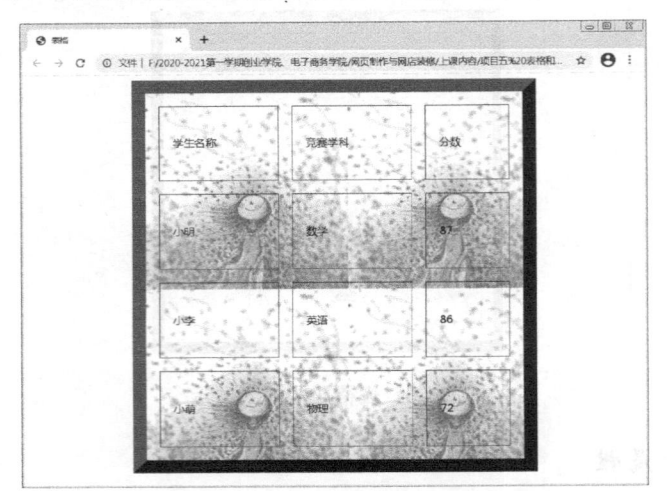

图 4-10 设置表格背景图片效果展示

4.1.3 <tr>标签的属性

通过对<table>标签应用各种属性，可以控制表格的整体显示样式，但是制作网页时，有时需要将表格中的某一行进行特殊显示，这时就可以为行标签<tr>定义属性，其常用属性如表 4-2 所示。

表 4-2 <tr>标签的属性

属　性	描　述	常用属性值
height	设置行高度	像素值
align	设置一行内容的水平对齐方式	left、center、right
valign	设置一行内容的垂直对齐方式	top、middle、bottom
bgcolor	设置行背景颜色	预定义的颜色值、十六进制数#RGB、rqb(r, q, b)
background	设置行背景图像	url 地址

为了更好地理解<tr>属性，下面通过一个课堂实例来演示标签<tr>的常用属性效果，如课堂实例 4-2 所示。

课堂实例 4-2 <tr>常用属性的使用 4-2.html。

```
<!doctype html>
<html>
<head>
<meta charset="utf-8" />
<title>tr 标签的属性</title>
```

```html
</head>
<body>
<table border="1" width="400" height="240" align="center">
    <tr height="80" align="center" valign="top" bgcolor="#00CCFF">
        <td>姓名</td>
        <td>性别</td>
        <td>电话</td>
        <td>住址</td>
    </tr>
    <tr>
            <td>小王</td>
        <td>女</td>
        <td>11122233</td>
        <td>海淀区</td>
    </tr>
    <tr>
        <td>小李</td>
        <td>男</td>
        <td>55566677</td>
        <td>朝阳区</td>
    </tr>
    <tr>
            <td>小张</td>
        <td>男</td>
        <td>88899900</td>
        <td>西城区</td>
    </tr>
</table>
</body>
</html>
```

运行课堂实例 4-2，效果如图 4-11 所示。

图 4-11   <tr>常用属性的使用

通过图 4-11 可以看出，表格按照设置的宽高显示，且位于浏览器的水平居中位置。表格的第 1 行内容按照设置的高度显示，文本内容水平居中垂直居上显示，并且为第 1 行还添加了背景颜色。

> **注意：**
> - <tr>标签无宽度属性 width，其宽度取决于表格标签<table>。
> - 对<tr>标签应用 valign 属性，用于设置一行内容的垂直对齐方式。
> - 虽然可以对<tr>标签应用 background 属性，但是在<tr>标签中此属性兼容问题严重。

4.1.4 <td>标签的属性

通过对行标签<tr>应用属性，可以控制表格中一行内容的显示样式。但是，在网页制作过程中，想要对某一个单元格进行控制，就需要为单元格标签<td>定义属性，其常用属性如表 4-3 所示。

表 4-3 <td>标签的属性

属性名	含　义	常用属性值
width	设置单元格的宽度	像素值
height	设置单元格的高度	像素值
align	设置单元格内容的水平对齐方式	left、center、right
valign	设置单元格内容的垂直对齐方式	top、middle、bottom
bgcolor	设置单元格的背景颜色	预定义的颜色值、十六进制数#RGB、rgb(r, g, b)
background	设置单元格的背景图像	url 地址
colspan	设置单元格横跨的列数（用于合并水平方向的单元格）	正整数
rowspan	设置单元格竖跨的行数（用于合并竖直方向的单元格）	正整数

表中列出了<td>标签的常用属性，其中大部分属性与<tr>标签的属性相同。与<tr>标签不同的是，可以对<td>标签应用 width 属性，用于指定单元格的宽度，同时<td>标签还拥有 colspan 和 rowspan 属性，用于对单元格进行合并。

对于<td>标签的 colspan 和 rowspan 属性，初学者可能难以理解并运用，下面我们通过一个案例来演示如何使用 colspan 和 rowspan 属性，如课堂实例 4-3 所示。

课堂实例 4-3 colspan 和 rowspan 属性的使用 4-3.html。

```
<!doctype html>
<html>
<head>
<meta charset="utf-8" />
<title>tr 标签的属性</title>
</head>
<body>
<table border="1" width="400" height="240" align="center">
```

```html
        <tr height="80" align="center" valign="top" bgcolor="#00CCFF">
            <td>姓名</td>
            <td>性别</td>
            <td>电话</td>
            <td>住址</td>
        </tr>
        <tr>
            <td>小王</td>
            <td>女</td>
            <td>11122233</td>
            <td rowspan="3">北京</td>
        </tr>
        <tr>
            <td>小李</td>
            <td>男</td>
            <td>55566677</td>
        </tr>
        <tr>
            <td>小张</td>
            <td>男</td>
            <td>88899900</td>
        </tr>
</table>
</body>
</html>
```

运行课堂实例 4-3，效果如图 4-12 所示。

图 4-12　表格跨行效果展示

如图 4-12 所示，设置了 rowspan="3" 样式的单元格"北京"竖直跨 3 行，占用了其下方两个单元格的位置。除了竖直相邻的单元格可以合并外，水平相邻的单元格也可以合并。例如，将课堂实例 4-3 中的"性别"和"电话"两个单元格合并，只需对第 11 行代码中的 `<td>` 标签应用 colspan="2"，同时注释或删掉第 12 行代码即可。

```html
    <td colspan="2">性别</td>
    /*<td>电话</td>*/
```

这时，保存 HTML 文件，刷新网页，效果如图 4-13 所示。

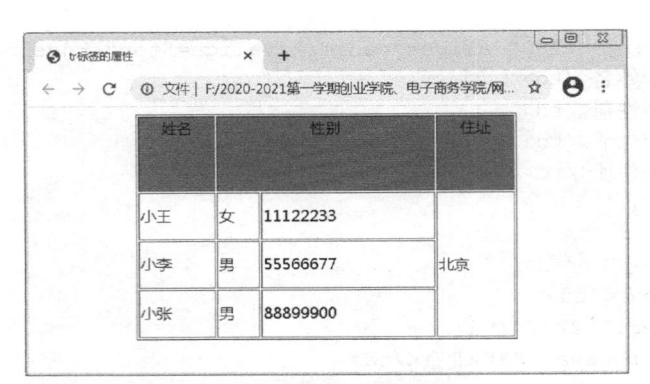

图 4-13　表格跨列效果展示

4.1.5　<th>标签的属性

应用表格时经常需要为表格设置表头，以使表格的格式更加清晰，方便查阅。表头一般位于表格的第一行或第一列，其文本加粗居中，如图 4-14 所示。设置表头非常简单，只需用表头标签<th></th>替代相应的单元格标签与<td></td>即可。

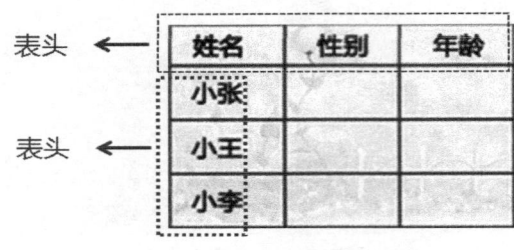

图 4-14　表头设置效果展示

<th></th>用于定义表头单元格，其文本默认加粗居中显示；而<td></td>定义的为普通单元格，其文本为普通文本且水平左对齐显示。

4.2　CSS 控制表格样式

除了表格标签自带的属性外，还可用 CSS 的边框、宽高、颜色等来控制表格样式。此外，CSS 中还提供了表格专用属性，以便控制表格样式。

4.2.1　CSS 控制表格边框

使用<table>标签的 border 属性可以为表格设置边框，但是这种方式设置的边框效果并不理想，如果要更改边框的颜色，或改变单元格的边框大小，就会很困难。而使用 CSS 边框样式属性 border 可以轻松地控制表格的边框。

下面我们通过内嵌式的方式，来演示如何使用 CSS 设置表格边框，如课堂实例 4-4 所示。

课堂实例 4-4 CSS 设置表格边框的具体方法 4-4.html。

```html
<!doctype html>
<html>
<head>
<meta charset="utf-8" />
<title>CSS 控制单元格边距</title>
<style type="text/css">
table{
    width:250px;
    height:100px;
    border:1px solid #30F;    /*设置 table 的边框*/
}
th,td{
    border:1px solid #30F;    /*为单元格单独设置边框*/
}
</style>
</head>
<body>
<table>
 <tr>
    <th>游戏名称</th>
    <th>类型</th>
    <th>特征</th>
 </tr>
 <tr>
    <th>王者荣耀</th>
    <td>策略战棋</td>
    <td>3D 竞技</td>
 </tr>
 <tr>
    <th>天龙八部手游</th>
    <td>角色扮演</td>
    <td>3D 武侠</td>
 </tr>
</table>
</body>
</html>
```

运行课堂实例 4-4，效果如图 4-15 所示。

通过图 4-15 可知，单元格与单元格的边框之间存在一定的空间。如果要去掉单元格之间的空间，得到常见的细线边框效果，就需要使用"border-collapse"属性，使单元格的边框合并，具体代码如下：

```css
table{
    width:250px;
    height:100px;
    border:1px solid #30F;       /*设置 table 的边框*/
    border-collapse:collapse;    /*边框合并*/
}
```

保持 HTML 文件，再次刷新网页，效果如图 4-16 所示。

图 4-15　CSS 控制表格边框　　　　　图 4-16　表格边框合并

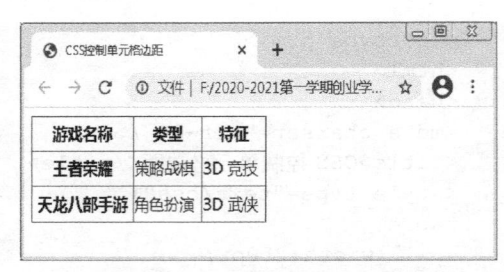

注意：

当表格的 border-collapse 属性设置为 collapse 时，HTML 中设置的 cellspacing 属性值无效。

行标签<tr>无 border 样式属性。

4.2.2　CSS 控制单元格边距

设置单元格内容与边框之间的距离，可以对<td>标签应用内边距样式属性 padding，或对<table>标签应用 HTML 标签属性 cellpadding。

以课堂实例 4-4 为例，为单元格内容与边框设置 50px 的内边距，为单元格与单元格边框之间设置 50px 的外边距，具体代码如下：

```
th,td{
    border:1px solid #30F;        /*为单元格单独设置边框*/
    padding:50px;                 /*为单元格内容与边框设置 50px 的内边距*/
    margin:50px;     /*为单元格与单元格边框之间设置 50px 的外边距*/
}
```

保持 HTML 文件，再次刷新网页，效果如图 4-17 所示。

图 4-17　CSS 控制单元格边距

4.2.3 CSS 控制单元格的宽和高

对单元格标签<td>应用 width 和 height 属性，可以控制单元格宽度和高度，具体代码如下：

```
td{
    width:100px;
    Height:100px;
}
```

对同一行中的单元格定义不同的高度，或对同一列中的单元格定义不同的宽度时，最终的宽度或高度将取其中的较大者。

以课堂实例 4-4 为例，对单元格标签<td>设置 width 和 height 属性，分别为 100px，效果如图 4-18 所示。

图 4-18 CSS 控制单元格的宽和高

4.3 表单

表单是可以通过网络接收其他用户数据的平台，如注册页面的账户密码输入、网上订货页等，都是以表单的形式来收集用户信息的，并将这些信息传递给后台服务器，实现网页与用户间的沟通对话。本节将对表单进行详细的讲解。

4.3.1 表单的构成

在 HTML 中，一个完整的表单通常有表单控件、提示信息和表单域 3 个部分构成，如图 4-19 所示。

➢ 提示信息：一个表单中通常需要包含一些说明性的文字，提示用户进行填写和操作。

➢ 表单控件：包含了具体的表单功能项，如单行文本输入框、密码输入框、复选框、提交按钮、重置按钮等。

➢ 表单域：相当于一个容器，用来容纳所有的表单控件和提示信息，可以通过它处理表单数据所用程序的 url 地址，定义数据提交到服务器的方法。如果不定义表单域，表单中的数据就无法传送到后台服务器。

图 4-19 表单的构成

4.3.2 创建表单

在 HTML5 中，<form></form>标签被用于定义表单域，即创建一个表单，以实现用户信息收集和传递，<form></form>中的所有内容都会被提交给服务器。创建表单的基本语法格式如下：

```
<form action="url 地址" method="提交方式" name="表单名称">
    各种表单控件
</form>
```

在上面的语法中，<form>与</form>之间的表单控件是由用户自定义的，action、method 和 name 表单标签<form>的常用属性，分别用于定义 url 地址、表单提交方式及表单名称，具体介绍如下。

1. action 属性

在表单收集到信息后，需要将信息传递给服务器进行处理，action 属性用于指定接收并处理表单数据的服务器程序的 url 地址。例如：

```
<form action= "form_action. asp">
```

表示当提交表单时，表单数据会传送到名为" form_action. asp "的页面去处理。

action 的属性值可以是相对路径或绝对路径，还可以为接收数据的 E-mail 邮箱地址。

例如：

```
<form action=mailto: htmlcss@163.com>
```

表示当提交表单时，表单数据会以电子邮件的形式传递出去。

2. method 属性

method 属性用于设置表单数据的提交方式，其取值为 get 或 post。在 HTML 中，可以通过<form>标签的 method 属性指明表单处理服务器数据的方法，示例代码如下：

```
<form action="form_action. asp" method="get">
```

在上面的代码中，get 为 method 属性的默认值，采用 get 方法，浏览器会与表单处理服务器建立连接，然后直接在一个传输步骤中发送所有的表单数据。

如果采用 post 方法，浏览器将会按照下面两步来发送数据。首先，浏览器将与 action 属性中指定的表单处理服务器建立联系；然后，浏览器按传输的方法将数据发送给服务器。

另外，采用 get 方法提交的数据将显示在浏览器的地址栏中，保密性差，且有数据量的限制，而 post 方式的保密性好，并且无数据量的限制，所以使用 method="post"以大量地提交数据。

图 4-20 get 和 post 方法比较

3. name 属性

表单中的 name 属性用于指定表单的名称，而表单控件中具有 name 属性的元素会将用户填写的内容提交给服务器。

4.4 表单控件

延伸阅读：
表单创建

4.4.1 input 控件

我们在浏览网页时经常会看到单行文本输入框、单选按钮、复选框、提交按钮、重置按钮等，要想定义这些元素就需要使用 input 控件，其基本语法格式如下：

```
< input type="控件类型" />
```

在上面的语法中，<input/>标签为单标签，type 属性为其最基本的属性，其取值有多种，用于指定不同的控件类型。除了 type 属性之外，<input/>标签还可以定义很多其他的属性，其常用属性如表 4-4 所示。

表 4-4 input 控件的常用属性

属　性	属性值	描　述
type	text	单行文本输入框
	password	密码输入框
	radio	单选按钮
	checkbox	复选框
	button	普通按钮
	submit	提交按钮
	reset	重置按钮
	image	图像形式的提交按钮
	hidden	隐藏域
	file	文件域
name	由用户自定义	控件的名称
value	由用户自定义	input 控件中的默认文本值
size	正整数	input 控件在页面中的显示宽度
readonly	readonly	该控件内容为只读（不能编辑修改）
disabled	disabled	第一次加载页面时禁用该控件（显示为灰色）
checked	checked	定义选择控件默认被选中的项
maxlength	正整数	控件允许输入的最多字符数

为了使初学者更好地理解和应用这些属性，接下来我们通过一个案例来演示它们的用法和效果，如课堂实例 4-5 所示。

课堂实例 4-5　input 控件的用法和效果 4-5.html。

```
<!doctype html>
<html>
<head>
<meta charset="utf-8" />
<title>input 控件</title>
</head>
<body>
<form action="#" method="post">
    用户名：                        <!--text 单行文本输入框-->
    <input type="text" value="张三" maxlength="6" /><br /><br />
    密码：                          <!--password 密码输入框-->
    <input type="password" size="40" /><br /><br />
    性别：                          <!--radio 单选按钮-->
```

```html
        <input type="radio" name="sex" checked="checked" />男
        <input type="radio" name="sex" />女<br /><br />
兴趣:                            <!--checkbox 复选框-->
        <input type="checkbox" />唱歌
        <input type="checkbox" />跳舞
        <input type="checkbox" />游泳<br /><br />
上传头像:
        <input type="file" /><br /><br />   <!--file 文件域-->
        <input type="submit" />              <!--submit 提交按钮-->
        <input type="reset" />               <!--reset 重置按钮-->
        <input type="button" value="普通按钮" />    <!--button 普通按钮-->
        <input type="image" src="images/login.gif" />  <!--image 图像域-->
        <input type="hidden" />              <!--hidden 隐藏域-->
    </form>
</body>
</html>
```

运行课堂实例 4-5，效果如图 4-21 所示。

从图 4-21 中，我们可以看出不同类型的 input 控件，其外观是不同的，为了使初学者更好地理解不同 input 控件的类型，下面我们来对它们做一个简单的介绍。

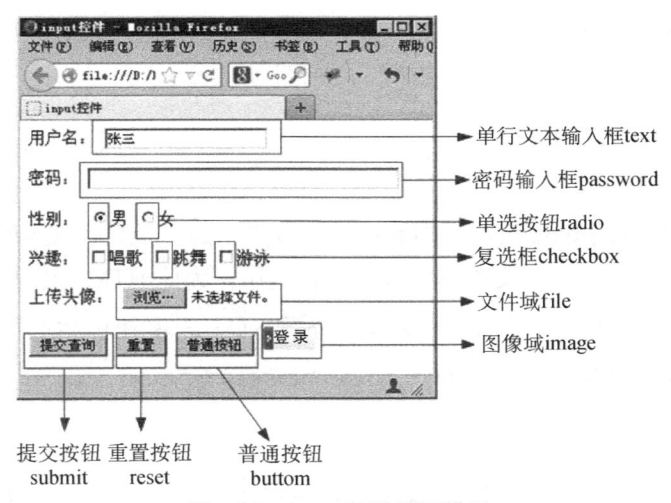

图 4-21　input 控件效果展示

（1）单行文本输入框<input type="text" />。单行文本输入框常用来输入简短的信息，如用户名、账号、证件号码等，常用的属性有 name、value、maxlength。

（2）密码输入框<input type="password" />。密码输入框用来输入密码，其内容将以圆点的形式显示。

（3）单选按钮<input type=" radio" />。单选按钮用于单项选择，如选择性别、是否操作等。需要注意的是，在定义单选按钮时，必须为同一组中的选项指定相同的 name 值，这样"单选"才会生效。此外，可以对单选按钮应用 checked 属性，指定默认选中项。

（4）复选框<input type= "checkbox" />。复选框常用于多项选择，如选择兴趣、爱好等，可对其应用 checked 属性，指定默认选中项。

（5）普通按钮<input type=" button" />。普通按钮常常配合 Javascript 脚本语言使用，初学者了解即可。

（6）提交按钮< input type="submit" />。提交按钮是表单中的核心控件，用户完成信息的输入后，一般都需要单击提交按钮才能完成表单数据的提交。可以对其应用 vlaue 属性，改变提交按钮上的默认文本。

（7）重置按钮<input type="reset" />。当用户输入的信息有误时，可单击重置按钮取消已输入的所有表单信息。可以对其应用 value 属性，改变重置按钮上的默认文本。

（8）图像形式的提交按钮<input type="image" />。图像形式的提交按钮与普通的提交按钮在功能上基本相同，只是它用图像替代了默认的按钮，外观上更加美观。需要注意的是，必须为其定义 src 属性指定图像的 url 地址。

（9）隐藏域<input type="hidden" />。隐藏域对于用户是不可见的，通常用于后台的程序，初学者了解即可。

（10）文件域<input type="file" />。当定义文件域时，页面中将出现一个文本框和一个"浏览…"按钮，用户可以通过填写文件路径或直接选择文件的方式，将文件提交给后台服务器。

延伸阅读：
表单 input 控件

4.4.2 textarea 控件

当定义 input 控件的 type 属性值为 text 时，可以创建一个单行文本输入框。但是，如果需要输入大量的信息，单行文本输入框就不再适用，为此 HTML 语言提供了 textarea 控件。通过 textarea 控件可以轻松地创建多行文本输入框，其基本语法格式如下：

```
<textarea cols="每行中的字符数"  rows="显示的行数">
文本内容
</textarea>
```

在上述代码中，cols 和 rows 为<textarea>标签的必备属性，其中 cols 用来定义多行文本输入框每行中的字符数，rows 用来定义多行文本输入框显示的行数，它们的取值均为正整数。

了解了<textarea>的语法格式和属性，接下来我们通过一个案例来演示它们的用法和效果，如课堂实例 4-6 所示。

课堂实例 4-6 <textarea>控件的用法和效果 4-6.html。

```
<!doctype html>
<html>
<head>
<meta charset="utf-8" />
<title>textarea 控件</title>
</head>
```

```
<body>
<form action="#" method="post">
评论：<br />
    <textarea cols="60" rows="8">
评论的时候，请遵纪守法并注意语言文明，多给文档分享人一些支持。
    </textarea><br />
    <input type="submit" value="提交"/>
</form>
</body>
</html>
```

运行课堂实例4-6，效果如图4-22所示。

通过<textarea></textarea>标签定义一个多行文本输入框，并对其应用cols和rows属性来设置多行文本输入框每行中的字符数和显示的行数。在多行文本输入框之后，通过将input控件的type属性值设置为submit，定义了一个提交按钮，同时为了使网页的格式更加清晰，在代码中的某些部分应用了换行标签
。

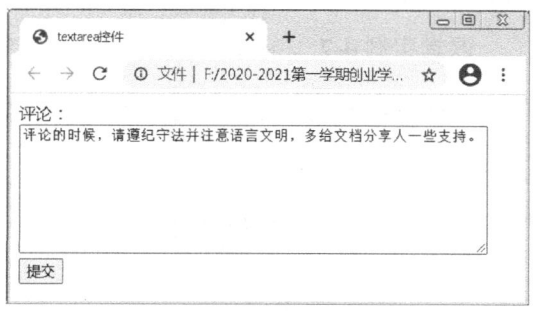

图4-22 <textarea>控件效果展示

4.4.3 select控件

在浏览网页时，我们经常会看到包含多个选项的下拉菜单，如选择所在的城市、出生年月、兴趣爱好等。如图4-23所示为一个下拉菜单，当单击下拉符号"⯆"时，会出现一个选择列表。要想制作这种下拉菜单效果，就需要使用select标签。

使用select控件定义下拉菜单的基本语法格式如下：

图4-23 下拉菜单

```
<select>
    <option>选项1</option>
    <option>选项2</option>
    <option>选项3</option>
...
</select>
```

在上面的语法中，用于定义下拉菜单中的具体选项，每对<select></select>中至少应包含一对<option></option>。

值得一提的是，在HTM5中，可以为<select>和<option>标签定义属性，以改变下拉菜单的外观显示效果，具体属性如表4-5所示。

表 4-5 <select>控件常用属性

标签名	常用属性	描述
<select>	size	下拉菜单的可见选项数（取值为正整数）
	multiple	定义 multiple="multiple"时，下拉菜单将具有多项选择的功能，方法为按住 Ctrl 键的同时选择多项
<option>	selected	定义 selected ="selected"时，当前项即为默认选中项

了解了<select>的语法格式和属性，接下来我们通过一个案例来演示几种下拉菜单的用法和效果，如课堂实例 4-7 所示。

课堂实例 4-7 <select>控件的用法和效果 4-7.html。

```html
<!doctype html>
<html>
<head>
<meta charset="utf-8" />
<title>select 控件</title>
</head>
<body>
<form action="#" method="post">
所在校区：<br />
    <select>                              <!--最基本的下拉菜单-->
     <option>-请选择-</option>
     <option>北京</option>
     <option>上海</option>
     <option>广州</option>
     <option>武汉</option>
     <option>成都</option>
    </select><br /><br />
特长（单选）:<br />
    <select>
        <option>唱歌</option>
        <option selected="selected">画画</option>    <!--设置默认选中项-->
        <option>跳舞</option>
    </select><br /><br />
爱好（多选）:<br />
    <select multiple="multiple" size="4">            <!--设置多选和可见选项数-->
        <option>读书</option>
        <option selected="selected">写代码</option> <!--设置默认选中项-->
        <option>旅行</option>
        <option selected="selected">听音乐</option> <!--设置默认选中项-->
        <option>踢球</option>
    </select><br /><br />
    <input type="submit" value="提交"/>
</form>
</body>
</html>
```

运行课堂实例 4-7，效果如图 4-24 所示。通过<select>、<option>标签及相关属性创建了 3 个不同的下拉菜单，其中第 1 个为最简单的下拉菜单，第 2 个为设置了默认选项的单选下拉菜单，第 3 个为设置了两个默认选项的多选下拉菜单。

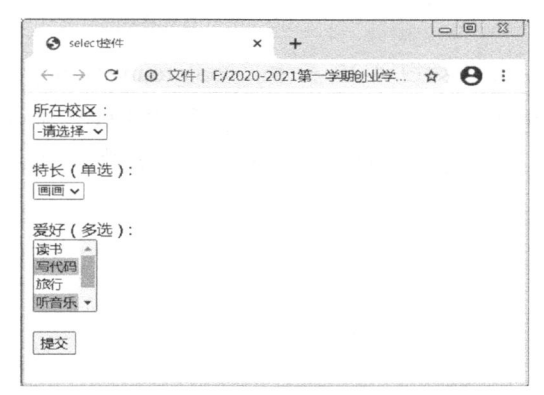

图 4-24　下拉菜单效果展示

拓展知识：

图 4-24 所示实现了不同的下拉菜单效果，但是在实际网页制作过程中，有时候需要对下拉菜单中的选项进行分组，这样当存在很多选项时，要想找到相应的选项就会更加容易。可以在下拉菜单中使用\<optgroup>\</optgroup>标签。下面我们通过一个具体的案例来演示为下拉菜单中的选项分组的方法和效果，如课堂实例 4-8 所示。

课堂实例 4-8　\<optgroup>标签的用法和效果 4-8.html。

```
<!doctype html>
<html>
<head>
<meta charset="utf-8" />
<title>为下拉菜单中的选项分组</title>
</head>
<body>
<form action="#" method="post">
城区：<br />
    <select>
        <optgroup label="北京">
            <option>东城区</option>
            <option>西城区</option>
            <option>朝阳区</option>
            <option>海淀区</option>
        </optgroup>
        <optgroup label="上海">
            <option>浦东新区</option>
            <option>徐汇区</option>
            <option>虹口区</option>
        </optgroup>
    </select>
```

```
        </form>
    </body>
</html>
```

运行课堂实例 4-8，效果如图 4-25 所示。<optgroup></optgroup>标签用于定义选项组，必须嵌套在<select></select>标签中，一对<select></select>中通常包含多对<optgroup></optgroup>。同时<optgroup>标签有一个必需属性 label，用于定义具体的组名。

图 4-25 <optgroup>标签效果展示

4.5 HTML5 表单新属性

延伸阅读：
表单 select 控件

HTML5 中增加了许多新的表单功能，如 form 属性、表单控件、input 控件类型、input 属性等，这些新增内容可以帮助设计人员更加高效和省力地制作出标准的 Web 表单。本节将对 HTML5 表单新属性进行详细的讲解。

4.5.1 全新的 input 控件类型

在 HTML5 中，增加了一些新的 input 控件类型，通过这些新的控件，可以丰富表单功能，更好地实现表单的控制和验证，下面我们就来详细讲解这些新的 input 控件类型。

（1）email 类型<input type="email" />。email 类型的 input 控件是一种专门用于输入 E-mail 地址的文本输入框，用来验证 E-mail 输入框的内容是否符合 E-mail 邮件地址格式，如果不符合，将提示相应的错误信息。

（2）url 类型<input type="url" />。url 类型的 input 控件是一种用于输入 url 地址的文本框。如果所输入的内容是 url 地址格式的文本，则会提交数据到服务器；如果输入的值不符合 url 地址格式，则不允许提交，并且会有提示信息。

（3）tel 类型<input type="tel" />。tel 类型用于提供输入电话号码的文本框，由于电话号码的格式千差万别，很难实现一个通用的格式，因此 tel 类型通常会和 pattern 属性配合使用。

（4）search 类型< input type=" search" />。search 类型是一种专门用于输入搜索关键词的文本框，它能自动记录一些字符，如站点搜索或者 Google 搜索。在用户输入内容后，其右侧会附带一个删除图标，单击这个图标可以快速清除内容。

（5）color 类型< input type=" color" />。color 类型用于提供设置颜色的文本框，用于实现一个 RGB 颜色输入。其基本形式是 #RRGGBB，默认为#000000，通过 value 属性值可以更改默认颜色。单击 color 类型文本框，可以快速打开拾色器面板，方便用户可视化地选取一种颜色。

下面我们通过设置 input 控件的 type 属性来演示不同类型的文本框的用法，如课堂实例 4-9 所示。

课堂实例 4-9　不同类型文本框的用法和效果 4-9.html。

```html
<!doctype html>
<html>
<head>
<meta charset="utf-8">
<title>全新的表单控件</title>
</head>
<body>
<form action="#" method="get">
请输入您的邮箱：<input type="email" name="formmail"/><br/>
请输入个人网址：<input type="url" name="user_url"/><br/>
请输入电话号码：<input type="tel" name="telephone" pattern="^\d{11}$"/><br/>
输入搜索关键词：<input type="search" name="searchinfo"/><br/>
请选取一种颜色：<input type="color" name="color1"/>
<input type="color" name="color2" value="#FF3E96"/>
<input type="submit" value="提交"/>
</form>
</body>
</html>
```

运行课堂实例 4-9，效果如图 4-26 所示。在页面中，分别在前 3 个文本框中输入不符合格式要求的文本内容，依次单击"提交"按钮，效果分别如图 4-27、图 4-28 和图 4-29 所示。

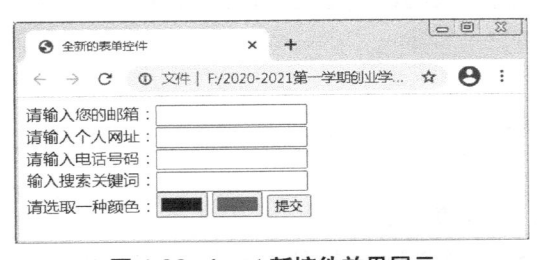

图 4-26　input 新控件效果展示

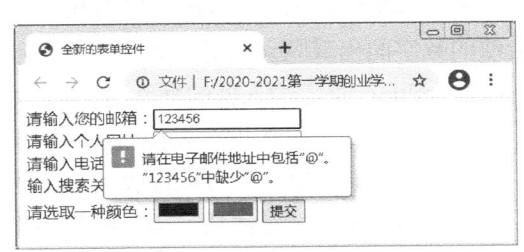

图 4-27　email 验证提示效果

图 4-28　url 验证提示效果　　　　　　　图 4-29　tel 验证效果

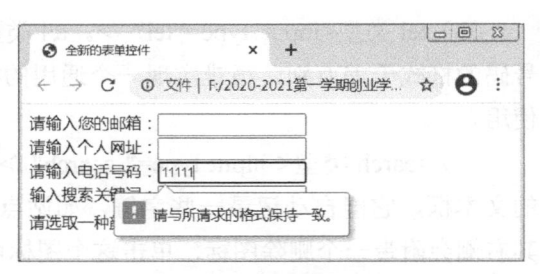

在第 4 个文本框中输入要搜索的关键词，搜索框右侧会出现一个"✕"按钮，如图 4-30 所示，单击这个按钮，可以清除已经输入的内容。

单击第 5 个文本框中的颜色文本框，会弹出图 4-31 所示的拾色器面板。在拾色器面板中，用户可以选择一种颜色，也可以选取颜色后单击"添加到自定义颜色"按钮，将选取的颜色添加到自定义颜色中。

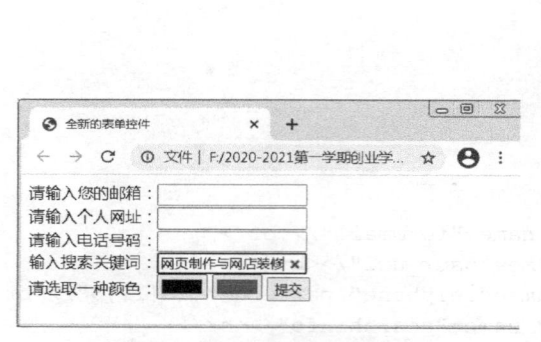

图 4-30　输入关键词效果　　　　　　　图 4-31　颜色选取效果

如果输入框中输入的内容符合文本框中要求的格式，单击"提交"按钮，则会提交数据到服务器。

（6）number 类型< input type= "number" />。number 类型的 input 控件用于提供输入数值的文本框。在提交表单时，会自动检查该输入框中的内容是否为数字。如果输入的内容不是数字或者数字不在限定范围内，则会出现错误提示。

➢ number 类型的输入框可以对输入的数字进行限制，确定允许的最大值和最小值、合法的数字间隔或默认值等，具体属性说明如下。

➢ value：指定输入框的默认值。

➢ max：指定输入框可以接收的最大的输入值。

➢ min：指定输入框可以接收的最小的输入值。

➢ step：输入域合法的间隔，如果不设置，默认值是 1。

（7）range 类型<input type="range" />。range 类型的 input 控件用于提供一定范围内数

值的输入范围，在网页中显示为滑动条。它的常用属性与 number 类型一样，通过 min 属性和 max 属性，可以设置最小值与最大值，通过 step 属性指定每次滑动的步幅。

（8）date pickers 类型<input type=" date，month，week…">。date pickers 类型是指时间日期类型，HTML5 中提供了多个可供选取日期和时间的输入类型，用于验证输入的日期，具体如表 4-6 所示。

表 4-6　时间和日期类型

时间和日期类型	说　明
date	选取日、月、年
month	选取月、年
week	选取周和年
time	选取时间（小时和分钟）
datetime	选取时间、日、月、年（UTC 时间）
datetime-local	选取时间、日、月、年（本地时间）

UTC 是 Universal Time Coordinated 的英文缩写，即"协调世界时"，又称世界标准时间。

下面我们通过一个案例来演示 number、range 和 data pickers 类型的用法，如课堂实例 4-10 所示。

课堂实例 4-10　number、range 和 date pickers 类型的用法和效果 4-10.html。

```
<!doctype html>
<html>
<head>
<meta charset="utf-8" />
<title>number 类型的使用</title>
</head>
<body>
<form action="#" method="get">
请输入 number 数值：<input type="number" name="number1" value="1" min="1" max="20" step="4"/><br/>
请输入 range 数值：<input type="range" name="range1" value="1" min="1" max="20" step="1"/><br/>
请输入日期：
   <input type="date"/><br/>
   <input type="month"/><br/>
   <input type="week"/><br/>
   <input type="time"/><br/>
   <input type="datetime"/><br/>
   <input type="datetime-local"/><br/>
<input type="submit" value="提交"/>
</form>
</body>
</html>
```

运行课堂实例 4-10，效果如图 4-32 所示。

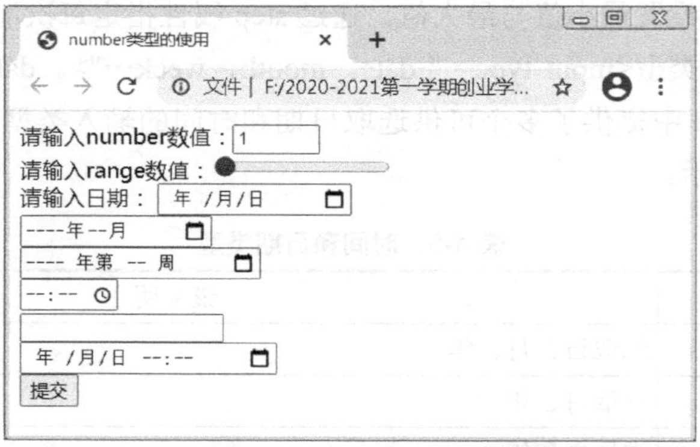

图 4-32　number、range 和 date pickers 类型效果展示

4.5.2　全新的 input 属性

在 HTML5 中，还增加了一些新的 input 控件属性，用于指定输入类型的行为和限制，如 autofocus、min、max、pattern 等。下面我们将对这些全新的 input 属性做具体讲解。

1. autofocus 属性

在 HTML5 中，autofocus 属性用于指定页面加载后是否自动获取焦点，将标签的属性值指定为 true 时，表示页面加载完毕后会自动获取该焦点。

2. form 属性

在 HTML5 之前，如果用户要提交一个表单，必须把相关的控件元素都放在表单内部，即<form>和</form>标签之间。在提交表单时，会将页面中不是表单子元素的控件直接忽略掉。HTML5 中的 form 属性，可以把表单内的子元素写在页面中的任一位置，只需为这个元素指定 form 属性并设置属性值为该表单的 id 即可。此外，form 属性还允许规定一个表单控件从属于多个表单。

3. list 属性

在之前的项目中，我们已经学习了如何通过 datalist 元素实现数据列表的下拉效果。而 list 属性用于指定输入框所绑定的 datalist 元素，其值是某个 datalist 元素的 id。

下面我们通过一个案例来进一步学习 list 属性的使用，如课堂实例 4-11 所示。

课堂实例 4-11　list 属性的用法和效果 4-11.html。

```
<!doctype html>
<html>
```

```
<head>
<meta charset="utf-8" />
<title>list 属性的使用</title>
</head>
<body>
<form action="#" method="get">
请输入网址：<input type="url" list="url_list" name="weburl"/>
<datalist id="url_list">
    <option label="新浪" value="http://www.sina.com.cn"></option>
    <option label="搜狐" value="http://www.sohu.com"></option>
    <option label="IT" value="http://www.it.cn/"></option>
</datalist>
<input type="submit" value="提交"/>
</form>
</body>
</html>
```

运行课堂实例 4-11，效果如图 4-33 所示。

4. multiple 属性

multiple 属性指定输入框可以选择多个值，该属性适用于 email 和 file 类型的 input 元素。multiple 属性用于 email 类型的 input 元素时，表示可以向文本框中输入多个 E-mail 地址，多个地址之间通过逗号隔开；multiple 属性用于 file 类型的 input 元素时，表示可以选择多个文件。

下面我们通过一个案例来进一步演示 multiple 属性的使用，如课堂实例 4-12 所示。

课堂实例 4-12　multiple 属性的用法和效果 4-12.html。

```
<!doctype html>
<html>
<head>
<meta charset="utf-8" />
<title>multiple 属性的使用</title>
</head>
<body>
<form action="#" method="get">
电子邮箱：<input type="email" name="myemail" multiple/>  （如果电子邮箱有多个，请使用逗号分隔）<br/><br/>
上传照片：<input type="file" name="selfile" multiple/><br/><br/>
<input type="submit" value="提交"/>
</form>
</body>
</html>
```

运行课堂实例 4-12，效果如图 4-34 所示。

图 4-33　list 属性效果展示 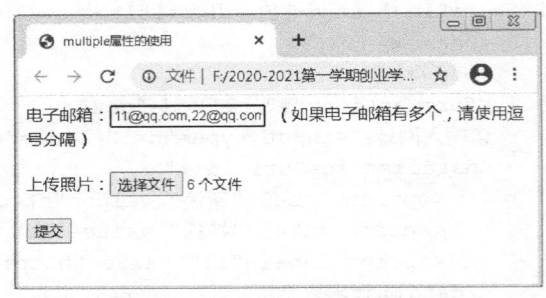　　　　　　　图 4-34　multiple 属性效果展示

5. min、max 和 step 属性

HTML5 中的 min、max 和 step 属性用于为包含数字或日期的 input 输入类型规定限值，也就是给这些类型的输入框加一个数值的约束，适用于 date pickers、number 和 range 标签。

6. pattern 属性

pattern 属性用于验证 input 类型输入框中用户输入的内容是否与所定义的正则表达式相匹配（可以简单理解为表单验证）。pattern 属性适用于的类型是 text、search.、url、tel、email 和 password 的 <input /> 标签。常用的正则表达式如表 4-7 所示。

表 4-7　常用的正则表达式和说明

正则表达式	说　　明
^[0-9]*$	数字
^\d{n}$	n 位的数字
^\d{n,}$	至少 n 位的数字
^\d{m,n}$	m～n 位的数字
^(0|[1-9][0-9]*)$	零和非零开头的数字
^([1-9][0-9]*)+(.[0-9]{1,2})?$	非零开头的最多带两位小数的数字
^(\-|\+)?\d+(\.\d+)?$	正数、负数和小数
^\d+$ 或 ^[1-9]\d*|0$	非负整数
^-[1-9]\d*|0$ 或 ^((-\d+)|(0+))$	非正整数
^[\u4e00-\u9fa5]{0,}$	汉字
^[A-Za-z0-9]+$ 或 ^[A-Za-z0-9]{4,40}$	英文和数字
^[A-Za-z]+$	由 26 个英文字母组成的字符串
^[A-Za-z0-9]+$	由数字和 26 个英文字母组成的字符串
^\w+$ 或 ^\w{3,20}$	由数字、26 个英文字母或者下划线组成的字符串
^[\u4E00-\u9FA5A-Za-z0-9_]+$	中文、英文、数字包括下划线

续表

正则表达式	说　明
^\w+([-+.]\w+)*@\w+([-.]\w+)*\.\w+([-.]\w+)*$	E-mail 地址
[a-zA-z]+://[^\s]* 或 ^http://([\w-]+\.)+[\w-]+(/[\w-./?%&=]*)?$	url 地址
^\d{15}|\d{18}$	身份证号(15 位、18 位数字)
^([0-9]){7,18}(x|X)?$ 或 ^\d{8,18}|[0-9x]{8,18}|[0-9X]{8,18}?$	以数字、字母 x 结尾的短身份证号码
^[a-zA-Z][a-zA-Z0-9_]{4,15}$	账号是否合法（字母开头，允许 5～6 字节，允许字母数字下划线）
^[a-zA-Z]\w{5,17}$	密码（以字母开头，长度在 6～18 之间，只能包含字母、数字和下划线）

7. placeholder

placeholder 属性用于为 input 类型的输入框提供相关提示信息，以描述输入框期待用户输入何种内容。在输入框为空时显示提示信息，而当输入框获得焦点时，提示信息消失。

8. required 属性

required 属性用于判断用户是否在表单输入框中输入了内容，当表单内容为空时，则不允许用户提交表单。

了解了 pattern、placeholder、required 属性及常用的正则表达式，下面我们通过一个案例来进行体会，如课堂实例 4-13 所示。

课堂实例 4-13　pattern、placeholder、required 属性的用法和效果 4-13.html。

```
<!doctype html>
<html>
<head>
<meta charset="utf-8" />
<title>pattern 属性</title>
</head>
<body>
<form action="#" method="get">
账      号： <input type="text" name="username" pattern="^[a-zA-Z][a-zA-Z0-9_]{4,15}$" required="required"/>（以字母开头，允许 5-16 字节，允许字母数字下划线）<br/>
密      码： <input type="password" name="pwd" pattern="^[a-zA-Z]\w{5,17}$" required="required"/>（以字母开头，长度在 6~18 之间，只能包含字母、数字和下划线）<br/>
身份证号： <input type="text" name="mycard" pattern="^\d{15}|\d{18}$" required="required" placeholder="请输入 15 位、18 位数的身份证号码"/>（15 位、18 位数字）<br/>
```

```
    Email 地址：<input type="email" name="myemail" pattern="^\w+([-+.]\w+)
*@\w+([-.]\w+)*\.\w+([-.]\w+)*$" required="required"/>。
    <input type="submit" value="提交"/>
</form>
</body>
</html>
```

运行课堂实例 4-13，效果如图 4-35 所示。

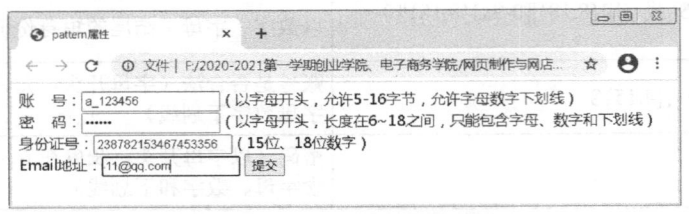

图 4-35 pattern 属性效果展示

4.6 CSS 控制表单样式

在网页设计中，表单既要具有相应的功能，也要具有美观的样式，使用 CSS 可以轻松控制表单控件的样式。本节将通过一个具体的案例来讲解 CSS 对表单样式的控制，其效果如图 4-36 所示。

图 4-36 所示的表单界面内部可以分为左右两部分，其中左边为提示信息，右边为表单控件。可以通过在<p>标签中嵌套<span>标签和<input />标签进行布局。HTML 结构代码如课堂实例 4-14 所示。

图 4-36 登录页面

课堂实例 4-14 登录页面制作（HTML 结构代码）4-14.html。

```
<!doctype html>
<html>
<head>
<meta charset="utf-8" />
<title>CSS 控制表单样式</title>
<link href="style.css" type="text/css" rel="stylesheet" />
</head>
<body>
<form action="#" method="post">
    <p>
```

```
        <span>账号：</span>
        <input type="text" name="username" class="num" pattern="^[a-zA-Z][a-zA-Z0-9_]{4,15}$" />
    </p>
    <p>
        <span>密码：</span>
        <input type="password" name="pwd" class="pass" pattern="^[a-zA-Z]\w{5,17}$"/>
    </p>
    <p>
        <input type="button" class="btn01" value="登录"/>
    </p>
</form>
</body>
</html>
```

运行课堂实例 4-14，效果如图 4-37 所示。页面中出现了具有相应功能的表单控件。为了使表单界面更加美观，接下来我们引入外链式 CSS 样式表对其进行修饰。CSS 样式表中的具体代码如课堂实例 4-15 所示。

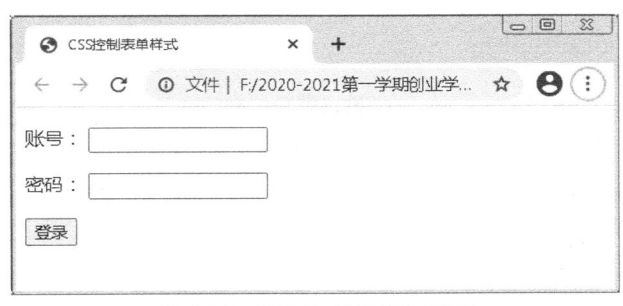

图 4-37　HTML 结构代码页面

课堂实例 4-15　登录页面制作（CSS 代码）style.css。

```
@charset "utf-8";
/* CSS Document */
body{font-size:18px; font-family:"微软雅黑"; background:url(timg.jpg) no-repeat top center; color:#FFF;}
form,p{ padding:0; margin:0; border:0;}     /*重置浏览器的默认样式*/
form{
    width:420px;
    height:200px;
    padding-top:60px;
    margin:250px auto;                       /*使表单在浏览器中居中*/
    background:rgba(255,255,255,0.1);        /*为表单添加背景颜色*/
    border-radius:20px;
    border:1px solid rgba(255,255,255,0.3);
    }
p{
    margin-top:15px;
    text-align:center;
```

```css
    }
p span{
    width:60px;
    display:inline-block;
    text-align:right;
    }
.num,.pass{              /*对文本框设置共同的宽、高、边框、内边距*/
    width:165px;
    height:18px;
    border:1px solid rgba(255,255,255,0.3);
    padding:2px 2px 2px 22px;
    border-radius:5px;
    color:#FFF;
    }
.num{                    /*定义第一个文本框的背景、文本颜色*/
    background:url(3.png) no-repeat 5px center rgba(255,255,255,0.1);
    }
.pass{                   /*定义第二个文本框的背景*/
    background: url(4.png) no-repeat 5px center rgba(255,255,255,0.1);
    }
.btn01{
    width:190px;
    height:25px;
    border-radius:3px;       /*设置圆角边框*/
    border:2px solid #000;
    margin-left:65px;
    background:#57b2c9;
    color:#FFF;
    border:none;
    }
```

运行课堂实例 4-15，效果如图 4-38 所示。使用 CSS 轻松实现了对表单控件的字体、边框、背景和内边距的控制。

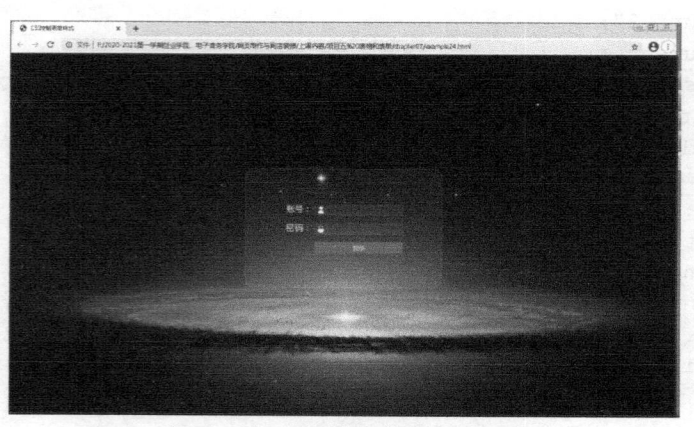

图 4-38　CSS 样式表单效果页面

延伸阅读：
CSS 样式美化表单

动手实践——制作表单注册页面

本项目重点讲解了表格相关标记、表单相关标记及 CSS 控制表格与表单的样式。为了使初学者更好地运用表格与表单组织页面，将通过案例的形式分步骤制作网页中常见的注册界面，其效果如图 4-39 所示。

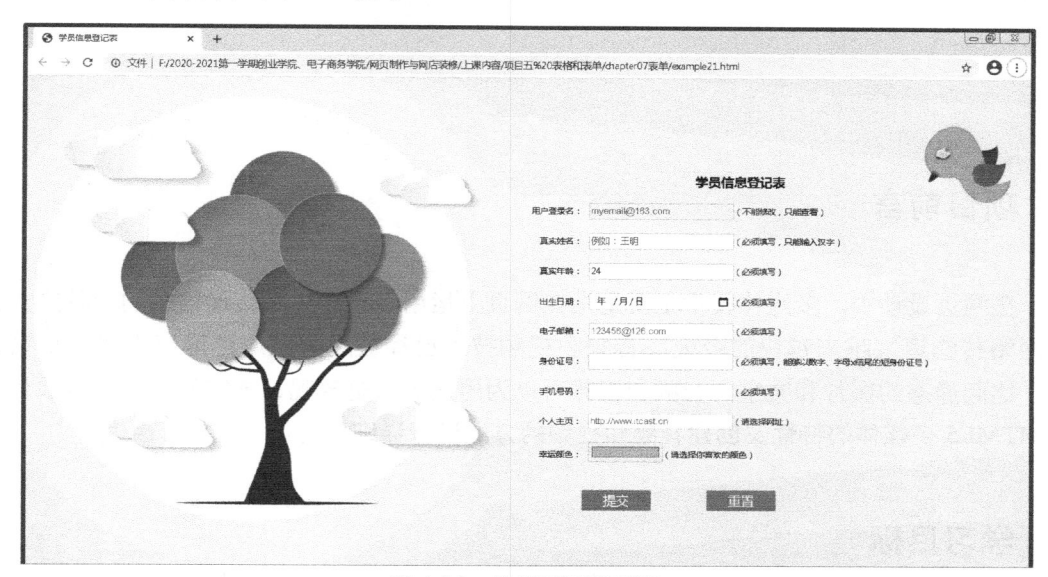

图 4-39 注册页面效果图

项目小结

本项目首先介绍了表单的构成及如何创建表单，然后重点讲解了 input 元素及其相关属性，并介绍了 textarea、select、datalist 等表单中的重要元素，最后通过表单进行布局，并使用 CSS 对表单进行修饰，制作出了一个信息登记表模块。通过本项目的学习，读者应该能够掌握常用的表单控件及其相关属性，并能够熟练地运用表单组织页面元素。

课后实训练习

查看本项目课后练习题，请扫描二维码。

项目 5　多媒体技术

项目前言

在网页设计中，多媒体技术主要是指在网页上运用音频、视频传递信息的一种方式。在网络传输速度越来越快的今天，音频和视频技术已经被越来越广泛地应用在网页设计中，比起静态的图片和文字，音频和视频可以为用户提供更直观、丰富的信息。本项目将对 HTML5 多媒体的特性及创建音频和视频的方法进行详细讲解。

学习目标

- ❖ 熟悉 HTML5 多媒体特性；
- ❖ 了解 HTML5 支持的音频和视频格式；
- ❖ 掌握 HTML5 中视频的相关属性，能够在 HTML5 页面中添加视频文件；
- ❖ 掌握 HTML5 中音频的相关属性，能够在 HTML5 页面中添加音频文件；
- ❖ 了解 HTML5 中视频、音频的一些常见操作，并能够应用到网页制作中。

教学建议

- ❖ 使用案例引入法，使学生更好地理解和掌握 HTML5 多媒体元素及属性；
- ❖ 指定相关实操任务，让学生练习操作相关技能。

综合案例展示

5.1 HTML5 多媒体的特性

在 HTML5 出现之前并没有将视频和音频嵌入到页面的标准方式，多媒体内容在大多数情况下都通过第三方插件或集成在 Web 浏览器的应用程序置于页面中。例如，早期流行的方法是通过 Adobe 的 Flash Player 插件将视频和音频嵌入到网页中。如图 5-1 所示即为网页中 Flash Player 插件的安装对话框。由于安全性及性能问题，大部分浏览器已不支持 Flash Player。

图 5-1　Flash Player 插件对话框

运用 HTML5 中新增的 video 标签和 audio 标签可以避免引入第三方插件及简化实现代码。在 HTML5 语法中，video 标签用于为页面添加视频，audio 标签用于为页面添加音频，这样用户就可以不用安装第三方插件，直接观看网页中的多媒体内容。

5.2 多媒体的支持条件

虽然 HTML5 提供的音视频嵌入方式简单易用，但在实际操作中却要考虑音视频编解码器、浏览器等众多因素。接下来，本节将对视频和音频编解码器、多媒体的格式和浏览器的支持情况进行详细讲解。

5.2.1 视频和音频编解码器

由于视频和音频的原始数据一般都比较大，如果不对其进行编码就放到互联网上，传播时会消耗大量时间，无法实现流畅的传输或播放。这时通过视频和音频编解码器对视频和音频文件进行压缩，就可以实现视频和音频的正常传输与播放。

1. 视频编解码器

视频编解码器定义了多媒体数据流编码和解码的算法。其中编码器主要是对数据流进行编码操作，用于存储和传输。解码器主要是对视频文件进行解码，例如，使用视频播放器观看视频，就需要先进行解码，然后再播放视频。目前，使用最多的 HTML5 视频解码文件是 H.264、Theora 和 VP8，对它们的具体介绍如下。

1) H.264

H.264 是国际标准化组织（ISO）和国际电信联盟（ITU）共同提出的继 MPEG4 之后的新一代数字视频压缩格式，是 ITU-T 以 H.26x 系列为名称命名的视频编解码技术标准之一。

2) Theora

Theora 是免费开放的视频压缩编码技术，可以支持从 VP3 HD 高清到 MPEG-4/DiVX 的视频格式。

3) VP8

VP8 是第 8 代的 On2 视频，能以更少的数据提供更高质量的视频，而且只需较小的处理能力即可播放视频。

2. 音频编解码器

音频编解码器定义了音频数据流编码和解码的算法。与视频编解码器的工作原理一样，音频编码器主要用于对数据流进行编码操作，解码器主要用于对音频文件进行解码。目前，使用最多的 HTML5 音频解码文件是 AAC、MP3 和 Ogg。

1）MP3

MP3 是"MPEG-1 音频层 3"的简称。它被设计用来大幅度地降低音频数据量。利用该技术，可以将音乐以 1∶10 甚至 1∶12 的压缩率压缩成容量较小的文件，而音质并不会明显地下降。

2）AAC

AAC 是高级音频编码（Advanced Audio Coding）的简称，该音频编码是基于 MPEG-2 的音频编码技术，目的是取代 MP3 格式。

3）Ogg

Ogg 全称为 Ogg Vorbis，是一种类似于 MP3 等现有的音乐格式。Ogg Vorbis 有一个很出众的特点，就是支持多声道。

5.2.2　多媒体的格式

运用 HTML5 的 video 和 audio 标签可以在页面中嵌入视频或音频文件，如果想要这些文件在页面中加载播放，还需要设置正确的多媒体格式，下面具体介绍 HTML5 中视频和音频的一些常见格式。

1. 视频格式

视频格式包含视频编码、音频编码和容器格式。在 HTML5 中嵌入的视频格式主要包括 Ogg、MPEG4、WebM 等，具体介绍如下。

（1）Ogg：指带有 Theora 视频编码和 Vorbis 音频编码的 Ogg 文件。

（2）MPEG4：指带有 H.264 视频编码和 AAC 音频编码的 MPEG4 文件。

（3）WebM：指带有 VP8 视频编码和 Vorbis 音频编码的 WebM 文件。

2. 音频格式

音频格式是指要在计算机内播放或是处理的音频文件格式。在 HTML5 中嵌入的音频格式主要包括 Vorbis、MP3、Wav 等，具体介绍如下。

（1）Vorbis：是类似 AAC 的另一种免费、开源的音频编码，是用于替代 MP3 的下一代音频压缩技术。

（2）MP3：是一种音频压缩技术，其全称是动态影像专家压缩标准音频层面 3（Moving Picture Experts Group Audio Layer III），简称为 MP3。它被设计用来大幅度地降低音频数据量。

（3）Wav：是录音时所用的标准的 Windows 文件格式，文件的扩展名为"WAV"。

3. 支持视频和音频的浏览器

到目前为止，很多浏览器已经实现了对 HTML5 中多媒体元素的支持。浏览器对视频格式的支持情况如表 5-1 所示。

表 5-1 video 元素支持 3 种视频格式

格式	IE	Firefox	Opera	Chrome	Safari
Ogg	No	3.5+	10.5+	5.0+	No
MPEG 4	9.0+	No	No	5.0+	3.0+
WebM	No	4.0+	10.6+	6.0+	No

表 5-1 列举了各主流浏览器对 video 的支持情况。但在不同的浏览器上显示视频的效果也略有不同。如图 5-2 和图 5-3 所示，即为视频在 Firefox 和 Chrome 浏览器中显示的样式。

图 5-2 视频在 Firefox 浏览器中显示的样式

图 5-3 视频在 Chrome 浏览器中显示的样式

对比图 5-3 和图 5-4 容易看出，在不同的浏览器中，相同的视频其播放控件的显示样式却不同。这是因为每一个浏览器对内置视频控件样式的定义不同，这也就导致了在不同浏览器中会显示不同的控件样式。

5.3 嵌入视频和音频

通过上节的学习，相信大家对 HTML5 中视频和音频的相关知识有了初步了解。接下来本节将进一步讲解视频和音频的嵌入方法及多媒体文件的调用，使读者能够熟练运用 video 元素和 audio 元素创建视频和音频文件。

5.3.1 在 HTML5 中嵌入视频

在 HTML5 中，video 标签用于定义播放视频文件的标准，它支持三种视频格式，分别为 Ogg、WebM 和 MPEG4，其基本语法格式如下：

```
<video src="视频文件路径" controls="controls"></video>
```

在上面的语法格式中，src 属性用于设置视频文件的路径，controls 属性用于为视频提供播放控件，这两个属性是 video 元素的基本属性。并且<video>和</video>之间还可以插入文字，用于在不支持 video 元素的浏览器中显示。下面通过一个案例来演示嵌入视频的方法，如课堂实例 5-1 所示。

课堂实例 5-1 在 HTML5 中嵌入视频 5-1.html。

```
<!doctype html>
<html>
  <head>
    <meta charset="utf-8">
    <title>在 HTML5 中嵌入视频</title>
  </head>
  <body>
    <video src="video/example.mp4" controls="controls">
        浏览器不支持 video 标签
    </video>
  </body>
</html>
```

运行课堂实例 5-1，效果如图 5-4 所示。

图 5-4 video 标签嵌入视频效果

在 video 元素中还可以添加其他属性，来进一步优化视频的播放效果，具体如表 5-2 所示。

表 5-2 video 元素常见属性

属 性	值	描 述
autoplay	autoplay	如果出现该属性，则视频在就绪后马上播放
controls	controls	如果出现该属性，则向用户显示控件，比如播放按钮
height	pixels	设置视频播放器的高度
loop	loop	如果出现该属性，则当媒介文件完成播放后再次开始播放
preload	preload	如果出现该属性，则视频在页面加载时进行加载，并预备播放；如果使用 "autoplay"，则忽略该属性
src	url	要播放的视频的 URL
width	pixels	设置视频播放器的宽度

下面在课堂实例 5-1 的基础上，对 video 标签应用新属性。

```
<video src="video/example.mp4" controls="controls" autoplay="autoplay" loop="loop">浏览器不支持 video 标签</video>
```

在上面的代码中，为 video 元素添加了"autoplay=autoplay"和"loop=loop"两个属性，实现了页面加载后自动播放视频和循环播放视频的效果。

5.3.2 在 HTML5 中嵌入音频

在 HTML5 中，audio 标签用于定义播放音频文件的标准，它支持三种音频格式，分别为 Ogg、MP3 和 wav，其基本格式如下：

```
<audio src="音频文件路径" controls="controls"></audio>
```

在上面的基本格式中，src 属性用于设置音频文件的路径，controls 属性用于为音频提供播放控件，这和 video 元素的属性非常相似。同样地，<audio>和</audio>之间也可以插入文字，用于不支持 audio 元素的浏览器显示。

下面通过一个课堂实例对在 HTML5 中嵌入音频的用法进行演示。

课堂实例 5-2 在 HTML5 中嵌入音频 5-2.html。

```
<!doctype html>
<html>
  <head>
    <meta charset="utf-8">
    <title>在 HTML5 中嵌入音频</title>
  </head>
  <body>
```

```
        <audio src="audio/example.mp3" controls="controls">
浏览器不支持 audio 标签
</audio>
    </body>
</html>
```

运行课堂实例 5-2，效果如图 5-5 所示。

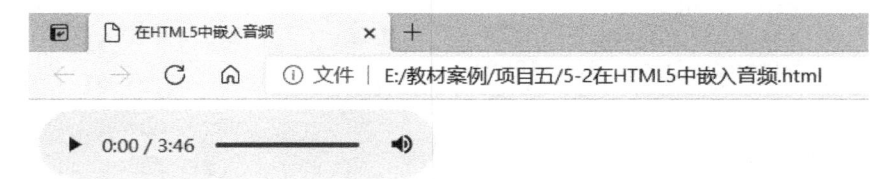

图 5-5　在 HTML5 中嵌入音频

表 5-3 列举的 audio 元素的属性和 video 基本相同，这些相同的属性在嵌入音视频时是通用的。

表 5-3　audio 元素常见属性

属　性	值	描　述
autoplay	autoplay	如果出现该属性，则音频在就绪后马上播放
controls	controls	如果出现该属性，则向用户显示控件，比如播放按钮
loop	loop	如果出现该属性，则每当音频结束时重新开始播放
preload	preload	如果出现该属性，则音频在页面加载时进行加载，并预备播放；如果使用"autoplay"，则忽略该属性
src	url	要播放的音频的 URL

5.4　CSS 控制视频的宽高

在 HTML5 中，经常会通过为 video 元素添加宽高的方式给视频预留一定的空间，这样浏览器在加载页面时就会预先确定视频的尺寸，为其保留合适的空间，使页面的布局不产生变化。接下来本节将对视频的宽高属性进行讲解。

运用 width 和 height 属性可以设置视频文件的宽度和高度。

课堂实例 5-3　CSS 控制视频的宽高 5-3.html。

```
<!doctype html>
<html>

<head>
    <meta charset="utf-8">
    <title>CSS 控制视频的宽高</title>
```

```html
<style type="text/css">
    * {
        margin: 0;
        padding: 0;
    }
    div {
        width: 600px;
        height: 300px;
        border: 1px solid #000;
    }
    video {
        width: 200px;
        height: 300px;
        background: #F90;
        float: left;
    }
    p {
        width: 200px;
        height: 300px;
        background: #999;
        float: left;
    }
</style>
</head>

<body>
    <h2>视频布局样式</h2>
    <div>
        <p>占位色块</p>
        <video src="video/pian.mp4" controls="controls">浏览器不支持 video 标签</video>
        <p>占位色块</p>
    </div>
</body>
</html>
```

在课堂实例 5-3 中，设置大盒子 div 的宽度为 600px，高度为 300px。在其内部嵌套一个 video 标签和两个 p 标签，设置宽度为 200px，高度均为 300px，并运用浮动属性让它们排列在一排显示。运行效果如图 5-6 所示。

由于定义了视频的宽高，因此浏览器在加载时会为其预留合适的空间，如果更改课堂实例 5-3 中的代码，删除视频的宽度和高度属性，则视频将按原始大小显示，此时浏览器将按照正常尺寸加载视频，导致页面布局混乱。

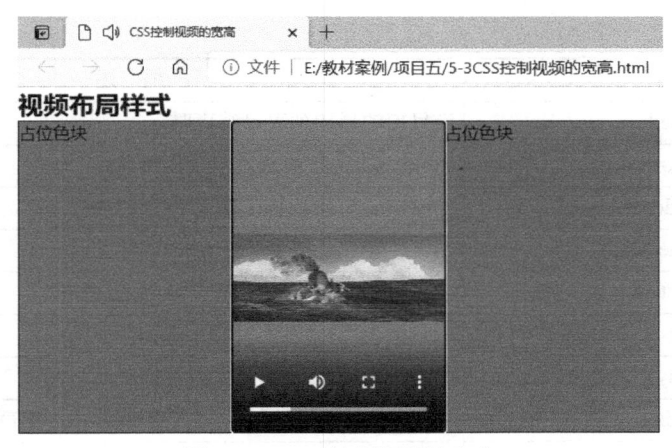

图 5-6　CSS 控制视频的宽高

5.5　视频和音频的方法和事件

video 元素和 audio 元素相关，它们的接口方法和接口事件也基本相同，表 5-4 和表 5-5 列举了 video 和 audio 常用的方法和事件，在使用 video 和 audio 元素读取或播放媒体文件时，会触发一系列的事件，但这些事件需要用 JavaScript 脚本来捕获，才可以进行相应的处理。因此，在学习 JavaScript 之前，关于视频和音频的事件和方法了解即可，无须掌握。

表 5-4　video 和 audio 的方法

方　法	描　述
addTextTrack()	向音频/视频添加新的文本轨道
canPlayType()	检测浏览器是否能播放指定的音频/视频类型
load()	重新加载音频/视频元素
play()	开始播放音频/视频
pause()	暂停当前播放的音频/视频

表 5-5　video 和 audio 的事件

事　件	描　述
abort	当音频/视频的加载已放弃时
canplay	当浏览器可以播放音频/视频时
canplaythrough	当浏览器可在不因缓冲而停顿的情况下进行播放时
durationchange	当音频/视频的时长已更改时
emptied	当目前的播放列表为空时

续表

事件	描述
ended	当目前的播放列表已结束时
error	当在音频/视频加载期间发生错误时
loadeddata	当浏览器已加载音频/视频的当前帧时
loadedmetadata	当浏览器已加载音频/视频的元数据时
loadstart	当浏览器开始查找音频/视频时
pause	当音频/视频已暂停时
play	当音频/视频已开始或不再暂停时
playing	当音频/视频在已因缓冲而暂停或停止后已就绪时
progress	当浏览器正在下载音频/视频时
ratechange	当音频/视频的播放速度已更改时
seeked	当用户已移动/跳跃到音频/视频中的新位置时
seeking	当用户开始移动/跳跃到音频/视频中的新位置时
stalled	当浏览器尝试获取媒体数据，但数据不可用时
suspend	当浏览器刻意不获取媒体数据时
timeupdate	当目前的播放位置已更改时
volumechange	当音量已更改时
waiting	当视频由于需要缓冲下一帧而停止

5.6　HTML5 音视频发展趋势

延伸阅读：
多媒体技术
使用视频

虽然 HTML5 日趋完善，但是直到现在，HTML5 音视频标准仍然有待改进。例如，对编码解码的支持、字幕的控制等，具体介绍如下。

1. 流式音频、视频

目前的 HTML5 视频范围中，还没有比特率切换标准，所以对视频的支持仅限于全部加载完毕再播放的方式。但流媒体格式是比较理想的格式，在将来的设计中，需要在这个方面进行规范。

2. 跨资源的共享

HTML5 的媒体受到了 HTTP 跨资源共享的限制。HTML5 针对跨资源共享提供了专门的规范，这种规范不仅局限于音频和视频。

3. 字幕支持

如果在 HTML5 中对音频和视频进行编辑可能还需要对字幕进行控制。基于流行的字幕格式 SRT 的字幕支持规范仍在编写中。

4. 编码解码的支持

使用 HTML5 最大的缺点在于缺少通用编码解码的支持。随着时间的推移，最终会形成一个通用的、高效率的编解码器，未来多媒体的形式也会比现在更加丰富。

动手实践——制作音乐播放界面

本节将通过案例的形式分步骤制作一个音乐播放界面，加深读者对网页多媒体标记的理解和运用，其效果如图 5-7 所示。

图 5-7　音乐播放界面效果图

1. 结构分析

观察效果图容易看出音乐播放界面整体由背景图、左边的唱片及右边的歌词三部分组成。其中背景图部分是插入的视频，可以通过 video 标签定义，唱片部分由两个盒子嵌套组成，可以通过两个 div 进行定义，而右边的歌词部分可以通过 h2 和 p 标记定义。

2. 样式分析

控制效果图的样式主要分为以下几个部分。

（1）通过最外层的大盒子对页面进行整体控制，需要对其设置宽度、高度、绝对定位等样式。

（2）为大盒子添加视频作为页面背景，需要对其设置宽度、高度、绝对定位和外边距，使其始终显示在浏览器居中位置。

（3）为左边控制唱片部分的 div 添加样式，需要对其设置宽高、圆角边框、内阴影及背景图片。

（4）为右边歌词部分的 h2 和 p 标记添加样式，需要对其设置宽高、背景及字体样式。其中歌曲标题使用特殊字体，因此需要运用@font-face 属性添加字体样式。

3. 制作页面结构

```html
<!doctype html>
<html>

<head>
    <meta charset="utf-8">
    <title>音乐播放页面</title>
    <link rel="stylesheet" href="style08.css" type="text/css" />
</head>

<body>
    <div id="box-video">
        <video src="video/mailang.webm" autoplay="autoplay" loop>浏览器不支持video标签</video>
        <div class="cd">
            <div class="center"></div>
        </div>
        <div class="song">
            <h2>风中的麦浪</h2>
            <p>爱过的地方<br/>当微风带着收获的味道<br/>吹向我脸庞<br/>想起你轻柔的话语<br/>曾打湿我眼眶<br/>嗯…啦…嗯…啦…<br/>我们曾在田野里歌唱<br/>在冬季盼望<br/>却没能等到阳光下</p>
            <audio src="http://yinyueshiting.baidu.com/data2/music/123303367/1241435144815766164.mp3?xcode=040035f9879b39136f333bb99c6701d9" autoplay="autoplay" loop></audio>
        </div>
    </div>
</body>

</html>
```

4. 定义 CSS 样式

搭建完页面的结构，接下来为页面添加 CSS 样式。将采用从整体到局部的方式实现，具体如下。

1）定义基础样式

在定义 CSS 样式时，首先要清除浏览器默认样式，具体 CSS 代码如下：

```css
*{margin:0;padding:0;}
```

2）整体控制音乐播放界面

通过一个大的 div 对音乐播放界面进行整体控制，需要将其宽度设置为 100%，高度设置为 100%，使其适应浏览器大小，具体代码如下：

```css
/*整体控制音乐播放界面*/
#box-video {
    width: 100%;
    height: 100%;
    position: absolute;
    overflow: hidden; /*隐藏浏览器滚动条，使视频能固定在浏览器界面中*/
}
```

3）设置视频文件样式

运用 video 标签在页面中嵌入视频。由于视频宽高超出浏览器界面大小，因此在设置时要通过最小宽度和最大宽度将视频大小限制在一定范围内，使其自适应浏览器大小。

```css
#box-video video {
    min-width: 100%;
    min-height: 100%;
    max-width: 4000%;
    max-height: 4000%;
    position: absolute;
    top: 50%;
    left: 50%;
    transform: translate(-50%, -50%)
}
```

在上述代码中，通过定位和 margin 属性将视频始终定位在浏览器界面中间，这样无论浏览器界面如何放大或缩小，视频都将在浏览器界面居中显示。

4）设置唱片部分样式

唱片部分，可以将两个圆看作是嵌套在一起的父子盒子，其中父盒子需要对其应用圆角边框样式和阴影样式，子盒子需要对其设置定位，使其始终显示在父元素中心位置，具体代码如下：

```css
/*唱片部分*/

.cd {
    width: 422px;
    height: 422px;
    position: absolute;
    top: 25%;
    left: 10%;
    z-index: 2;
    border-radius: 50%;
    border: 10px solid #FFF;
    box-shadow: 5px 5px 15px #000;
    background: url(images/cd_img.jpg) no-repeat;
```

```
}

.center {
    width: 100px;
    height: 100px;
    background-color: #000;
    border-radius: 50%;
    position: absolute;
    top: 50%;
    left: 50%;
    margin-left: -50px;
    margin-top: -50px;
    z-index: 3;
    border: 5px solid #FFF;
    background-image: url(images/yinfu.gif);
    background-position: center center;
    background-repeat: no-repeat;
}
```

5）设置歌词部分样式

歌词部分可以看作是一个大的 div 内部嵌套一个 h2 标记和一个 p 标记，其中 p 标记的背景是一张渐变图片，需要让其沿 X 轴平铺，具体代码如下：

```
/*歌词部分*/
.song {
    position: absolute;
    top: 25%;
    left: 50%;
}

@font-face {
    font-family: MD;
    src: url(font/MD.ttf);
}

h2 {
    font-family: MD;
    font-size: 110px;
    color: #913805;
}

p {
    width: 556px;
    height: 300px;
    font-family: "微软雅黑";
    padding-left: 30px;
    line-height: 30px;
    background: url(images/bg.png) repeat-x;
    box-sizing: border-box;
}
```

至此，我们就完成了如效果图所示的音乐播放界面的 CSS 样式部分。

项目小结

本项目首先介绍了 HTML5 多媒体特性、多媒体的格式及浏览器的支持情况，然后讲解了在 HTML5 页面中嵌套多媒体文件的方法，最后简单介绍了 HTML5 音频和视频的方法、事件及发展趋势并运用所学知识制作了一个音乐播放页面。

通过本项目的学习，读者应该能够了解 HTML5 多媒体文件的特性，熟悉常用的多媒体格式，掌握在页面中嵌入音视频文件的方法，并将其综合运用到页面的制作中。

课后实训练习

查看本项目课后练习题，请扫描二维码。

项目 6　CSS 网页布局

项目前言

默认情况下，网页中的元素会按照从上到下或从左到右的顺序一一罗列，如果按照这种默认的方式进行排版，网页将会单调、混乱。为了使网页的排版更加丰富、合理，在 CSS 中首先可以对元素设置浮动和定位样式，然后基于浮动和定位的样式设置网页居中对齐、两列和多列布局等。

学习目标

- ❖ 理解元素的浮动，能够为元素设置浮动样式；
- ❖ 掌握元素的定位，能够为元素设置常见的定位模式；
- ❖ 掌握利用 CSS 实现网页居中对齐；
- ❖ 掌握基于浮动与定位的两列和多列布局；
- ❖ 指定相关实操任务，让学生练习操作相关技能。

综合案例展示

6.1 元素的浮动

初学者在没有学习布局之前，设计一个页面时通常会按照默认的排版方式，将页面中的元素从上到下一一罗列，如图 6-1 所示，这样的布局看起来呆板、不美观。那么，如何对页面重新排版呢？这就需要为元素设置浮动。本节将对元素的浮动进行详细讲解。

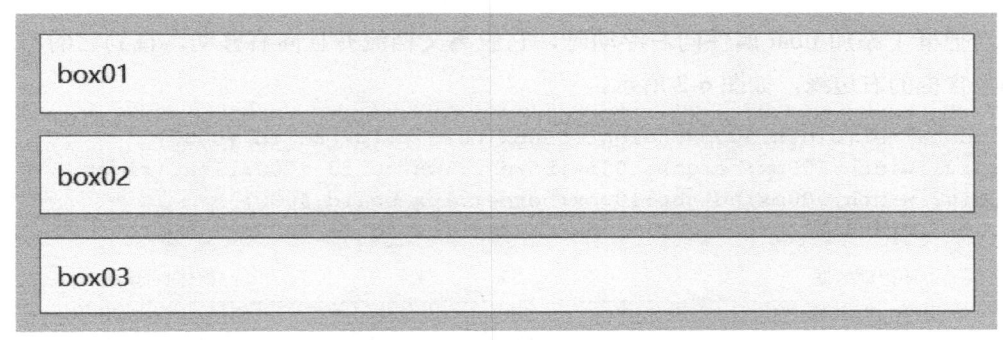

图 6-1 元素的默认排列方式

6.1.1 元素的浮动属性 float

CSS 样式的 float 浮动属性，用于设置元素的浮动布局，所谓元素的浮动是指设置了浮动属性的元素会脱离标准文档流的控制，移动到其父元素中指定位置的过程。其基本语法格式为：

选择器{float:属性值}

常用的 float 属性有 3 个，具体如表 6-1 所示。

表 6-1 float 常用属性值

属性值	描述
left	元素向左浮动
right	元素向右浮动
none	元素不浮动（默认值）

下面通过一个案例来学习 float 属性的用法。

课堂实例 6-1 浮动属性 float。

主要的 HTML 代码片段：

```html
<div class="container">
    <div class="div1">框1</div>
    <div class="div2">框2</div>
    <div class="div3">框3</div>
</div>
```

主要的 CSS 代码片段：

```css
.container{width:500px;height:500px;border:1px solid #000;}
.div1{width:100px;height:100px;border:1px solid #000;}
.div2{width:100px;height:100px;border:1px solid #000;}
.div3{width:100px;height:100px;border:1px solid #000;}
```

当把框 1 添加 float 属性向右浮动时，它脱离文档流并且向右移动，直到它的右边缘碰到包含框的右边缘，如图 6-2 所示。

```css
.container{width:500px;height:500px;border:1px solid #000;}
.div1{width:100px;height:100px;border:1px solid #000;float:right;}
.div2{width:100px;height:100px;border:1px solid #000;}
.div3{width:100px;height:100px;border:1px solid #000;}
```

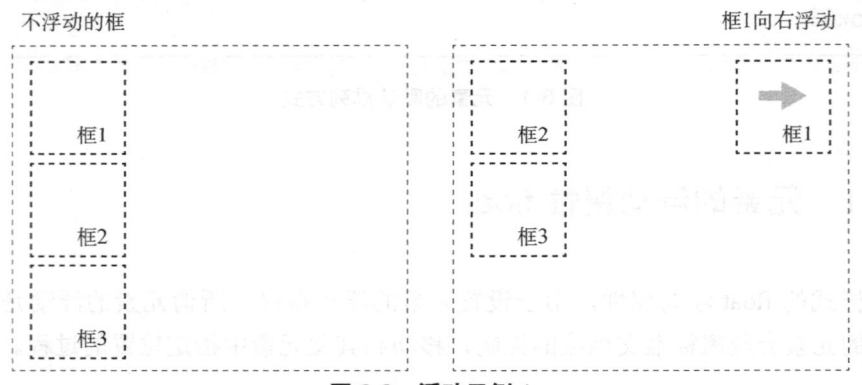

图 6-2 浮动示例 1

再看图 6-3(a)，当框 1 向左浮动时，它脱离文档流并且向左移动，直到它的左边缘碰到包含框的左边缘。因为它不再处于文档流中，所以它不占据空间，实际上覆盖住了框 2，使框 2 从视图中消失。

```css
.container{width:500px;height:500px;border:1px solid #000;}
.div1{width:100px;height:100px;border:1px solid #000;float:left;}
.div2{width:100px;height:100px;border:1px solid #000;}
.div3{width:100px;height:100px;border:1px solid #000;}
```

如果把所有 3 个框都向左移动，那么框 1 向左浮动直到碰到包含框，另外两个框向左浮动直到碰到前一个浮动框，如图 6-3(b)所示。

```css
.container{width:500px;height:500px;border:1px solid #000;}
.div1{width:100px;height:100px;border:1px solid #000;float:left;}
.div2{width:100px;height:100px;border:1px solid #000;float:left;}
.div3{width:100px;height:100px;border:1px solid #000;float:left;}
```

框1向左浮动　　　　　　　　　　　　　所有三个框向左移动

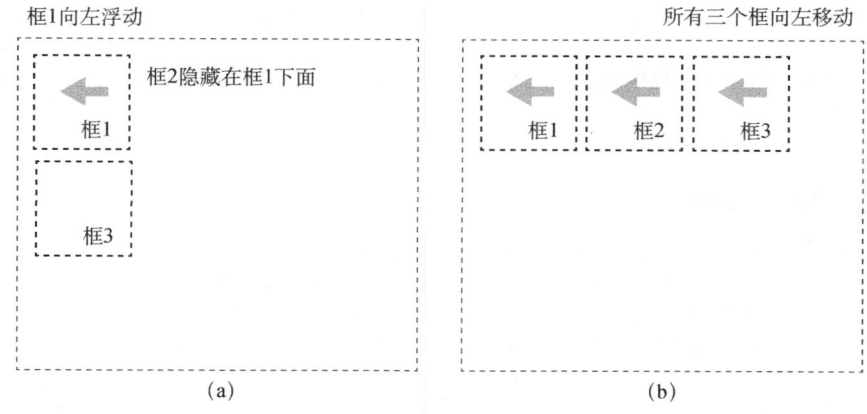

(a)　　　　　　　　　　　　　　　　　　(b)

图 6-3　浮动示例 2

如图 6-4 所示，如果包含框太窄，无法容纳水平排列的 3 个浮动元素，那么其他浮动块向下移动，直到有足够的空间。如果浮动元素的高度不同，那么当它们向下移动时可能被其他浮动元素"卡住"。

框1向左浮动　　　　　　　　　　　　　所有三个框向左移动

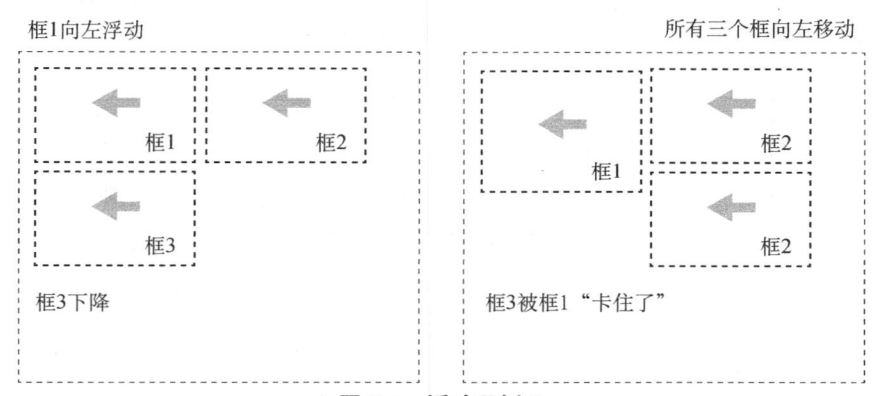

框3下降　　　　　　　　　　　　　　　框3被框1"卡住了"

图 6-4　浮动示例 3

6.1.2　图文混排

下面通过一个案例来学习图文混排，如课堂实例 6-2 所示。

课堂实例 6-2　图文混排效果。

3 个框都向左浮动排列在同一行，周围的段落文本将会环绕盒子，出现图文混排的网页效果。

主要的 HTML 代码片段：

```
<div class="container">
    <div class="div1">框 1</div>
    <div class="div2">框 2</div>
    <div class="div3">框 3</div>
```

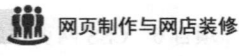

```
        <p>这里是浮动盒子外围的段落文本，这里是浮动盒子外围的段落文本，这里是浮动盒子外围
的段落文本，这里是浮动盒子外围的段落文本，这里是浮动盒子外围的段落文本，这里是浮动盒子外围
的段落文本，这里是浮动盒子外围的段落文本，这里是浮动盒子外围的段落文本，这里是浮动盒子外围
的段落文本。</p>
    </div>
```

主要的 CSS 代码片段：

```
.container{width:500px;height:500px;border:1px solid #000;}
.div1{width:100px;height:100px;border:1px solid #000;}
.div2{width:100px;height:100px;border:1px solid #000;}
.div3{width:100px;height:100px;border:1px solid #000;}

/*对 3 个框都进行左浮*/
.div1,.div2,.div3{
    float:left;
    margin:15px;
    }
```

课堂实例 6-2 效果如图 6-5 所示。需要说明的是，float 的另一个属性 right 在网页布局的时候也会经常被用到，它与 left 属性值的用法相同但方向相反。

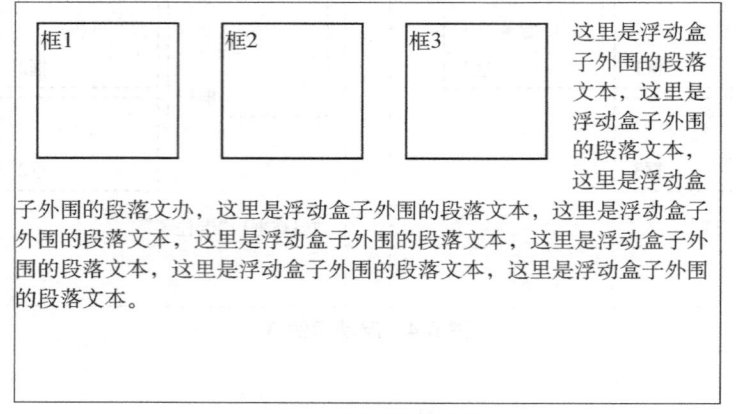

图 6-5　图文混排效果

6.1.3　清除浮动

在网页中，由于浮动元素不再占用原文档流的位置，使用浮动时会影响后面相邻的固定元素。如果要避免浮动对其他元素的影响，就需要清除浮动。在 CSS 中，使用 clear 属性清除浮动，其基本语法格式为：

选择器{clear:属性值;}

clear 属性的常用值有 3 个，具体如表 6-2 所示。

表 6-2 clear 属性值

属性值	描述
left	不允许左侧有浮动元素
right	不允许右侧有浮动元素
both	同时清除左右两侧浮动的影响

课堂实例 6-3 清除浮动。

若想清除课堂实例 6-2 中段落文本左侧浮动元素的影响，我们可以使用 clear 属性。在课堂实例 6-2 的基础上，我们添加 p 元素的 CSS 样式，代码如下：

```
p{clear:left;}
```

效果如图 6-6 所示。

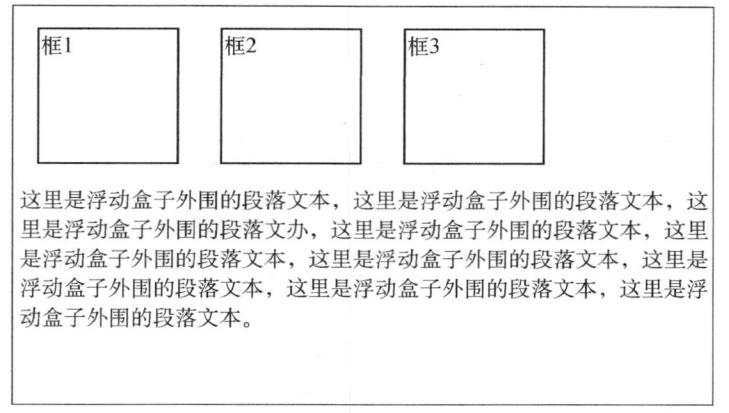

图 6-6 清除浮动

需要注意的是，clear 属性只能清除元素左右两侧浮动的影响。然而在制作网页时，经常会遇到一些特殊的浮动影响。例如，对子元素设置浮动时，如果不对其父元素定义高度，则子元素的浮动会对父元素产生影响，如课堂实例 6-4 所示。

课堂实例 6-4 子元素浮动对父元素的影响。

我们在课堂实例 6-1 的基础上进行展示，唯一的区别是父 div 盒子 container 的高度不设定。

主要的 HTML 代码片段：

```
<div class="container">
    <div class="div1">框 1</div>
    <div class="div2">框 2</div>
    <div class="div3">框 3</div>
</div>
```

主要的 CSS 代码片段：

```
.container{width:500px;border:1px solid #000;}/*父盒子不指定高度*/
.div1{width:100px;height:100px;border:1px solid #000;}
.div2{width:100px;height:100px;border:1px solid #000;}
.div3{width:100px;height:100px;border:1px solid #000;}

/*对 3 个框都进行左浮*/
.div1,.div2,.div3{
    float:left;
    margin:15px;
    }
```

在课堂实例 6-4 中，对 3 个子元素设置了左浮动，同时不给父元素设置高度，效果如图 6-7 所示，由于受到子元素的影响，没有设置高度的父元素变成了一条直线，即父元素不能自适应子元素的高度了。

图 6-7　子元素浮动对父元素的影响

我们知道子元素和父元素为嵌套关系，不存在左右位置，所以使用 clear 属性并不能清除子元素浮动对父元素的影响。那么对于这种情况该如何清除浮动呢？下面介绍一种常用的清除浮动的方法——使用空标记清除浮动。

在浮动元素之后添加空标记，并对标记应用 clear:both 样式，可清除元素浮动所产生的影响，这个空标记可以为<div>、<p>及<hr/>等任何标记。

6.2　元素的定位

浮动布局虽然灵活，但是却无法对元素的位置进行精确的控制。在 CSS 中，通过定位属性可以实现网页中元素的精确定位。CSS 为定位和浮动提供了一些属性，利用这些属性，可以建立列式布局，将布局的一部分与另一部分重叠，还可以完成多年来通常需要使用多个表格才能完成的任务。

定位的基本思想很简单，它允许你定义元素框相对于其正常位置应该出现的位置，或者相对于父元素、另一个元素甚至浏览器窗口本身的位置。

下面将对元素的定位属性及常用的几种定位方式进行详细讲解。

6.2.1 元素的定位属性

制作网页时，如果希望元素出现在某个特定的位置，就需要使用定位属性对元素进行精确定位。元素的定位就是将元素放置在页面的指定位置，主要包括定位模式和边偏移两部分。

1. 定位模式

在 CSS 中，position 属性用于定义元素的定位模式，其基本语法格式如下。

选择器{position:属性值;相对偏移边:偏移量;}

position 属性常用值有 4 个，分别表示不同的定位模式，具体如表 6-3 所示。

表 6-3　position 属性值

值	描述
absolute	生成绝对定位的元素，相对于 static 定位以外的第一个父元素进行定位。元素的位置通过"left""top""right"及"bottom"属性进行规定
fixed	生成绝对定位的元素，相对于浏览器窗口进行定位。元素的位置通过"left""top""right"及"bottom"属性进行规定
relative	生成相对定位的元素，相对于其正常位置进行定位。因此，"left:20"会向元素的 left 位置添加 20 像素
static	默认值。没有定位，元素出现在正常的流中（忽略 top、bottom、left、right 或者 z-index 声明）

2. 边偏移

定位模式（position）用于定义元素以哪种方式定位，并不能确定元素的具体位置。在 CSS 中，通过边偏移属性 top、bottom、left 或 right 来精确定义定位元素的位置，具体解释如表 6-4 所示。

表 6-4　边偏移属性

值	描述
top	顶端偏移量，定义元素相对于其父元素上边线的距离
bottom	底部偏移量，定义元素相对于其父元素下边线的距离
left	左侧偏移量，定义元素相对于其父元素左边线的距离
right	右侧偏移量，定义元素相对于其父元素右边线的距离

边偏移的取值可以为不同单位的数值或百分比。

6.2.2 静态定位

静态定位是元素的默认定位方式,当 position 属性的取值为 static 时,可以将元素定位于静态位置。所谓静态位置就是各个元素在 HTML 文档流中默认的位置。

任何元素在默认状态下都会以静态定位来确定自己的位置,所以当没有定义 position 属性时,并不说明该元素没有自己的位置,它会遵循默认值显示为静态位置。在静态定位状态下无法通过边偏移属性(top、bottom、left 或 right)来改变元素的位置。

6.2.3 相对定位 relative

相对定位是将元素相对于它在标准文档流中的位置进行的定位,当 position 属性的取值为 relative 时,可以将元素定位于相对位置,如课堂实例 6-5 所示。对元素设置相对定位后,可以通过边偏移属性改变元素的位置,但是它在文档流中的位置仍然保留。

课堂实例 6-5 相对定位。

```
<html>

<head>
    <style type="text/css">
        h2.pos_left {
            position: relative;
            left: -20px
        }
        h2.pos_right {
            position: relative;
            left: 20px
        }
    </style>
</head>

<body>
    <h2>这是位于正常位置的标题</h2>
    <h2 class="pos_left">这个标题相对于其正常位置向左移动</h2>
    <h2 class="pos_right">这个标题相对于其正常位置向右移动</h2>
</body>
</html>
```

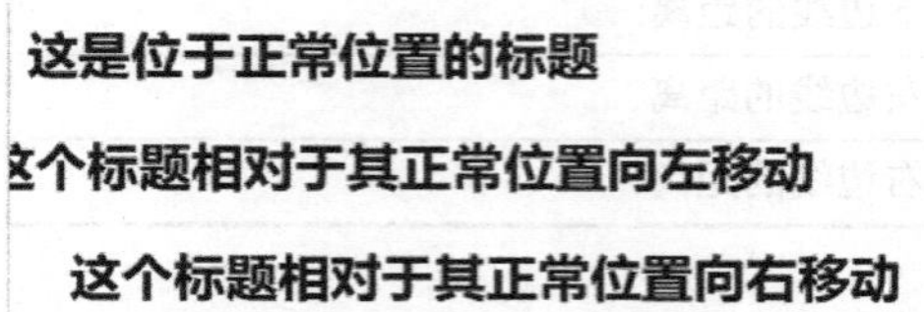

这是位于正常位置的标题

这个标题相对于其正常位置向左移动

　　这个标题相对于其正常位置向右移动

图 6-8 相对定位

相对定位会按照元素的原始位置对该元素进行移动。样式"left:-20px"表示从元素的原始左侧位置减去 20 像素。样式"left:20px"表示向元素的原始左侧位置增加 20 像素。效果图如图 6-8 所示。

6.2.4 绝对定位 absolute

绝对定位是将元素依据最近的已经定位（含定位属性，绝对、固定或相对定位）的父元素进行定位，若所有父元素都没有定位，则依据 body 根元素（浏览器窗口）进行定位。position 属性的取值为 absolute 时，可以将元素的定位模式设置为绝对定位，如课堂实例 6-6 所示。

课堂实例 6-6 绝对定位。

```
<html>

<head>
    <style type="text/css">
        h2.pos_abs {
            position: absolute;
            left: 100px;
            top: 150px
        }
    </style>
</head>

<body>
    <h2 class="pos_abs">这是带有绝对定位的标题</h2>
</body>

</html>
```

通过绝对定位，元素可以放置到页面上的任何位置。课堂实例 6-6 中标题距离页面左侧 100px，距离页面顶部 150px。效果如图 6-9 所示。

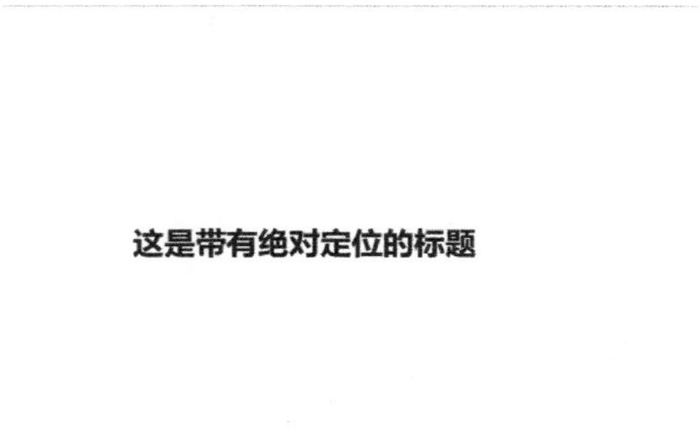

这是带有绝对定位的标题

图 6-9 绝对定位

☞ **注意：**

（1）如果仅设置绝对定位，不设置边偏移，则元素的位置不变，但其不再占用标准流中的空间，与上移的后续元素重叠。

（2）定义多个边偏移属性时，如果 left 和 right 冲突，以 left 为准，如果 top 和 bottom 冲突，则以 top 为准。

6.2.5 固定定位 fixed

固定定位是绝对定位的一种特殊形式，它以浏览器窗口作为参照物来定义网页元素。

当 position 属性的取值为 fixed 时，即可将元素的定位模式设置为固定定位。

当对元素设置固定定位后，它将脱离标准文档流的控制，始终依据浏览器窗口来定义已显示的位置。不管浏览器滚动条如何滚动，也不管浏览器窗口的大小如何变化，该元素都会始终显示在浏览器窗口的固定位置。

6.2.6 z-index 层叠属性

当对多个元素同时设置定位时，定位元素之间有可能会发生重叠，如图 6-10 所示。

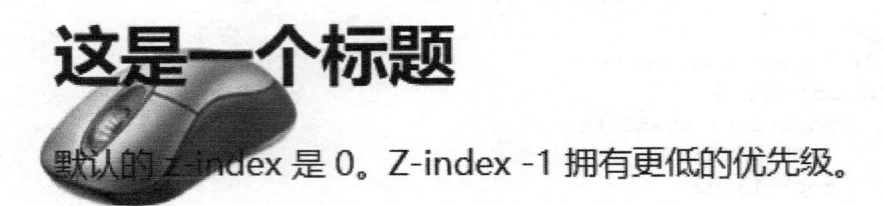

图 6-10　z-index 层叠属性示例

课堂实例 6-7　z-index 层叠属性。

```
<html>

<head>
    <style type="text/css">
        .x {
            position: absolute;
            left: 0px;
            top: 0px;
            z-index: -1
        }
    </style>
</head>

<body>
    <h1>这是一个标题</h1>
    <img class="x" src="mouse.jpg" />
    <p>默认的 z-index 是 0。Z-index -1 拥有更低的优先级。</p>
</body>

</html>
```

在 CSS 中，要想调整重叠定位元素的堆叠顺序，可以对定位元素应用 z-index 层叠等级属性，其取值可为正整数、负整数和 0，如课堂实例 6-7 所示。z-index 的默认属性值是 0，取值越大，定位元素在层叠元素中越居上。

6.3 元素的类型与转换

> **注意：**
> z-index 属性仅对定位元素生效。

在前面章节中介绍 CSS 属性时，经常会提到"仅适用于块级元素"，那么究竟什么是块级元素，在 HTML 标记语言中元素又是如何分类的呢？接下来，本节将对元素的类型与转换进行详细讲解。

6.3.1 元素的类型

HTML 中元素大多数都是块级元素或行内元素。下面就来仔细地剖析它们的用法和区别。

1. 块级元素 block

块元素在页面中以区域块的形式出现，其特点是，每个块元素通常都会独自占据一整行或多整行，可以对其设置宽度、高度、对齐等属性，常用于网页布局和网页结构的搭建。常见的块元素有<h1>~<h6>、<p>、<div>、<ul>、<ol>、<li>等，其中<div>标记是最典型的块元素。块级元素特点如下：

（1）能够设置宽高，如果不设置宽度，那么宽度将默认变为父级的 100%。
（2）margin 和 padding 的上下左右均对其有效。
（3）可以自动换行。
（4）多个块状元素标签写在一起，默认排列方式为从上至下。

2. 行内元素 inline

行内元素也称内联元素或内嵌元素，其特点是，不必在新的一行开始，同时，也不强迫其他元素在新的一行显示。一个行内元素通常会和它前后的其他行内元素显示在同一行中，它们不占有独立的区域，仅仅靠自身的字体大小和图像尺寸来支撑结构，一般不可以设置宽度、高度、对齐等属性，常用于控制页面中文本的样式。

常见的行内元素有<strong>、<b>、<em>、<i>、<del>、<s>、<ins>、<u>、<a>、<span>等，其中<span>标记是最典型的行内元素。行内元素特点如下：

（1）设置宽高无效。
（2）行内元素的 padding-top、padding-bottom、margin-top、margin-bottom 属性设置是

无效的。

（3）行内元素的 padding-left、padding-right、margin-left、margin-right 属性设置是有效的。

（4）行内元素的 padding-top、padding-bottom 从显示的效果上是增加的，但其实设置是无效的，并不会对它周围的元素产生任何影响。

3. span 标记

与<div>一样，<span>也作为容器标记被广泛应用在 HTML 语言中。和<div>标记不同的是<span>是行内元素，<span>与</span>之间只能包含文本和各种行内标记，如加粗标记<strong>、倾斜标记<em>等，<span>中还可以嵌套多层<span>。

如果不对 span 应用样式，那么 span 元素中的文本与其他文本不会有任何视觉上的差异。

下面通过一个案例来进一步认识块级元素与行内元素。

课堂实例 6-8 块级元素与行内元素。

```html
<html>
<head>
    <style type="text/css">
        span {
            color: red;
        }
    </style>
</head>
<body>
    <p>p 标签是一个块级元素</p>
    <p><span>span</span>是行内元素</p>
</body>
</html>
```

p标签是一个块级元素

span是行内元素

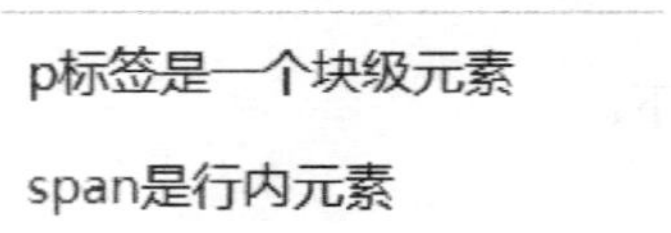

图 6-11 span 元素示例

课堂实例 6-8 中包含两个 p 元素，两个 p 元素独立成行，第二个段落元素中使用行内元素 span，通过修改 span 的 CSS 样式，将文本内容颜色改为红色。运行课堂实例 6-8，效果如图 6-11 所示。

6.3.2 元素的转换

网页是由多个块元素和行内元素构成的盒子排列而成的。如果希望行内元素具有块元素的某些特性，如可以设置宽高，或者需要块元素具有行内元素的某些特性，如不独占一行排列，可以使用 display 属性对元素的类型进行转换。

display 属性常用的属性值及含义如下。
> inline：此元素将显示为行内元素（行内元素默认的 display 属性值）。
> block：此元素将显示为块级元素（块级元素默认的 display 属性值）。
> inline-block：此元素将显示为行内块元素，可以对其设置宽高和对齐等属性，但是该元素不会独占一行。
> none：此元素将被隐藏，不显示，也不占用页面空间，相当于该元素不存在。

下面通过一个案例来演示 display 属性的用法和效果。

课堂实例 6-9 元素的转换。

```html
<!doctype html>
<html>
<head>
<meta charset="utf-8">
<title>元素的转换</title>
<style type="text/css">
div,span{                      /*同时设置 div 和 span 的样式*/
    width:200px;               /*宽度*/
    height:50px;               /*高度*/
    background:#FCC;           /*背景颜色*/
    margin:10px;               /*外边距*/
}
.d_one,.d_two{ display:inline;}         /*将前两个 div 转换为行内元素*/
.s_one{ display:inline-block;}          /*将第一个 span 转换为行内块元素*/
.s_three{ display:block;}               /*将第三个 span 转换为块元素*/
</style>
</head>
<body>
<div class="d_one">第一个 div 中的文本</div>
<div class="d_two">第二个 div 中的文本</div>
<div class="d_three">第三个 div 中的文本</div>
<span class="s_one">第一个 span 中的文本</span>
<span class="s_two">第二个 span 中的文本</span>
<span class="s_three">第三个 span 中的文本</span>
</body>
</html>
```

在此案例中，定义了 3 对 <div> 和 3 对 <span> 标记，为它们设置相同的宽度、高度、背景颜色和外边距。同时对前两个 <div> 应用"display:inline"样式，使它们从块级元素转换为行内元素，对第一个和第三个 <span> 分别应用"display:inline-block"和"display:inline"样式，使它们分别转换为行内块元素和行内元素。

运行课堂实例 6-9，效果如图 6-12 所示。

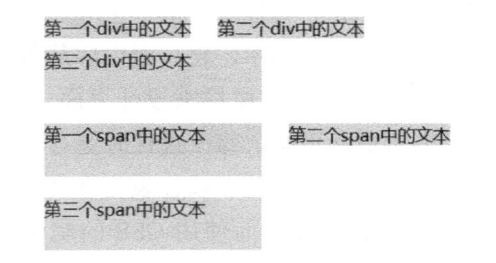

图 6-12 元素的转换示例

从图 6-12 可以看出，前两个<div>排列在了同一行，靠自身的文本内容支撑其宽高，这是因为它们转换成了行内元素。而第一个和第三个<span>则按固定的宽高显示，不同的是，前者不会独占一行，后者独占一行，这是因为它们分别被转换成了行内块元素和块元素。

6.4 CSS 网页布局

CSS 能够控制页面布局而不需要使用表现型标记，本节介绍的 CSS 布局技术都建立在这 3 个最基本的概念之上：盒模型、浮动和定位。

6.4.1 CSS 布局的意义

用 CSS 进行网页布局时，主要考虑的是页面内容的语义和结构，因为一个用 CSS 控制的网页，在做好网页后，还可以轻松地调整网页风格。用 CSS 进行布局的一个目的是让代码易读、区块分明、强化代码重用，所以结构很重要。用 CSS 进行布局时可以定制几种风格的 CSS 文件以供选择，又或者写一个程序实现动态调用，让网站具有动态改变风格的功能。

在开始布局实践之前，要认识到 CSS 布局的特色是结构和表现相分离。在结构与表现分离后，代码才简洁，更新才方便，这正是使用 CSS 进行网页布局的目的所在。

用 CSS 进行网页布局使网站的信息更丰富、网页表现更美观，意义体现在如下几个方面：

（1）使页面载入得更快。由于将大部分页面布局代码写在了 CSS 中，使得页面体积变得更小。CSS 将页面独立成很多的区域，在打开页面的时候逐层加载，浏览速度变快。而不像表格嵌套那样将整个页面圈在一个大表格里，使得加载速度很慢。

（2）修改设计时更有效率。CSS 的最大特点是让网页设计者在设计网页时可以将网页内容（content）与显示格式（format）分开编写，亦即内容与表现分离。比如在传统的基于表格的页面布局中，将页面内容从页面左侧移到页面右侧需要大量重复的工作。但是如果使用 CSS 的定位属性来设计页面，只需要更改外部样式表中的"浮动"或"位置"属性，即可更新页面，修改设计时更有效率。

（3）保持一致性。以往表格嵌套的制作方法会使得页面与页面或者区域与区域之间的显示效果有偏差。而使用 CSS 的制作方法，将所有页面或所有区域统一用 CSS 文件控制，使网页的表现非常统一，容易修改，避免了不同区域或不同页面出现的效果偏差。

（4）对浏览者和浏览器更具亲和力。由于 CSS 富含丰富的样式，使页面布局更加灵活,它可以根据不同的浏览器而达到显示效果的统一,对浏览者和浏览器更具亲和力。

6.4.2 单栏居中布局

用 CSS 进行网页布局的设计人员都会面临一个问题,网页如何才能很好地自适应显示器屏幕居中。网页居中可以让浏览者在视觉上得到一个较好的体验。

在传统表格布局中,使用表格的 align="center" 属性来实现。div 元素本身也支持 align="center" 属性,也可以让 div 元素呈现居中状态,但 CSS 布局是为了实现表现和内容的分离,而 align 对齐属性是一种样式代码,因此应当用 CSS 实现内容的居中。

以固定宽度的一列布局代码为例,为其增加居中的 CSS 样式,主要是要对 margin 属性进行设置:

```
margin:0px auto;
```

margin 属性用于控制对象的上、右、下、左 4 个方向的外边距,当 margin 使用两个参数时,第一个参数表示上下边距,第二个参数表示左右边距。除了直接使用数值之外,margin 还支持一个值叫 auto,auto 值是让浏览器自动判断边距,给当前 div 的左右边距设置为 auto 时,浏览器就会将 div 的左右边距设为相等,从而实现了居中的效果。

课堂实例 6-10 单栏居中布局。

```
<!DOCTYPE>
<html>

<head>
    <style>
        #container {
            border: 1px solid red;
            height: 300px;
            width: 800px;
            margin: 0px auto;
        }
    </style>
</head>

<body>
    <div id="container">
        网页内容
    </div>
</body>
```

运行课堂实例,效果图如图 6-13 所示,container 这个盒子实现了居中效果,我们只需将网页内容放置在 container 这个盒子中,就能实现单栏的居中布局。

```
                    ┌─────────────────────────────────────────┐
                    │ 网页内容                                  │
                    │                                         │
                    │                                         │
                    │                                         │
                    │                                         │
                    └─────────────────────────────────────────┘
```

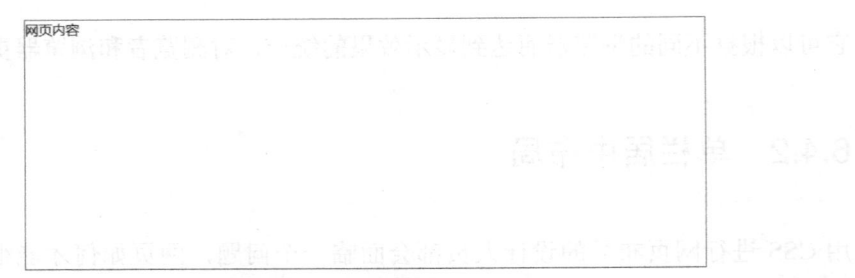

图 6-13　单栏居中布局

6.4.3　两列布局

要想创建两列布局，首先要有一个基本的框架，如图 6-14 所示。HTML 页面由头部区域（header）、主页面区域（container）和页脚（footer）组成。其中主页面区域分成左右两列，左列为侧栏（sidebar），可用于导航页面等，右列用于显示页面内容（maincontent）。

课堂实例 6-11　两列布局。

页面框架如下：

```html
<body>
    <div id="header"> header 的内容</div>
    <div id="container">
        <div id="sidebar">sidebar 的内容</div>
        <div id="maincontent">maincontent 的内容</div>
    </div>
    <div id="footer">footer 的内容</div>
</body>
```

CSS 样式部分：

```html
<style>
    #container {
        height: 400px;
        width: 960px;
        margin: 10px auto 10px;
    }

    #header {
        width: 960px;
        height: 50px;
        background-color: #808080;
        margin: 0px auto;
    }

    #maincontent {
```

```
            background-color: #d3d3d3;
            height: 400px;
            width: 640px;
            float: right;
        }

        #sidebar {
            background-color: #bdbebd;
            height: 400px;
            width: 300px;
            float: left;
        }

        #footer {
            width: 960px;
            height: 50px;
            background-color: #e9e9e9;
            margin: 0px auto;
        }
    </style>
```

两列布局的网页内容被分为了左右两部分，通过这样的分割，打破了统一布局的呆板，让页面看起来更加活跃。课堂实例 6-11 效果如图 6-14 所示。

图 6-14 双栏布局

6.4.4 多列布局

因为 float 属性只有 3 个值，即 none、left、right，也就是说只能向左边或向右边浮动。如果需要并列多个容器，则不容易直接解决问题。

下面以三列布局为例讲解多列布局，更多列布局的思想和三列是一样的。三列布局如图 6-15 所示。

一种设计三列布局的方法是在设置两列布局时，左右两列的宽度之和不占满整个父容器，然后再放入第三列，会浮动到空余的空间，就是中间位置，这样就能实现三列布局了。

课堂实例 6-12　三列布局。

页面框架如下：

```html
<body>
    <div id="header"> header 的内容</div>
    <div id="container">
        <div id="left">sidebar 的内容</div>
        <div id="center">maincontent 的内容</div>
        <div id="right">sidebar 的内容</div>
    </div>
    <div id="footer">footer 的内容</div>
</body>
```

为 container 块中的每个列设置相应的宽度和高度，然后 left 列向左浮动，将 right 列向右浮动，同时为 center 列添加浮动属性，向左或者向右皆可，那么 center 列就会浮动到中间的空间。

注意：

container 列的宽度≥left 列的宽度+center 列的宽度+right 列的宽度，在实际应用中，一般列与列之间留有间距，计算的时候要把间距的宽度也算上。

CSS 样式部分：

```css
<style>
    #container {
        height: 400px;
        width: 960px;
        margin: 10px auto 10px;
    }

    #header {
        width: 960px;
        height: 50px;
        background-color: #808080;
        margin: 0px auto;
    }

    #left {
        background-color: #bdbebd;
        height: 400px;
        width: 280px;
        float: left;
```

```css
}

#center {
    height: 400px;
    width: 380px;
    float: left;
    margin: 0 10px;
}

#right {
    background-color: #d3d3d3;
    height: 400px;
    width: 280px;
    float: right;
}

#footer {
    width: 960px;
    height: 50px;
    background-color: #e9e9e9;
    margin: 0px auto;
}
</style>
```

运行课堂实例 6-12，效果图如图 6-15 所示。

图 6-15 三列布局

下面讲解三列布局的另外一种实现方法。可以先设置两个并列的大容器，如两列布局一般，然后再在其中一个大容器里面放进两个并列的小容器。本质上就是将两列布局中的某一列再分成两列，形成 3 列的效果。具体代码请同学们自己实现。

以此类推，可以设置多个并列的容器，基于浮动的布局实现的方式较灵活，同学们需要注意灵活运用。

动手实践——制作 banner 栏

本节将通过案例的形式分步骤制作一个课程介绍的 banner 栏，加深读者对网页布局的理解和运用。其效果如图 6-16 所示。

图 6-16　制作 banner 栏

1. 结构分析

观察效果图容易看出 banner 栏整体由左右两部分组成，左边为 banner 图片，右边为课程简介。其中左栏包括背景图片及文字，文字可以分别用 h1 和 h2 标记。右栏只包含文字，文字使用 h4 标记及 p 标记段落文本。

2. 样式分析

控制的样式主要分为以下几个部分。

（1）通过最外层的大盒子 banner 对页面进行整体控制，需要对其设置宽度、高度、外边距等样式。

（2）banner 内包含两个盒子，left 和 right，需要设置宽度、高度及浮动属性，分别向左右浮动。

（3）在 left 和 right 两个盒子内，再分别创建内容盒子，content_left 及 content_right，设置子元素绝对定位及父元素相对定位。

（4）为内容部分设置字体样式。

3. 制作页面结构

```
<body>
    <div class="banner">
        <!--left begin-->
        <div class="left">
```

```html
            <div class="content_left">
                <h1>网页制作</h1>
                <h2>以就业为导向<br/>打造理论与实践相结合的实战型人才</h2>
            </div>
        </div>
        <!--left end-->
        <!--right begin-->
        <div class="right">
            <div class="content_right">
                <h4>课程介绍<br/>INTRODUCTION</h4>
                <p class="cl">网页制作课程教授如何使用 HTML、CSS 来编写静态页面。课程的核心内容 HTML 标签、CSS 选择器、CSS 文本、CSS 盒模型、CSS 背景、CSS 布局。</p>
            </div>
        </div>
        <!--right end-->
    </div>
</body>
```

4. 定义 CSS 样式

搭建完页面的结构，接下来为页面添加 CSS 样式。将采用从整体到局部的方式实现。

1）定义基础样式

在定义 CSS 样式时，首先要重置浏览器默认样式，具体 CSS 代码如下：

```css
/*重置浏览器的默认样式*/
body,p,ul,li,h4,img {
    margin: 0;
    padding: 0;
    border: 0;
    list-style: none;
}
```

2）整体控制字体属性

默认字体为微软雅黑，字体大小为 12px。

```css
body {
    font-family: "微软雅黑";
    font-size: 12px;
}
```

3）设置布局样式

```css
.banner {
    width: 1000px;
    height: 285px;
    margin: 13px auto 15px auto;
    overflow: hidden;
    /*防止溢出内容呈现在元素框之外*/
}
```

```css
.left {
    width: 755px;
    height: 285px;
    font-weight: bold;
    background: url(images/banner.jpg);
    position: relative;
    /*设置父元素相对定位*/
float: left;
    }

.content_left {
    position: absolute;
    /*设置子元素绝对定位 */
    top: 90px;
    right: 45px;
    text-align: right;
    /*设置文本内容右对齐*/
    }

.right {
    width: 245px;
    height: 285px;
    background: #0698fa;
    float: right;
    position: relative;
    /*设置父元素相对定位*/
    }

.content_right {
    position: absolute;
    /*设置子元素绝对定位*/
    top: 50px;
    left: 30px;
    }

.cl {
    /*设置清除浮动属性*/
    margin-right: 30px;
    text-indent: 2em;
    line-height: 24px;
    }
```

在上述代码中，通过定位和浮动属性将页面布局设置为双列布局，至此，我们就完成了效果图所示的音乐播放界面的 CSS 样式部分。

项目小结

本节首先介绍了元素的浮动、不同浮动方向所呈现的效果、清除浮动的方法，然后讲解了元素的定位属性及网页中常见的几种定位模式，最后讲解了元素的类型及相互间的转换。在本项目的最后，综合运用浮动、定位进行布局，并介绍了单列居中布局、两列布局及多列布局的布局方法，并通过制作 banner 栏这个实操项目练习了布局方法。

通过本项目的学习，读者应该能够熟练地运用浮动和定位进行网页布局，掌握清除浮动的几种常用方法，理解元素的类型与转换。

课后实训练习

查看本项目课后练习题，请扫描二维码。

项目 7　Dreamweaver 的使用

项目前言

Dreamweaver 软件是 Macromedia 公司推出的网页设计软件，站点管理和页面设计是它的两大核心功能。Dreamweaver 是 Web 站点开发的中心环节。完全用户自定义控制可以迅速完成页面及站点的设计。HTML/JavaScript 行为库及可视化编辑环境大量减少了代码的编写，同时也保证了其专业性和兼容性。

Dreamweaver 是一个可视化的网页设计和网站管理工具，支持最新的 Web 技术，包含 HTML 检查、HTML 格式控制、HTML 格式化选项、可视化网页设计、图像编辑、全局查找替换、全 FTP 功能、处理 Flash 和 Shockwave 等富媒体格式和动态 HTML、基于团队的 Web 创作。在编辑上你可以选择可视化方式或者你喜欢的源码编辑方式。

学习目标

- ❖ 掌握 Dreamweaver 的基本操作；
- ❖ 掌握 Dreamweaver 的站点设置和站点维护；
- ❖ 掌握常见的页面布局方法；
- ❖ 理解掌握框架面板、框架集和框架的相关操作；
- ❖ 掌握使用 Dreamweaver 创建表单及在表单内插入表单元素的相关操作；
- ❖ 掌握 CSS 的基本语法，熟悉内部、外部 CSS 样式表的使用方法和相关属性。

教学建议

- ❖ 使用案例引入法，使学生更好理解和掌握 Dreamweaver 的基本操作；
- ❖ 指定相关实操任务，让学生练习操作相关技能。

综合案例展示

7.1 Dreamweaver 简介及工具界面介绍

Dreamweaver 是编辑网页的软件，能够以直观的方式制作网页。Dreamweaver 提供了强大的网站管理功能，许多专业的网站设计人员都将 Dreamweaver 作为创建网站的首选工具。它与 Flash（网页动画制作软件）和 Fireworks（网页图像处理软件）构成了网页制作方面的三大利器，被称为网页三剑客。Dreamweaver 提供了开放的编辑环境，能够与相关软件和编程语言协同工作，所以使用 Dreamweaver 可以完成各种复杂的网页编辑工作。

在使用 Dreamweaver 开发网站之前，首先需要熟悉一下 Dreamweaver 的启动及设计环境。本任务的主要目的是使大家了解 Dreamweaver 这个神奇的网页制作软件，让后面的学习变得更加轻松，上手更加迅速。

7.1.1 Dreamweaver 的基本功能

1. 网站管理功能

Dreamweaver 不仅能够编辑网页，还能够实现本地站点与服务器站点之间的文件同步。利用库、模板和标签等功能，可以进行大型网站的开发。对于需要多人维护的大型网站，拥有文件操作权限方面的限制，具有一定的安全保护功能。

2. 多种视图模式

Dreamweaver 提供了代码、设计和拆分 3 种视图模式。设计视图可以满足用户的设计需求，即使不懂 HTML 语言，不会书写网页源代码，也能创建出漂亮的网页；代码视图可以直接以 HTML 等语言形式编写网页，能够对源代码进行精确控制；拆分视图是将窗口分为上下两部分，上半部分以代码形式展示，下部分则是代码的编辑效果展示，拆分视图是设计人员查看代码或检查代码错误的窗口，使用该视图可以将代码与设计效果对比着看。

3. 对象插入功能

Dreamweaver 的插入面板中提供了常用字符、表格、框架、电子信箱和 Flash 文字等功能按钮，可以直接单击插入面板中的相关功能按钮，快速完成目标对象的制作。

4. 属性设置方式

Dreamweaver 提供了属性面板，属性面板中显示了当前对象的属性，可以直接在属性面板中设置和修改当前对象的属性。

5. CSS 样式设置方式

Dreamweaver 提供了 CSS 样式面板，通过 CSS 样式面板，快速创建、查找和修改目标样式。

6. 内置大量的行为

Dreamweaver 中内置了大量的行为，通过行为面板可以快速添加一些特殊效果，如网页的跳转、图像载入等。

7. 提供了资源管理功能

在建立 Dreamweaver 站点后，Dreamweaver 可以统一管理站点中的资源，也可以通过资源面板来管理和使用这些资源。

7.1.2 Dreamweaver 的工作环境

1. 工作界面

Dreamweaver 附带 3 种不同形式的工作界面，可以满足设计者和编码人员的工作需求，能够根据需要设置工作界面。

2. 缩放工具

Dreamweaver 提供了缩放工具。通过缩放操作可以对设计进行全面控制，放大并检测图像或编辑复杂的嵌套表格。缩小视图可以查看页面的整体效果。

3. 编码工具栏

Dreamweaver 的编码工具栏在代码窗口左侧的直栏中，包含常用编码操作。无须过多搜索，就可以通过提示和编码工具栏找到代码片段，编码功能包括对代码的折叠、展开、注释等功能。

4. 文件传输

使用 Dreamweaver 上传文件到服务器时无须等待，用户可以在 Dreamweaver 与服务器通信时继续使用本地计算机上的文件工作。

5. 站点监测

可以安全、高效地管理站点，保证编辑的文件与站点的同步，确保使用的文件是最新的。登记和注销功能可以跟踪使用这些文件的人，能够有效防止修改其他人的工作文件。

6. Dreamweaver 站点与远程服务器紧密结合

Dreamweaver 站点可以模拟服务器环境，可以保证制作和测试网页时，站点中的文件与服务器端完全兼容，可以同步完成制作和测试。

7.1.3 Dreamweaver 的界面和基本操作

1. Dreamweaver 的启动

具体步骤如下：

（1）单击任务栏中的"开始"按钮，选择"程序"命令。

（2）将光标向右移动，选择 Macromedia 文件夹。

（3）将光标再向右移动，单击 Macromedia Dreamweaver 图标，Dreamweaver 就被启动了，如图 7-1 所示。

Dreamweaver 根据设计人员和编码人员的需求自带了两种配置，此外，还可以构建自定义工作区。首次启动 Dreamweaver 时，系统会弹出一个"工作区设置"界面，可以从中选择一种工作

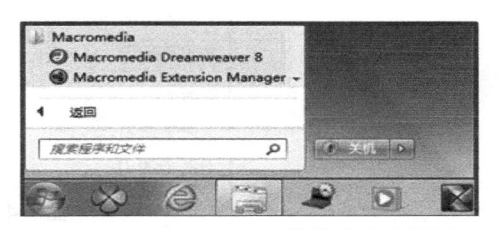

图 7-1 Dreamweaver 软件启动位置图

区布局，如图 7-2 所示。"设计器"工作区适合于一般的用户，"编码器"工作区指的是代码编辑界面，适合具有较高水平网页编程技术的用户。在这里可以选择"设计器"工作区，如图 7-3 所示。

图 7-2　工作区布局选择图

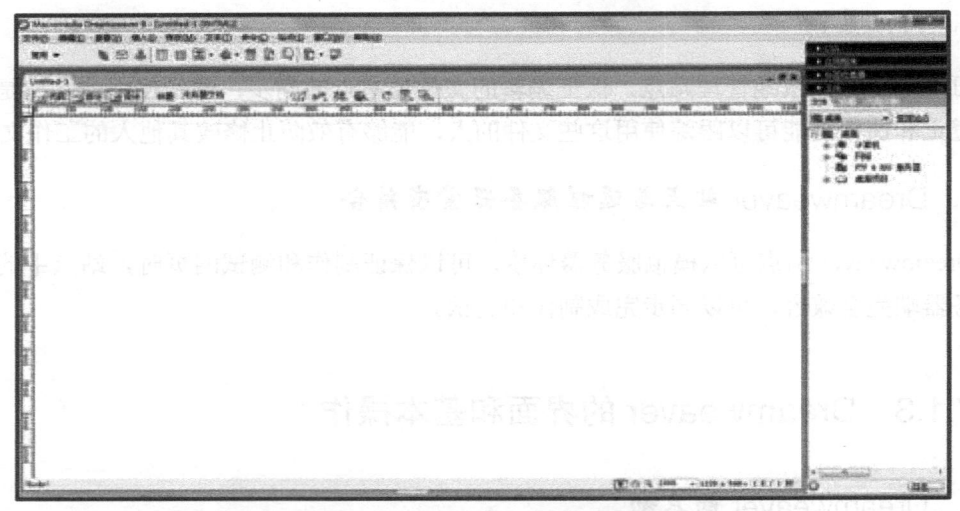

图 7-3　"设计器"工作区选择图

如果在操作过程中想改变工作区，可单击"窗口"|"工作区布局"命令，从中选择相应的工作区，如图 7-4 所示。

图 7-4　改变工作区设置图

2. Dreamweaver 的工作环境

启动 Dreamweaver，双击打开任意一个网页文件，此时 Dreamweaver 工作界面如图 7-5 所示。可以看出 Dreamweaver 窗口是一个标准的 Windows 窗口，它也有标题栏、菜单栏和快捷菜单。

项目 7　Dreamweaver 的使用

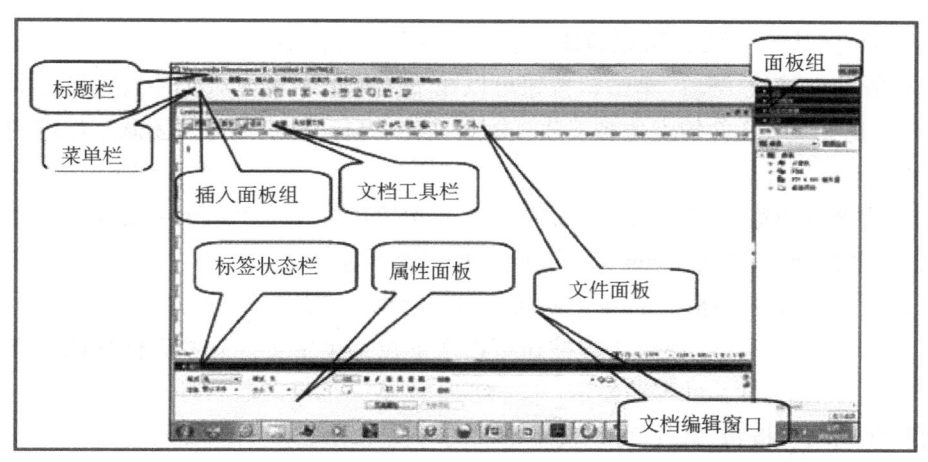

图 7-5　Dreamweaver 工作界面图

将鼠标指针移到窗口、面板或其他地方，单击鼠标右键，弹出一个快捷菜单。在快捷菜单中列出了当前状态下最可能要进行的操作命令。

1)"插入"面板组

"插入"面板组上包括 7 个子面板，依次为"常用""布局""表单""文本""HTML""应用程序"和"Flash 元素"。单击面板组名称右端的下拉按钮，打开下拉列表，如图 7-6 所示，在下拉列表中选择子面板名称，即可打开相应的面板。单击下拉列表中的"收藏夹"，可在其中添加网页制作时的一些常用对象。单击下拉列表中的"显示为制表符"，"插入"面板组则以标签的形式显示，如图 7-7 所示。

图 7-6　"插入"面板图

图 7-7　"插入"面板效果图

2)文档工具栏

在文档工具栏中设有按钮，使用这些按钮可以在文档的不同视图间快速切换，这些视图包括"代码"视图、"设计"视图，同时显示"代码"视图和"设计"视图的拆分视图，如图 7-8 所示。"文档"工具栏中还包含一些与查看文档、在本地和远程站点间传输文档有关的常用命令和选项。文档工具栏中主要的工具按钮功能如下。

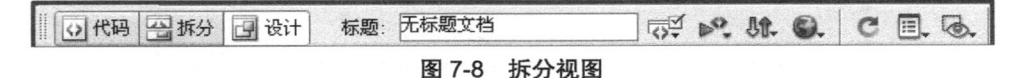

图 7-8　拆分视图

"没有浏览器/检查错误"按钮　：单击该按钮可以在下拉菜单中实现检查浏览器支持、查找错误及设置目标浏览器的版本等功能。

"验证标记"按钮：可以验证当前文档或选中的标签。

"文件管理"按钮：单击该按钮可以在下拉菜单中实现对文件只读属性的编辑、本地站点和服务器端文件的上传和下载、网页文件的自动检查及方便团队工作时的设计备注等菜单命令。

"在浏览器里预览/调试"按钮：单击该按钮可以在下拉菜单中实现网页预览（可按 F12 键代替）、纠正 JavaScript 的错误及选择浏览器等。

"刷新设计视图"按钮：用于刷新本地和远程站点的目录列表。

"视图选项"按钮：单击该按钮可以在下拉菜单中实现一些人性化的功能，如表格边框、层边框等可视化助理的显示，文件头、网格、标尺的显示等。

"可视化助理"按钮：可以使用不同的可视化助理来设计页面。

3）"属性"检查器

"属性"检查器可以检查和编辑当前选定页面元素（如文本和插入的对象）的最常用属性。"属性"检查器中的内容根据选定的元素会有所不同。例如，如果选择页面上的一个图像，则"属性"检查器将改为显示该图像的属性，如图 7-9 所示。

图 7-9 "属性"检查器

4）文档编辑窗口

文档编辑窗口是 Dreamweaver 的主工作区，在这里可以进行网页的设计制作。

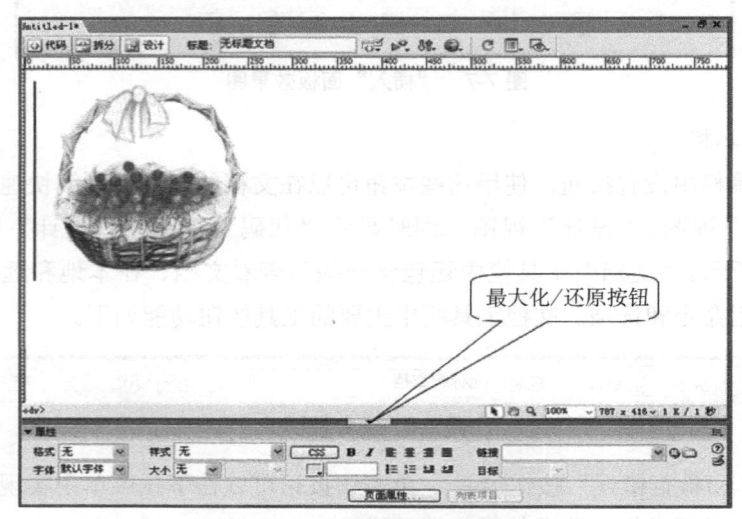

（1）文档编辑窗口的缩放。文档编辑窗口的大小可以通过鼠标拖曳编辑区右边框来调整，或单击编辑区右边框线上的按钮，完成最大化或还原网页编辑区的操作，如图 7-10 所示。

图 7-10 文档编辑窗口的缩放

（2）文档编辑窗口的标题栏。当文档编辑窗口有一个标题栏时，标题栏显示页面标题，并在括号中显示文件的路径和文件名。如果做了更改但尚未保存，Dreamweaver 将在文件名后显示一个"*"号。如果文档编辑窗口处于最大化状态时，没有标题栏，在这种情况下，页面标题及文件的路径和文件名显示在主工作区窗口的标题栏中。

此外，当文档编辑窗口处于最大化状态时，出现在文档编辑窗口区域顶部的选项卡显示所有打开文档的文件名。若要切换到某个文档，可以单击相应的选项卡。

（3）缩放工具和手形工具。此为 Dreamweaver 8.0 新增的辅助工具，可以更好地控制设计。使用缩放工具可以有帮助于更容易地对齐图像、选择较小的对象及查看较小的文本。使用手形工具，可以在"设计"视图下拖曳页面以便查看。

（4）标尺和辅助线。选择"查看"｜"标尺"｜"显示"命令，可在文档编辑窗口中显示标尺，从而方便设计时的定位。

辅助线是从标尺拖动到文档上的线条，它们有助于更加准确地放置和对齐对象。使用辅助线还可以测量页面元素的大小，或者模拟 Web 浏览器的重叠部分（可见区域）。若要创建水平辅助线或垂直辅助线，可以采用以下方法。

➢ 从相应的标尺拖动。
➢ 在"文档"窗口中定位辅助线，然后松开鼠标。
➢ 可以通过再次拖动辅助线来重新定位辅助线。

在默认情况下，以像素值来记录辅助线与文档顶部或左侧的距离，并相对于标尺原点显示辅助线。若要以百分比形式记录辅助线，可在创建或移动辅助线时按住 Shift 键。若将光标放到辅助线上，可查看此辅助线的位置，按住 Ctrl 键时可查看辅助线两侧的宽度或高度。

（5）编码工具栏（只用于"代码"视图）。Dreamweaver 中新增加的编码工具栏在"代码"视图一侧的沟槽栏中，如图 7-11 所示，它提供了用于常见编码功能的按钮，可以迅速将代码添加到用户的页面中。

图 7-11 "代码"视图

若要迅速插入代码，请执行以下操作。

①选择"视图"｜"代码"命令，或在文档工具栏中单击"代码"按钮，切换到"代码"视图中。

②选定插入点在代码中的位置，或选择一个代码块。

③单击编码工具栏中的一个按钮，或从工具栏的弹出菜单中选择一个菜单项。

编码工具栏中各按钮的功能如下。

"打开的文档"按钮：列出已打开的文档。选择了一个文档后，它将显示在"文档"窗口中。

"折叠整个标签"按钮：折叠位于一组开始和结束标签之间的内容，例如，位于<table>和</table>之间的内容。

"折叠所选"按钮：折叠所选代码。

"扩展全部"按钮：可还原所有折叠的代码。

"选择父标签"按钮：可选择放置了插入点的那一行的内容及其两侧的开始和结束标签。如果反复单击此按钮且标签是对称的，则Dreamweaver最终将选择最外面的<html>和</html>标签。

"选取当前代码"按钮：选择放置了插入点的那一行的内容及其两侧的圆括号、大括弧或方括号。如果反复单击此按钮且两侧的符号是对称的，则Dreamweaver最终将选择该文档最外面的大括弧、圆括号或方括号。

"行号"按钮：可以在每个代码行的行首隐藏或显示行号。

"高亮显示无效代码"按钮：将以黄色高亮显示无效的代码。

"应用注释"按钮：可以在所选代码两侧添加注释标签或打开新的注释标签。

"删除注释"按钮：删除所选代码的注释标签。如果所选内容包含嵌套注释，则只会删除外部注释标签。

"环绕标签"按钮：在所选代码两侧添加选自"快速标签编辑器"的标签。

"最近的代码片断"按钮：可以从"代码片断"面板中插入最近使用过的代码片断。

"缩进代码"按钮：将选定内容向右移动。

"凸出代码"按钮：将选定内容向左移动。

"格式化源代码"按钮：将先前指定的代码格式应用于所选代码，如果未选择代码块，则应用于整个页面。

（6）代码折叠。通过隐藏和展开代码块，可以重点显示想要查看的代码，如图7-12和图7-13所示。若要折叠代码，请执行以下操作。

图 7-12　展开代码段　　　　　　　　　　　图 7-13　代码折叠效果

①选择要折叠的代码。

②选择"编辑"|"代码折叠"|"折叠所选"命令，或单击所选代码旁边的折叠（+或-）按钮。

若要折叠所选代码之外的代码，请执行以下操作。

①在"代码"视图中选择代码。

②选择"编辑"|"代码折叠"|"折叠外部所选"命令。

5）面板组

面板组是组合在一个标题下面的相关面板的集合。面板组中选定的面板显示为一个选项卡。每个面板组都可以展开或折叠，并且可以和其他面板组停靠在一起或取消停靠。浮动面板是非常重要的网页处理辅助工具，它具有随着调整即可看到效果的特点。由于它可以方便地拆分、组合和移动，所以也把它叫作浮动面板。

Dreamweaver 默认的面板组有以下 4 个。

（1）CSS 面板组。CSS 面板组包含"CSS 样式"和"层"两个浮动面板，主要提供交互式网页设计和网页格式化的工具，如图 7-14 所示。

（2）"应用程序"面板组。"应用程序"面板组包含"数据库""绑定""服务器行为""组件"4 个浮动面板，主要提供动态网页设计和数据库管理的工作，如图 7-15 所示。

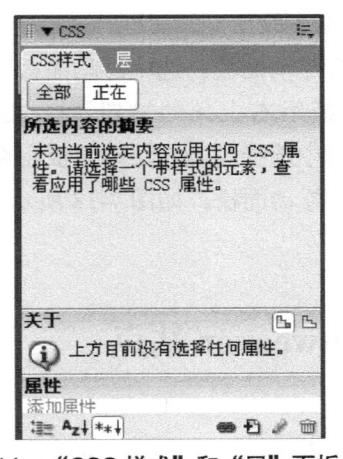

图 7-14　"CSS 样式"和"层"面板　　　　　图 7-15　"应用程序"面板组

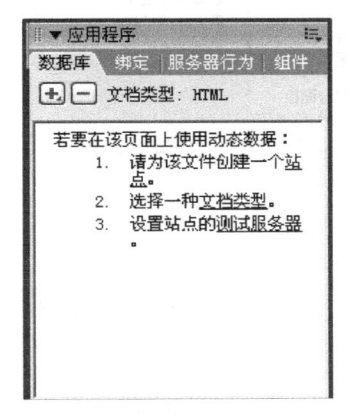

（3）"标签"面板组。"标签"面板组包含"属性"和"行为"两个浮动面板，主要方便代码的调试，如图 7-16 所示。

（4）"文件"面板组。"文件"面板组包含"文件""资源"和"代码片断"3 个浮动面板，主要提供管理站点的各种资源，如图 7-17 所示。

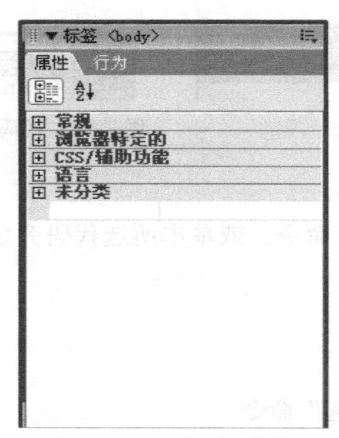

图 7-16 "标签"面板组　　　　图 7-17 "文件"面板组

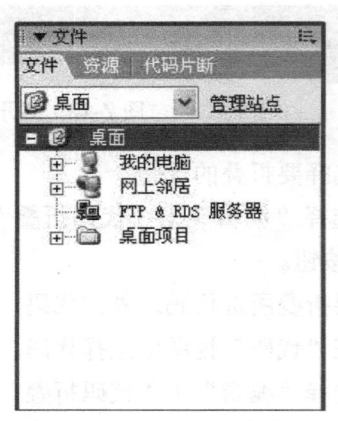

6)浮动面板组的操作

常用的浮动面板组的操作方法如下。

(1)展开和折叠浮动面板组。Dreamweaver 的每个浮动面板组都具有展开与折叠的功能,单击面板左上角的三角标记 ▶ 即可展开与折叠浮动面板。

(2)移动浮动面板组。将鼠标指针指向浮动面板组左上角的标签,当鼠标指针变成 4 个方向箭头的图标时,便可移动浮动面板组。利用这种方法可将浮动面板组拖离浮动面板组停靠区,或将浮动面板组拖入浮动面板组停靠区。

(3)重新组合浮动面板。选中浮动面板组中某个选项,单击浮动面板组右上角的按钮 ≡ ,打开下拉菜单,并在级联菜单中选择与当前浮动面板组合的浮动面板组,可重新组合浮动面板,如图 7-18 所示。

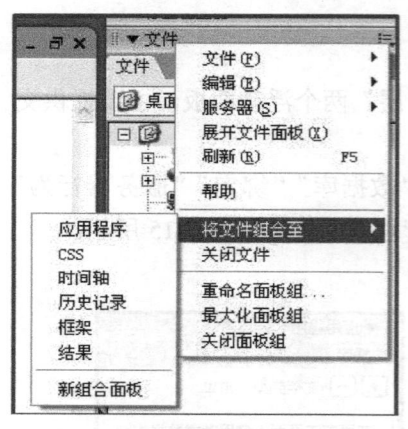

图 7-18 重新组合浮动面板

7.2 创建并管理 Dreamweaver 站点

一般来说,用户所浏览的网页都是存储在 Internet 服务器上的。所谓 Internet 服务器,就是用于提供 Internet 服务的计算机,对于 WWW 浏览服务来说,Internet 服务器主要用于存储用户所浏览的 Web 站点和页面。

如果要完全发挥 Dreamweaver 的功能,就必须建立 Dreamweaver 站点。只有建立了 Dreamweaver 站点,才能够对站点中的资源进行系统管理。所以,在使用 Dreamweaver 制作网页或建立网站前,需要为网页或网站在 Dreamweaver 中建立一个 Dreamweaver 站点。创建 Dreamweaver 站点前，需要对网站进行规划。然后根据网站的实际需要，为网站建立 Dreamweaver 站点。

7.2.1 站点规划与设计

站点规划是建立站点的前期准备工作，主要包括创建具有浏览器兼容性的站点、确定站点的主题、站点结构的组织、创建设计外观和设计导航方案、规划和收集资源等。

1. 创建具有浏览器兼容性的站点

在创建站点时，设计者应考虑到来访者可能会使用各种各样的浏览器，如 Internet 浏览器、火狐浏览器、360 浏览器等。因此，应尽可能地将站点设计得具有最大的浏览器兼容性，尽管可能会适当压缩其他方面的设计要求。

目前，在全球广泛使用的浏览器有好几十种，而且各个浏览器大部分都不止一个版本，如 Internet 浏览器版本从 IE6 到 IE8。就算网站设计的目标浏览器对象是兼容了最广泛使用的浏览器，如 Microsoft Internet Explorer 和 Netscape Navigator 浏览器。当网站发布后，我们必须考虑到迟早会有使用其他浏览器的客户来访问，甚至还可能是文本浏览器，如 Lynx。

如果设计的网站是在给公司的内部局域网上发布的，并且所有的公司员工都使用同样的浏览器，那么我们就没有必要创建具有浏览器兼容性的站点，如学校使用的 OA 系统，可以将站点专门为该浏览器进行优化。

绝大多数情况下，面向公众浏览设计的 Web 站点在尽量多的浏览器中应该正常显示。选取一到两个浏览器作为目标浏览器，然后围绕这些浏览器设计站点，但同时也要不时地尝试在其他浏览器中访问该站点，确保站点不会有太多的不兼容内容。这将是从广泛受众中得到反馈的一个好办法。

2. 确定站点的主题

以本任务为例，要建立一个"网上日用商城"网站，该网站主要用于销售日用产品。首先要考虑站点的面向对象，确定主题内容，同样是销售日用产品的站点，是侧重直接零售，还是侧重小额混批？这就是主题问题，只有确定了主题，才能有的放矢地进行工作。

3. 站点结构的组织

确定了站点主题以后，需要进行站点结构的规划，同一个网站要销售那么多品种的日用产品，如何组织才能脉络清晰，这是动手制作站点之前必须做好的一项工作。

4. 创建设计外观和设计导航方案

当确定了站点主题、组织结构以后，接下来的工作就是设计网页版面，网页作为一种视觉语言，应十分注重其版式的设计，其中主要包括色彩、构图两大方面的内容，这完全取决于制作者的综合水平，包括审美能力、设计能力、文字能力等多方面的素质。

5. 规划和收集资源

做完上述几项工作后，接下来需要收集与整理站点素材，这是一项费时费力的工作，需要精心组织与筹备。例如，为了使教学站点具有生动性、吸引性，达到生动简洁、便于教学的目的，要求每一部分都要有内容文字、相关图像，甚至还要有动画、声音等装饰。因此在前期的准备工作中，搜集素材的工作量最大。

准备好素材后，需要确定站点在本地计算机上的存放位置。通常情况下，首先根据站点结构在本地计算机上建立一个站点文件夹，如在 E 盘根目录下建立一个文件夹作为站点文件夹，命名为"网上日用商城"，用于存放站点的所有文件。其次，为了更好地管理站点内容，便于以后的站点更新与维护工作，需要在站点文件夹下分别建立用于存放站点文件和素材的子文件夹，如用于存放图像、动画、应用程序、插件等的文件夹，文件夹的命名最好与所存放的内容相关，以便查找。

课堂实例 7-1　使用 Dreamweaver 创建"网上日用商城"站点。

为实现对网站更好的管理，通常都需要在 Dreamweaver 中新建一个站点，这样可以利用 Dreamweaver 强大的站点管理功能来管理自己的网站。以本任务为例，需在 Dreamweaver 中建立一个"网上日用商城"的站点。具体操作步骤如下：

（1）打开 Dreamweaver，选择菜单栏中的"站点"|"管理站点"命令，在随后出现的"管理站点"对话框中，单击"新建"|"站点"命令，如图 7-19 所示。

（2）出现"站点定义"向导，在文本框中为站点命名，这里输入"wsrysc"，如图 7-20 所示，单击"下一步"按钮。

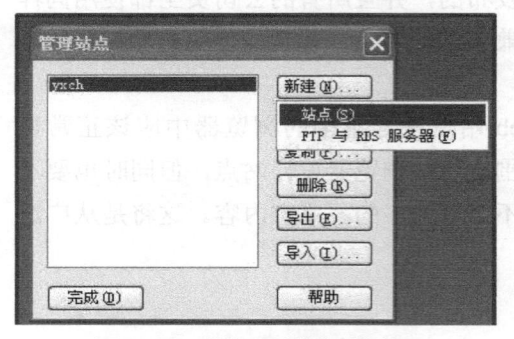

图 7-19　"管理站点"对话框

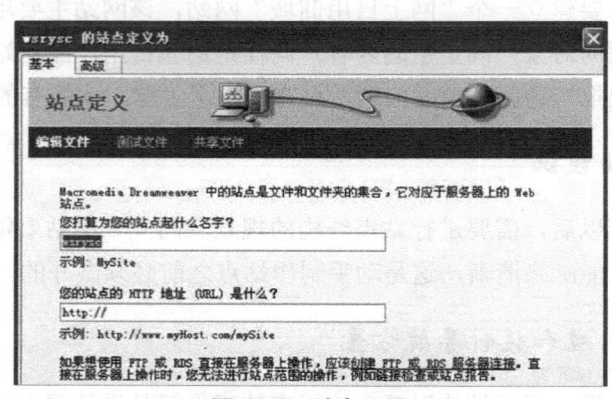

图 7-20　站点设置

（3）在"站点定义"向导第 2 部分，选择默认选项"否，我不想使用服务器技术"，如图 7-21 所示，单击"下一步"按钮。

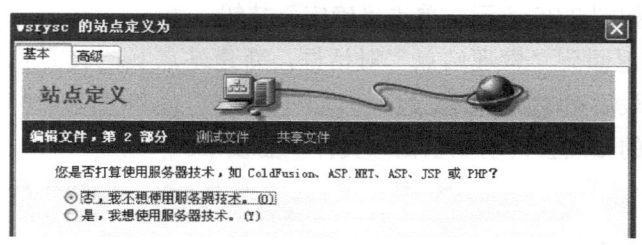

图 7-21　站点服务器设置

（4）在"站点定义"向导第 3 部分，"您将把文件存储在计算机上的什么位置"处的文本框内输入站点根目录路径，这里输入"E:\网上日用商城\wsrysc\"，如图 7-22 所示，单击"下一步"按钮。

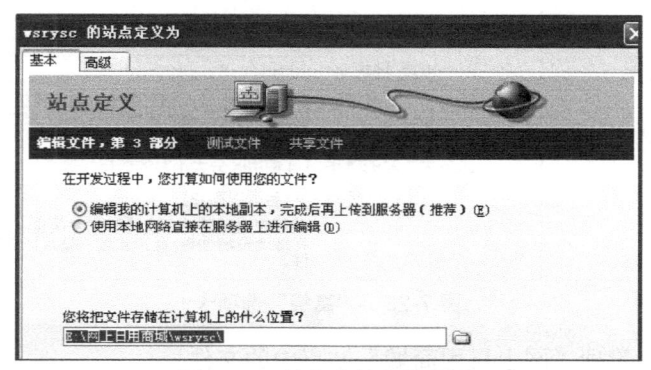

图 7-22　站点文件存储设置

（5）在"您如何连接到远程服务器"下拉列表处，选择"无"选项，如图 7-23 所示，单击"下一步"按钮。

（6）站点定义完成，出现"总结"窗口，显示出了刚才所定义站点的基本信息，最后一句提示"可以使用'高级'选项卡对您的站点进行进一步配置"，单击该窗口上方"高级"标签，做进一步设置，如图 7-24 所示。

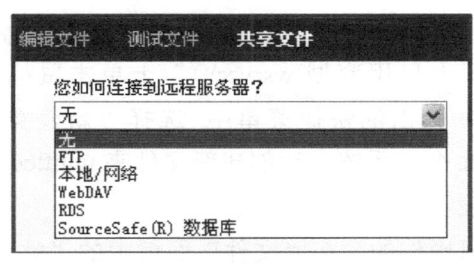

图 7-23　远程服务器设置

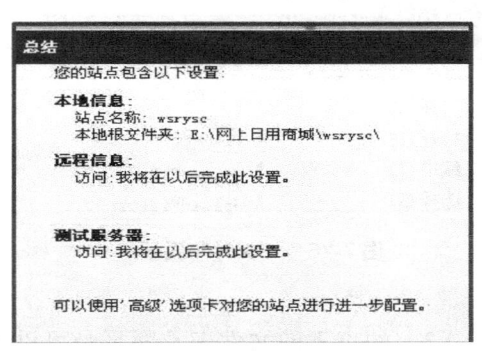

图 7-24　"总结"窗口

(7) 在"高级"选项卡内，可以看到前面所设置的"站点名称"及"本地根文件夹"情况，这里需要进一步设置"默认图像文件夹"位置，此处设为"E:\网上日用商城\wsrysc\Images\"，如图 7-25 所示，单击"确定"按钮。

(8) 系统自动返回到"管理站点"对话框，新建站点 wsrysc 已出现在列表框中，单击"完成"按钮，最后完成站点的创建。

(9) 创建完成的站点会自动显示在"文件"面板中。

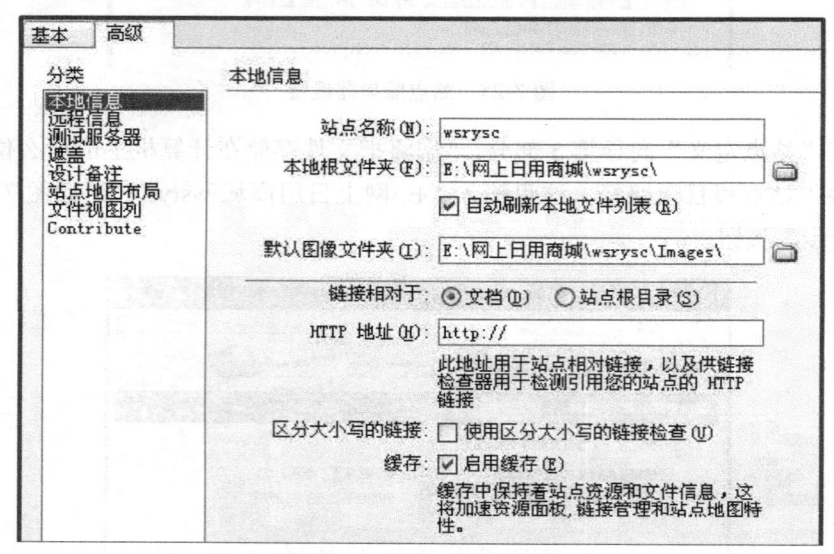

图 7-25 "高级"选项卡

课堂实例 7-2 管理"网上日用商城"站点中的文件。

新创建好的站点显示在"文件"面板中，现在就可以在这里按网站的规划创建其他文件或者对现有文件夹进行管理。具体操作步骤如下。

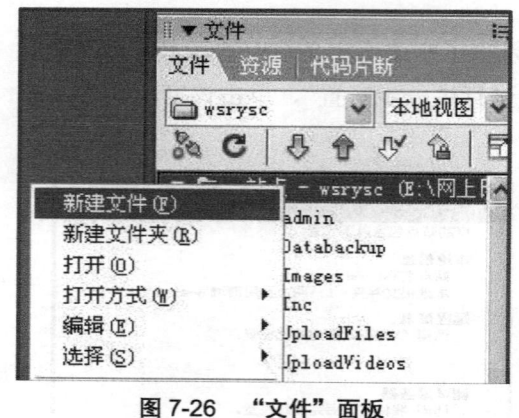

图 7-26 "文件"面板

(1) 在"文件"面板中的"站点-wsrysc（E:\网上日用商城\wsrysc\）"上单击鼠标右键，在弹出的快捷菜单中选择"新建文件"命令，如图 7-26 所示。系统将自动创建新文件 untitled.htm，该文件的文件名称可以进行修改。

(2) 在"文件"面板中的"站点-wsrysc（E:\网上日用商城\wsrysc\）"上单击鼠标右键，在弹出的快捷菜单中 选择"新建文件夹"命令，系统自动创建新文件夹 untitled 图标，表示这是一个文件夹。

(3) 站点下的文件夹及网页是可以进行编辑操作的。在"文件"面板中的"站点-wsrysc（E:\网上日用商城\wsrysc\）"下所要进行编辑的文件夹或网页单击鼠标右键，在弹出的快捷菜单中选择"编辑"命令，则进行相应的编辑操作，如图 7-27 所示。

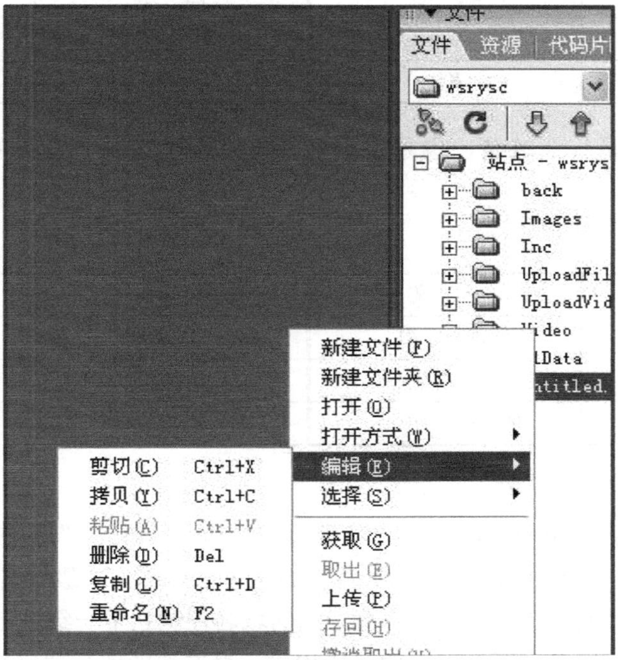

图 7-27 "文件"面板编辑操作

7.2.2 网络空间和网站域名的申请

任何关于网络的产品和服务，都需要通过固定的网站将自己的产品和服务推广出去，而要在 Internet 上建立自己固定的网站，首先要做的就是申请域名和网站空间。本项目将着重介绍架设网络服务器的准备工作——申请域名和网站空间。

本任务主要是为"网上日用商城"申请一个域名及网站空间。

1. 域名

Internet 域名如同商标，是网站的标志。网站要在网上得到推广，首先需要给网站申请一个名字，通过这个名字，其他人才可以方便访问到对应的网站，从而达到在网上宣传自己的产品和服务的目的。下面详细介绍什么是域名。

1）域名简介

域名是 Internet 网络上的服务器或网络系统的名字。一个域名对应唯一的 IP，在 Internet 上没有重复的域名。域名由若干个英文字母和数字组成，并由"."分隔成几部分，如"www.ywu.cn"就是一个域名，其中"www"表示该主机是一台 Web 服务器。

域名一般按照国家不同分成不同的国家域。例如，中国区的域名为 CN。常见的国家域名如表 7-1 所示。

表 7-1 国家域名

国　家	域　名	国　家	域　名
中国	CN	英国	UK
韩国	KR	日本	JP

在国家域前的是行业域名，也是由国际管理机构确定的。常见的行业域名如表 7-2 所示。

表 7-2 行业域名

域　名	含　义	域　名	含　义
COM	商业组织	EDU	教育机构
GOV	政府组织	MIL	军事机构
NET	网络支持中心	ORG	非赢利组织

2）申请域名的原则

一个完整的域名由两个或两个以上部分组成，最后一个"."的右边部分称为顶级域名（TLD，也称为一级域名），最后一个"."的左边部分称为二级域名（SLD），二级域名的左边部分称为三级域名，以此类推，每一级的域名控制它下一级域名的分配。

顶级域名：一个域名由两个以上的词段构成，最右边的就是顶级域名。目前，国际上出现的顶级域名有.com、.net、.org、.gov、.edu、.mil、.cc、.to、.tv 及国家或地区的代码，其中最通用的是.com、.net、.org。

（1）.com：适用于商业实体，它是最流行的顶级域名。

（2）.net：最初用于网络机构，如 ISP。

（3）.org：用于各类组织机构，包括非营利团体。

二级域名：靠左边的部分就是所谓的二级域名。例如，在 cctv.com 中，cctv 就是顶级域名.com 下的二级域名，"cctv.com"还可以有"mail.cctv.com"的形式，这里的 mail 可以称为"主机"或"子域名"。

2. 网站空间

给网站申请完地址和名称后，就需要为网站在网络上申请出相应的空间。网站是建立在网络服务器上的一组计算机文件，它需要占据一定的硬盘空间，这就是一个网站所需的网站空间。

一般来说，一个企业网站的基本网页文件和网页图片大概需要 30MB 空间，加上产品照片和各种介绍性页面，一般在 100MB 左右。另外，企业需要存放反馈信息和备用文件的空间。所以企业网站总共需要 100~300MB 的网站空间（即虚拟主机空间）。

想建立一个自己的网上站点，就要选择适合自身条件的网站空间。目前主流的有 4 种网站空间选择形式。

（1）购买个人服务器：服务器空间大小可根据需要增减服务器硬盘空间，然后选择好 ISP 商，将服务器接入 Internet，将网页内容上传到服务器中，这样就可以访问网站了。服务器管理一般有两种办法，即服务器托管和专线接入维护。

（2）租用专用服务器：就是建立一个专用的服务器，该服务器只为用户使用，用户有完全的管理权和控制权。中小企业用户适合于这种服务，但个人用户一般不适合这种服务，因为其费用很高。

（3）使用虚拟主机：这种技术的目的是让多个用户共用一个服务器，但是对于每一个用户而言，感觉不到其他用户的存在。在此情况下该服务器要为每一个用户建立一个域名、一个 IP 地址、一定大小的硬盘空间、各自独立的服务。这一技术参考了操作系统中虚拟内存的思想，使得有限的资源可以满足较多的需求，且使需求各自独立、互不影响。由于这种方式中多个用户共同使用一个服务器，所以价格是租用专用服务器的十几分之一，而且可以让用户有很大的管理权和控制权。可以建立邮件系统的（数量上有限制）个人 FTP、WWW 站点、提供 CGI 支持等。

（4）免费网站空间：这种服务是免费的。用户加入该 ISP 后，该 ISP 商会为用户提供相应的免费服务，不过权限会受到很大限制，很多操作都不能够使用。

用户可以根据需要来选择正确的方式。如果想架构 WWW 网站，那么只要加入一个 ISP 就可以得到一个 WWW 网站。如果想尝试做网管，则可以考虑申请虚拟主机服务，而且现在租用虚拟主机的费用并不高。如果想建立很专业的商业网站，建议最好租用服务器或购买自己的服务器。

课堂实例 7-3 申请域名。

域名的申请一般通过 3 个步骤来进行：进入服务提供商的网站选择域名服务，填写申请信息，付费开通。下面以中国万网（http://www.net.cn）域名申请网站为例说明如何申请域名。

（1）进入万网首页，单击"域名注册"按钮，选择需要的域名服务，如图 7-28 所示。

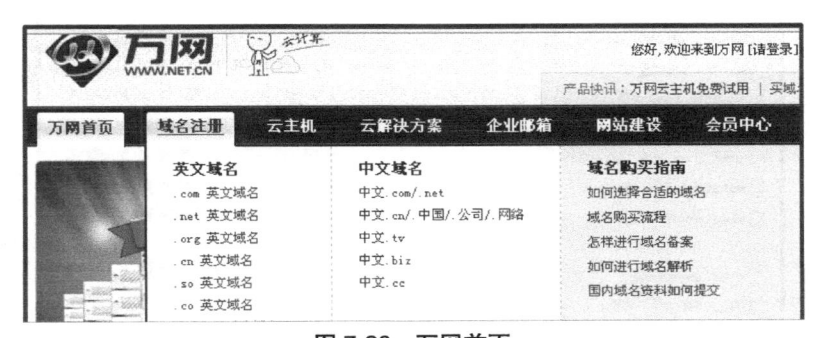

图 7-28 万网首页

（2）进入到域名注册页面后服务，域名注册前需要对你所要注册的域名进行查询，不同的后缀名意味着不同的域名，以本任务为例，需要注册 .com、.cn 和 .com.cn 后缀的域名，如图 7-29 所示。注意：由于国家对域名发布了新政策，以.com、.com.cn 和.cn 为例，申请.com.cn 和.cn 的域名都必须是企业，个人只能够申请.com 后缀的域名，因此，本任务以申请.com 域名为准。

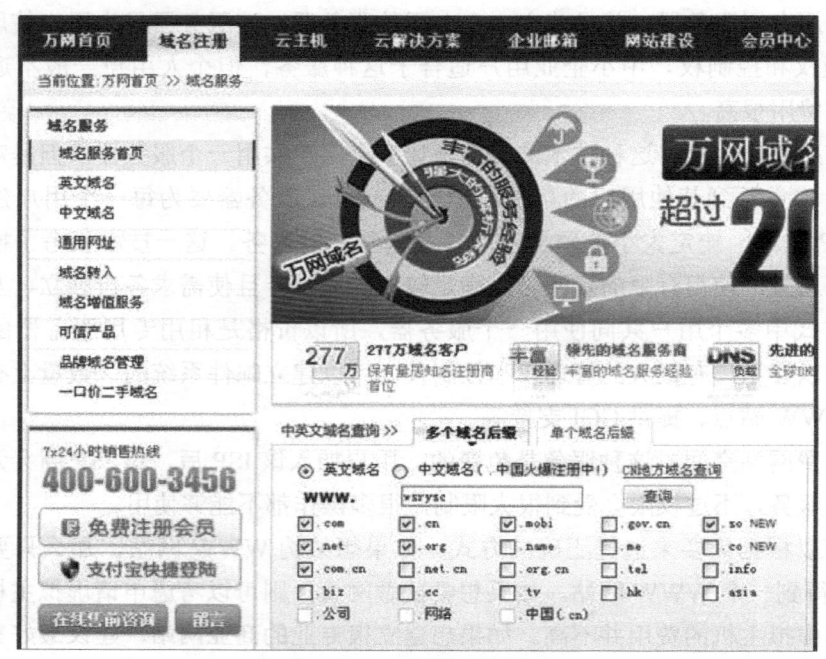

图 7-29　域名注册页面

（3）单击"查询"按钮，弹出所查询的域名是否能够注册，如果能注册则单击"所选域名加入购物车"按钮，如图 7-30 所示。按照注册列表填写个人信息，如图 7-31、图 7-32 所示。注册成功界面如图 7-33 所示。进入域名申请的购物车后，可以批量购买所需的域名及时间，如图 7-34 所示，并单击"确定"按钮后进入到域名注册信息界面，按照信息要求填写相关信息项，如图 7-35、图 7-36 所示。

图 7-30　所选域名加入购物车

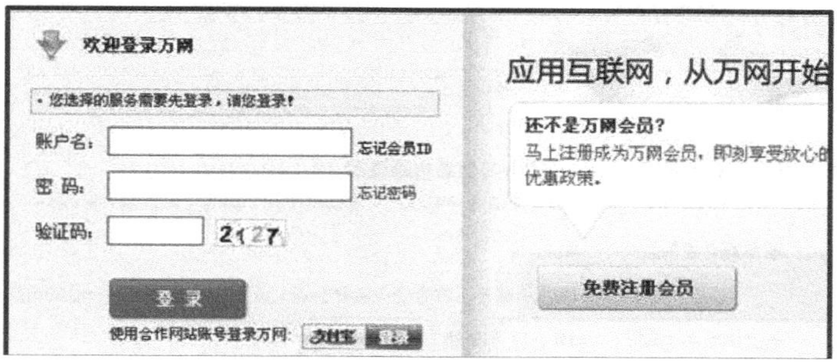

图 7-31　填写个人信息

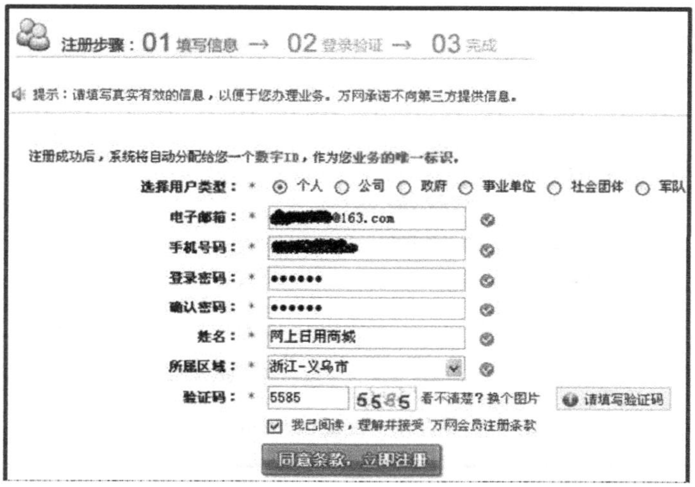

图 7-32　填写个人信息

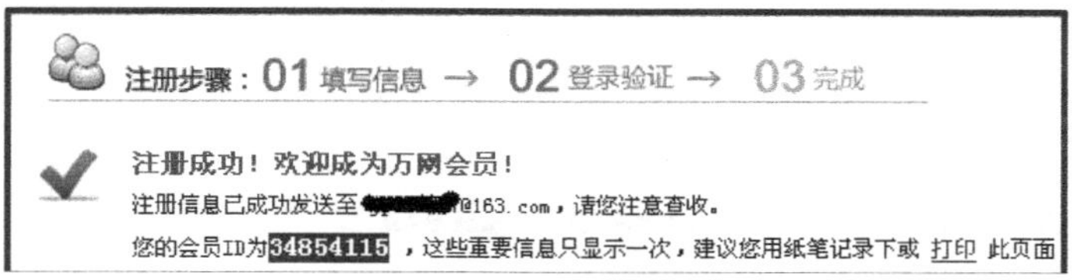

图 7-33　注册成功界面

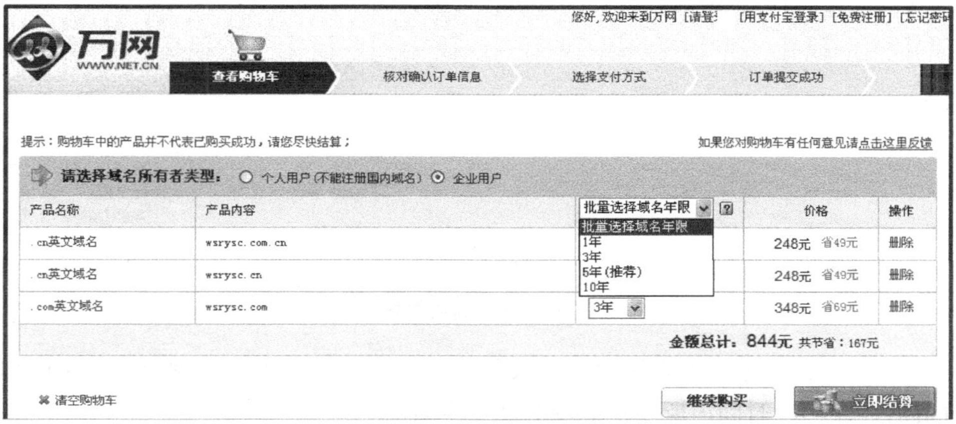

图 7-34　购买域名及时间

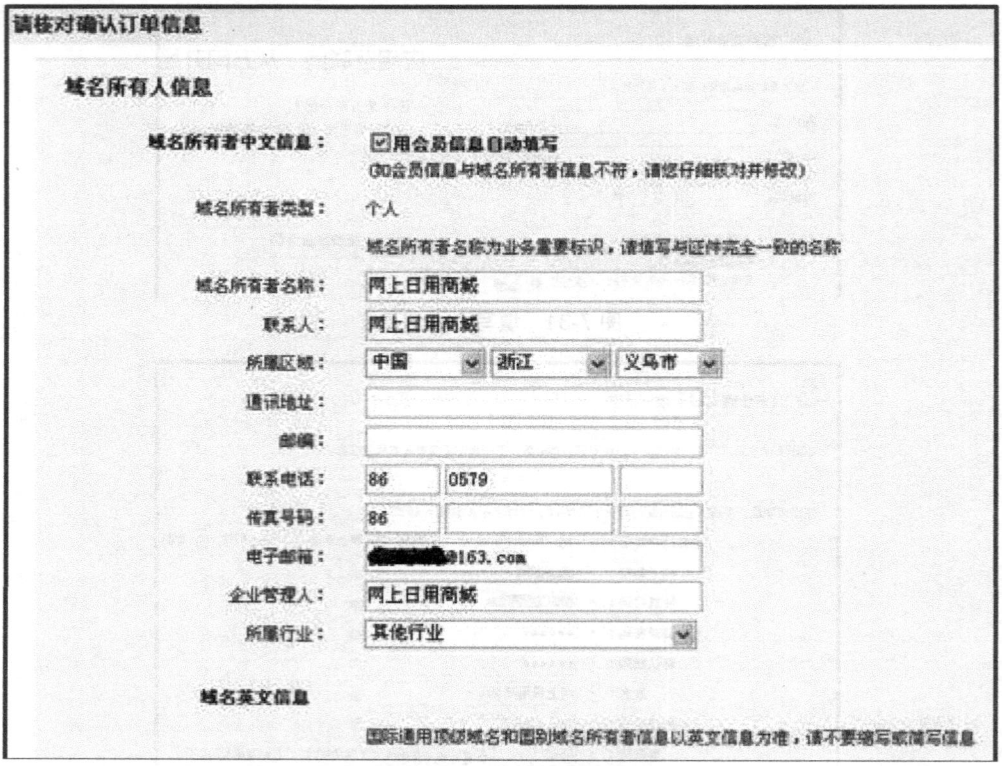

图 7-35　注册信息界面

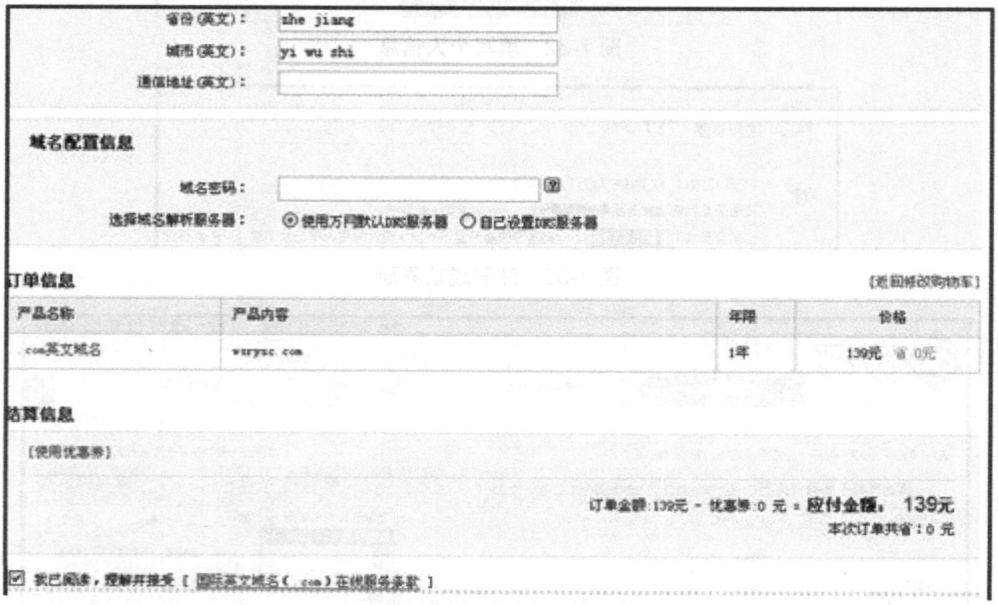

图 7-36　购买界面

（4）确定所填写的申请信息后就进入到了付费界面，如图 7-37 所示。按照所申请的服务付费后，在相应时间内所申请的域名就会生效。

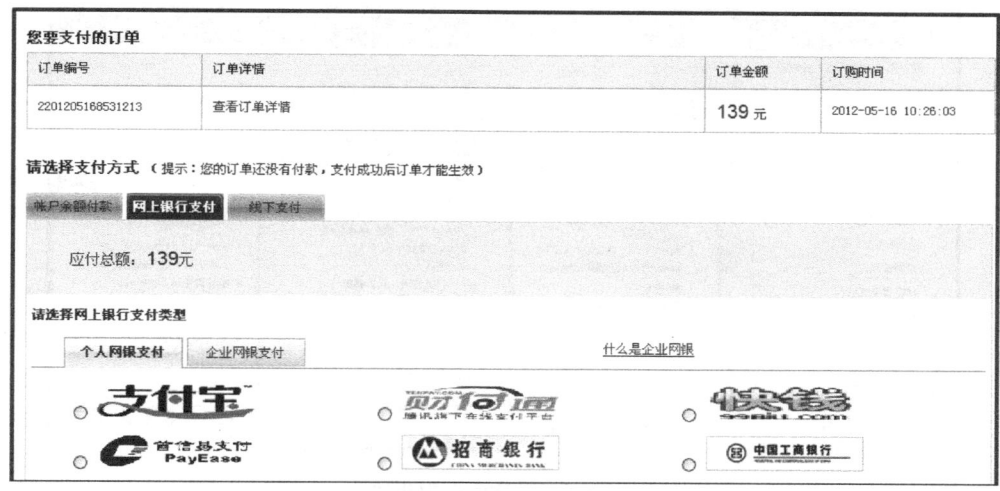

图 7-37 付费界面

课堂实例 7-4 申请网站空间。

网站空间的申请同域名申请一样，也是通过 3 个步骤来进行的：进入服务提供商的网站选择虚拟主机服务，根据需要选择申请空间大小及填写申请信息，付费开通。下面以中国万网（http://www.net.cn）为例介绍如何申请网站空间。

（1）进入万网首页，打开"云主机"菜单，选择需要申请的空间，可选择云虚拟主机或者传统独享主机，如图 7-38 所示。随着计算机技术的发展，中国万网的网络空间已经用云虚拟主机来代替了传统的网络空间，根据本任务的需要，选择申购"云虚拟主机"，虚拟主机介绍如图 7-39 所示。

（2）选择"M2 型虚拟主机"服务，单击"详细信息"按钮，弹出所选择申请空间的服务说明列表，如图 7-40 所示。

图 7-38 万网首页

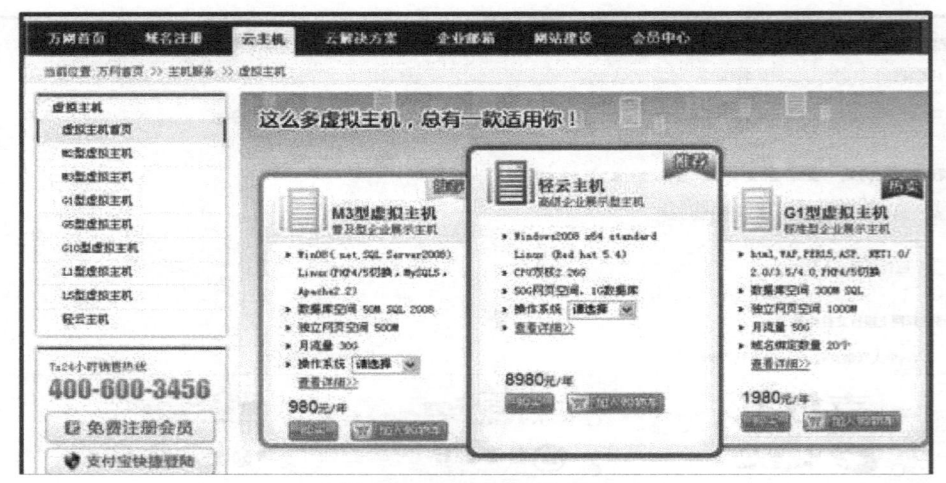

图 7-39　申购云虚拟主机

图 7-40　M2 型虚拟主机

（3）单击"购买"按钮，弹出选择购买的年限及价格界面，如图 7-41 所示。单击"继续下一步"按钮，出现如图 7-42 所示界面，在"操作系统"下拉菜单中选择 WIN2008 操作系统，单击继续"下一步"按钮后出现订单确认信息，如图 7-43 所示。

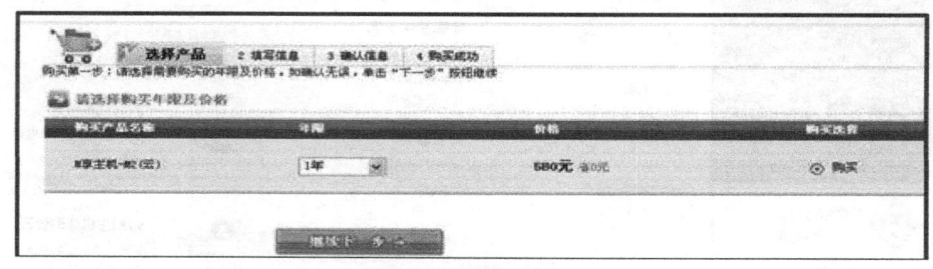

图 7-41　购买按钮

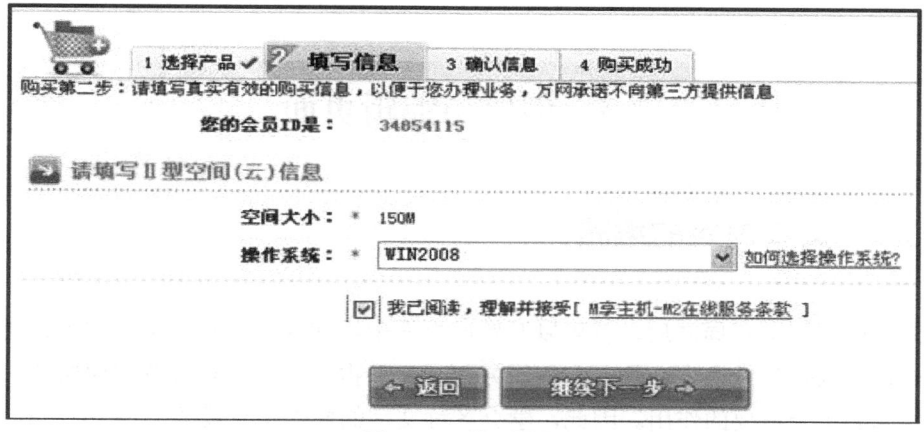

图 7-42　购买页面

图 7-43　购买页面

（4）确认完毕后，单击"确认订单，继续下一步"按钮就进入付费界面，如图 7-44 所示。按照所申请的服务费用付费后，在相应时间内所申请的网站空间就会生效。

图 7-44　付费界面

7.3 创建与编辑页面

7.3.1 文本内容的编辑

当完成整个网页布局之后,就可以开始向页面中添加各个元素。文字作为传统的信息传递方式,因其信息量巨大,输入和编辑方便,文件占空小,下载浏览方便快捷等优点,在网页中起着十分重要的作用。因此,学会各种文字的操作是首要的。

1. 文本的添加

在 Dreamweaver 中,文本对象包括普通文本和特殊文本两大类,前者指一般的中英文字符,它的插入方法十分简单,可按照一般文字处理软件的相应方法进行,可将光标直接定位到文档编辑窗口中需要输入的地方,然后直接输入相应的文字,也可以从其他地方复制粘贴文本。后者包括日期对象、换行符、不换行空格、水平线及版权复制符号、注册商标符号等,都可以通过"插入"菜单来实现添加操作,具体操作如下:

(1) 将鼠标定位到要插入特殊字符的位置。
(2) 单击菜单栏的"插入"按钮。
(3) 如果要插入的是日期对象,则单击"日期"命令,打开如图 7-45 所示"插入日期"对话框。
(4) 在打开的"插入日期"对话框中选择星期格式、日期格式和时间格式后,单击"确定"按钮即可插入日期,效果如图 7-46 所示。

若选中了"储存时自动更新"复选框,则在日期格式插入到文档中之后可以对其进行编辑,方法是单击已设置格式的日期文本,然后在属性面板中单击"编辑日期格式"按钮(图 7-47 红圈所标出),将再次打开"插入日期"对话框进行相关参数的重新设定。如果希望日期在插入后变成纯文本,则应取消该选项。

(5) 如果要插入的是水平线,则可在"插入"菜单列表中的"HTML"子菜单中单击"水平线"命令(见图 7-48),效果如图 7-49 所示。

水平线(<hr />)的作用是让整张网页的画面有所分隔,段落更清晰,能够避免网页看起来杂乱无章。修改水平线时可以单击它,然后在其属性面板中根据需要对各个参数进行设置,如图 7-50 所示。在宽度单位的设置上,若选择像素,不论原先设置的分隔线有多宽,调整窗口时,它依旧会保持原有尺寸;若选择百分比,分隔线尺寸会随着窗口大小的改变而改变,但保持比例不变。选中阴影复选框则会使得水平线显得更黑。

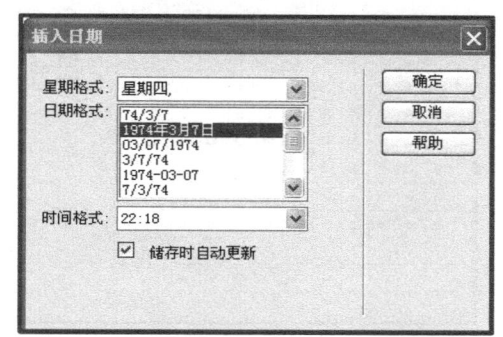

图 7-45 "插入日期"对话框

图 7-46 插入日期效果图

图 7-47 单击具有自动更新功能的日期文本时的属性

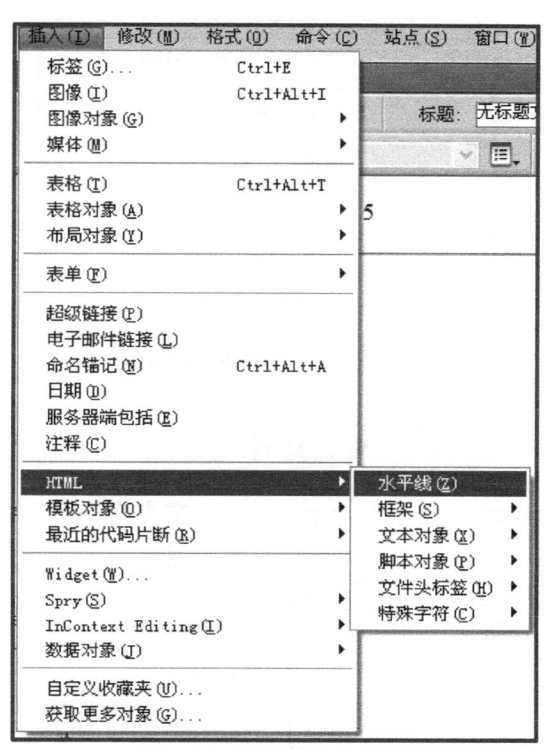

图 7-48 选择插入水平线

图 7-49 插入水平线效果图

图 7-50 水平线的属性面板

（6）当依次单击"插入"|"HTML"|"特殊字符"子菜单上时，会弹出如图 7-51 所示的菜单列表。在这里，我们可以选择插入换行符、不换行空格等多种特殊字符。

换行符（
）的作用是在页面上产生一个新行但不产生一个新的段落，因为在 Dreamweaver 的"设计"视图窗口中输入文本时，每次按下 Enter 键就会产生一个新的段落，有时这是我们所不希望的，这就要用到换行符。

不换行空格（ ）是用在不换行的情况下添加额外的空格。在 Dreamweaver 中，HTML 代码只允许字符之间包含一个空格，当需要在字符间加入多个空格时，需要通过插入不换行空格符来实现，或者将输入法切换到全角状态再按空格键。

当用户单击"其他字符"命令时，将弹出如图 7-52 所示的对话框。用户可以在这里选择插入其他的一些特殊字符。

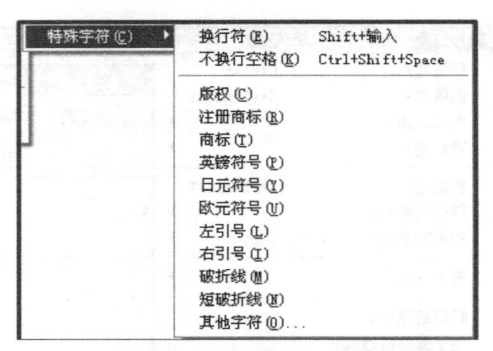

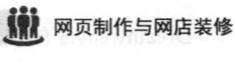

图 7-51　HTML 子菜单中的特殊字符 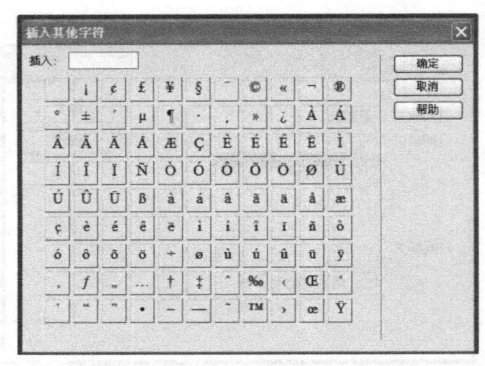　　　　　图 7-52　"插入其他字符"对话框

2. 文本格式编辑

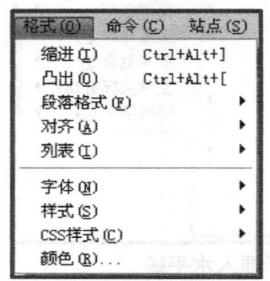

图 7-53　"格式"菜单中的各项

文本格式编辑主要是调整格式化样式、CSS 样式、字体、大小前景色、对齐方式等参数。这些参数的设置可以通过"格式"菜单下的各项子菜单来完成，如图 7-53 所示，也可以通过文本的属性面板来完成。下面主要介绍如何通过属性面板来设置文本格式。

图 7-54 和图 7-55 所示分别是文本属性面板的 HTML 属性界面和 CSS 样式属性界面。在 HTML 属性界面中，主要包括了格式、ID、类、链接、黑体、斜体、项目列表、编号列表、内缩区块和删除内缩等一些设置功能，接下来进行详细说明。

图 7-54　文本属性面板中的 HTML 属性界面

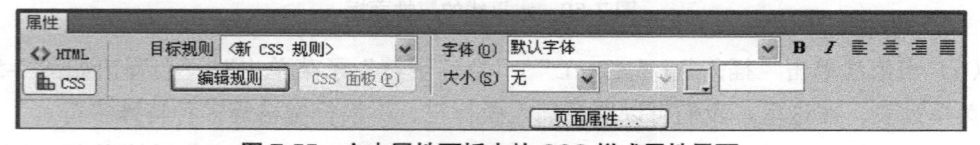

图 7-55　文本属性面板中的 CSS 样式属性界面

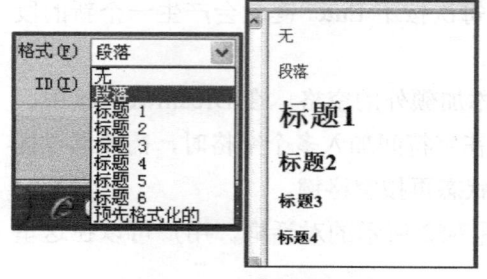

图 7-56　文本的格式设置

1）格式

主要用来将文本设置成段落或者标题等属性。只需在"格式"下拉列表中选择相应的选项即可，若选择设置成标题，则所选的标题号越小，字体越大，如图 7-56 所示。

2）类

用来显示和设置所选文本的 CSS 样式。关于 CSS 的具体内容将在后面的章节介绍，这里我们只需要知道 Dreamweaver CS5 通过 CSS 样式来控制文本的字体、大小、粗细、颜色等属性，用户在改变文本的这些属性之前，必须先定义一种 CSS 样式，这样做是为了对页面结构的风格进行控制，也就是说当用户想要修改页面的样式设置时，只要在样式表中进行修改，而不需要对每个页面逐个修改，从而大大简化了格式化工作。

CSS 样式的新建和编辑可以在如图 7-57 所示的 CSS 样式界面中进行，字体、大小、粗细、对齐方式等可以在面板上直接修改，操作类似于一般的文字处理软件，如 Word，这里不再赘述，若要新建一个 CSS 类或者修改其他的一些属性，可单击"编辑规则"按钮，在打开的相应的对话框中完成相关设置，如图 7-58 所示。

要取消选中文本的 CSS 样式设置，可以在属性面板的 CSS 界面的目标规则中选择删除类。

图 7-57　新建 CSS 样式对话框

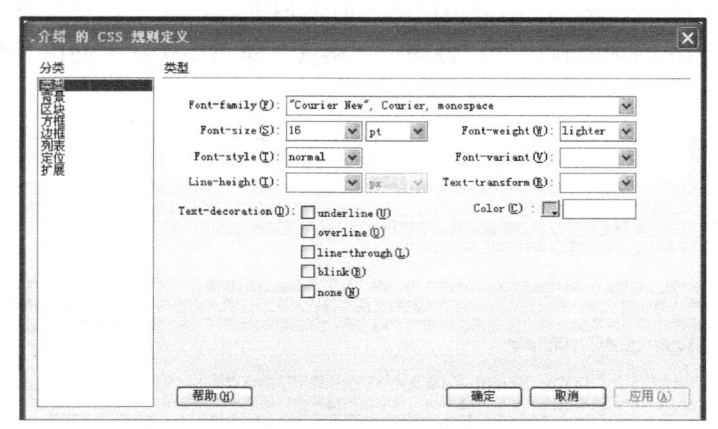

图 7-58　CSS 规则编辑对话框

3）ID

对应 CSS 样式。当在新建 CSS 规则时将选择器类型设置为 ID，并将 CSS 样式命名为

"#1/#2/#3……"，就将在 ID 列表中出现 " 1/2/3……"的编号对应于所定义的样式。

4）粗体 **B** 和斜体 *I*

在 HTML 面板中的粗体和斜体，可以直接改变无 CSS 样式的所选文本的粗体和斜体设置，当所选文本已定义 CSS 样式时，以 CSS 样式中的定义为准，这两个按钮失效。而在 CSS 面板中的粗体和斜体则可以改变所选 CSS 样式的粗体和斜体定义。

7.3.2 段落处理

段落是组成文本的基本方式之一，当在 Dreamweaver 设计窗口中输入文本时，每按一次 Enter 键，就会开始一个新的段落，在代码窗口中的相应位置，会自动加入代码段"<p>   </p>"。从中可以看出，段落标志之间有一个不换行空格符，它可以用来显示出新的行。如果段落标志之间没有任何字符，则用户是看不到新行的。在一个段落中的文字，在页面被处理以匹配屏幕时，文字到达页边会自动换行。

1）段落的对齐方式

Dreamweaver CS5 提供了左对齐、居中对齐、右对齐和两端对齐 4 种段落对齐方式。段落对齐方式可以通过"格式"|"对齐"子菜单进行设置如图 7-59 所示，也可以通过属性面板 CSS 界面中的 按钮进行设置。

图 7-59　段落对齐方式设置菜单

2）段落的首行缩进和整体缩进

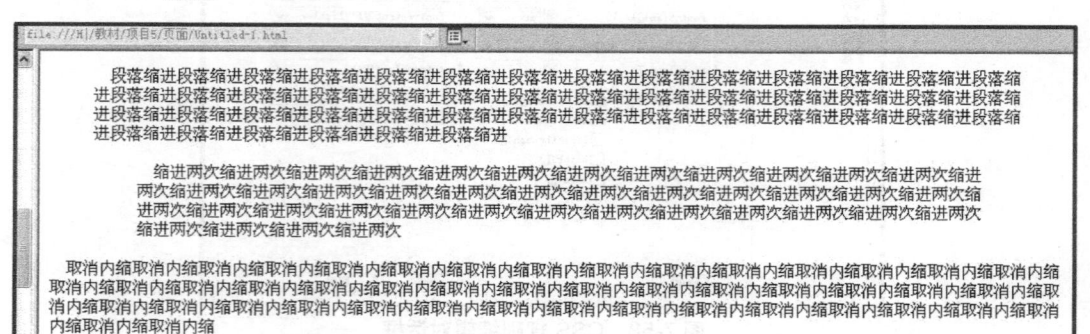

当我们选中一个段落，并在"格式"菜单中选择"缩进"命令，或者在属性面板中单击 按钮时，所选中的整个段落会由两端同时向内缩进，并且只要页面允许，可以缩进若干次。当要取消缩进的时候，则可以通过"格式"菜单中选择"凸出"命令，或者在属性面板中单击 按钮来实现，如图 7-60 所示。

图 7-60　段落缩进效果图

当我们想要实现段落首行缩进的时候，需要在段落文本的最前面插入不换行空格，值得注意的是，在设计窗口中看到的缩进程度和网页预览（按 F12 键可以在浏览器中预览设计效果）时的实际缩进程度是不一致的。例如，在图 7-60 中，整体缩进一次相当于向内缩进了 2.5 个字符，而首行缩进一个字符需要插入 4 个不换行空格，而在网页预览时，则两者都显示缩进了两个字符，如图 7-61 所示。

段落缩进段落缩
进两次缩进两次
取消内缩

图 7-61　段落缩进和首行缩进的网页预览效果

7.3.3　列表

网页中为了让浏览者清晰地把握所展示的内容，一般将需要逐条列出的文本项目设置成列表的形式，在如图 7-62 所示的网页中，方框内的部分为项目列表。Dreamweaver 中的列表分为项目列表、编号列表、定义列表 3 种。

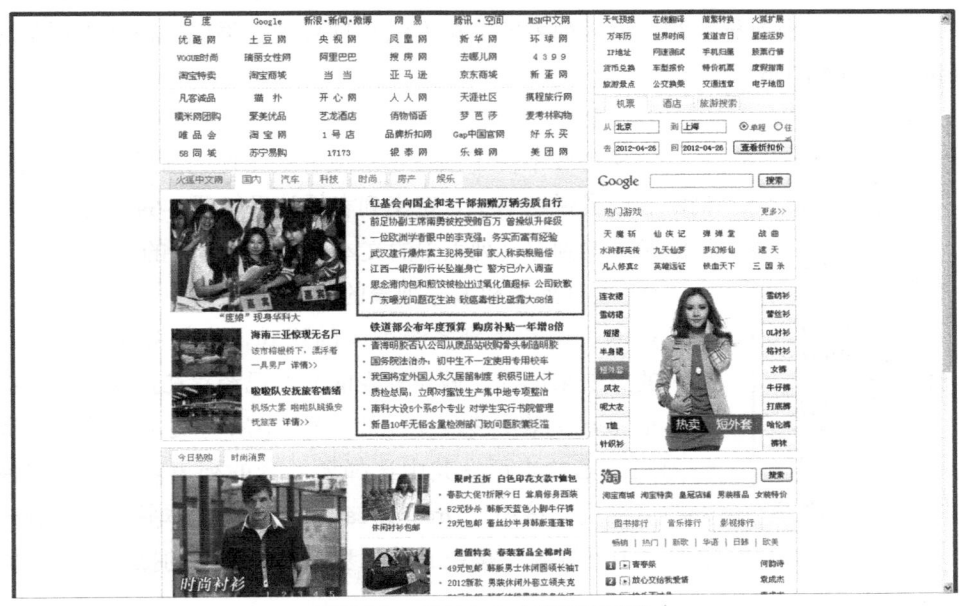

图 7-62　网页中文本的项目列表

1）项目列表

项目列表又称为无序列表，是由一系列无顺序关系的项目文本所组成的，一般前面有项目符号作为前导字符。当需要创建项目列表时，可在插入点定位好之后单击"格式"菜单|"列表"子菜单中的"项目列表"命令，如图 7-63 所示，或者单击属性面板中的 按钮，输入文本后按 Enter 键，下一个项目前导字符会自动出现在新行的前端。

如果要设置为项目列表的文本已经存在，则只要选中该文本，然后单击"格式"菜单|"列表"子菜单中的"项目列表"命令，或者单击属性面板中的 按钮即可。

要结束列表，只要连续按下两次 Enter 键即可完成列表的编辑。项目列表的效果如图 7-64 所示。

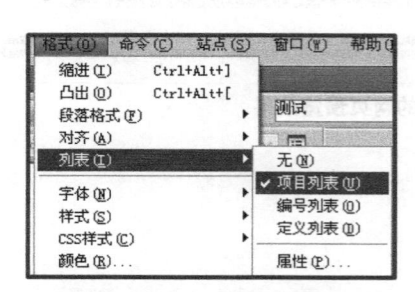

图 7-63　格式菜单中的列表子菜单　　　　图 7-64　3 种列表的效果图

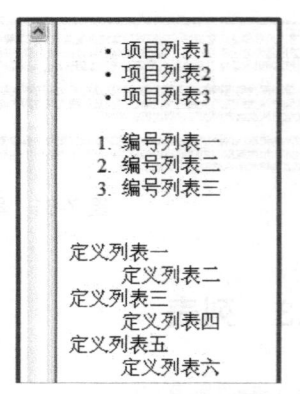

2）编号列表

编号列表也称为有序列表，是由一定排列顺序的文本组成的，一般以数字、英文字母、罗马数字等作为前导字符。编号列表的编辑方法与项目列表类似，在此不再赘述。编号列表的效果如图 7-64 所示。

3）定义列表

定义列表不使用项目符号或者数字作为前导字符，通常用在词汇表或者说明书中。定义列表的效果如图 7-64 所示，从图中可以清楚地看到定义列表中的文本项是间隔缩进的。

4）项目列表和编号列表的混合嵌套

在网页中常用到多级列表的形式，多级列表可以通过嵌套列表的方法来创建。假设列表的文本已经存在，要创建如图 7-65 所示的多级列表，第一步可以先选中所有文本，然后设置为编号列表。第二步再在其中选择要嵌套的列表项，单击属性面板中的"缩进"按钮，Dreamweaver 将缩进文本并自动创建一个单

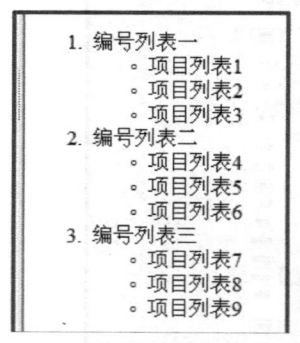

图 7-65　嵌套列表效果

独类表，再单击属性面板中的"项目列表"按钮。第三步重复第二步的操作，直到完成所有嵌套列表的编辑工作。

7.3.4　使用多媒体元素丰富页面内容

网页中仅有文字是不够的，还需要插入适当的图像内容。在网页中插入适当的图片，除了能够让网页图文并茂，更加丰富多彩之外，还可以传递一些文字无法准确传递的信

息，特别是在一些电子商务网站中，为了让顾客对产品有一个更清晰直观的认识，往往更多地采用图片的形式。

1. 网页图像

1）图像格式

网页上常用的图像格式主要有三种：GIF、JPEG 和 PNG。

（1）GIF 格式：GIF（Graphics Interchange Format）即图像交换格式，是第一个支持网页的图像文件格式。它的颜色数目受到限制，最多支持 256 种颜色，可以使图像变得非常小。GIF 格式图像大量应用于站点 Logo、广告条及网页背景图像，但不适合用于照片级的图像。

（2）JPEG 格式：JPEG（Joint Photographic Experts Group）意为联合图像专家组，通常也称为 JPG，是目前网络上最流行的图像格式。它是由一个软件开发联合会组织制定的，是一种有损压缩格式，能够将图像压缩在很小的储存空间，图像中重复或不重要的资料会被丢失，因此容易造成图像数据的损伤。但是 JPEG 压缩技术十分先进，它用有损压缩方式去除冗余的图像数据，在获得极高的压缩率的同时能展现十分丰富生动的图像，换句话说，就是可以用最少的磁盘空间得到较好的图像品质。而且 JPEG 是一种很灵活的格式，具有调节图像质量的功能，允许用不同的压缩比例对文件进行压缩。它适合应用于互联网，可减少图像的传输时间，可以支持 24bit 真彩色，也普遍应用于需要连续色调的图像。目前各类浏览器均支持 JPEG 这种图像格式。

（3）PNG 格式：PNG（Portable Network Graphics）意为可移植性网络图像，是网上接受的最新图像文件格式。PNG 能够提供长度比 GIF 小 30%的无损压缩图像文件。它同时提供 24 位和 48 位真彩色图像支持及其他诸多技术性支持。它可以说是 GIF 和 JPEG 格式的综合应用，既融合了 GIF 格式透明显示的特点，又具有 JPEG 处理精美图像的优势。由于 PNG 非常新，所以目前并不是所有的程序都可以用它来存储图像文件的，但 Photoshop 可以处理 PNG 图像文件，也可以用 PNG 图像文件格式存储。

2）3 种图像格式的比较

为了在使用中更好地把握每种图像的特点，合理使用不同格式的图像，现将 3 种格式图像的功能特点做一个对比，如表 7-3 所示。除了掌握表中所列的特点外，使用时还需记住以下规则：

- 若图像需要保存为透明背景，可以选择 GIF 格式。
- 若希望图像以交错图形式显示，可以选择 GIF 格式。
- 对于小图标、卡通图等颜色少、线条清晰的图像，可以选择 GIF 格式。
- 对于连续色调、没有明显边缘的图像，适合用 JPEG 格式。

表 7-3　3 种图像格式的比较

格式	支持色深	压缩性能	去背功能	动画功能	适用情况	浏览器支持
GIF	8bit	不失真	有	有	单色调图像、线条插画	完全支持
JPEG	24bit	失真	无	无	照片、商品演示等色彩丰富的图片	完全支持
PNG	24bit&48bit	不失真	有	无	插画、照片等多种图片	不完全

3）图像的插入

在 Dreamweaver CS5 中可以通过直接插入和占位符插入两种图像插入方法，另外还可以插入鼠标经过图像等图像对象。具体的操作方法如下：

（1）直接插入图像。将光标定位在要插入图像的位置。

单击"插入"菜单中的"图像"命令，打开"选择图像源文件"对话框，如图 7-66 所示。

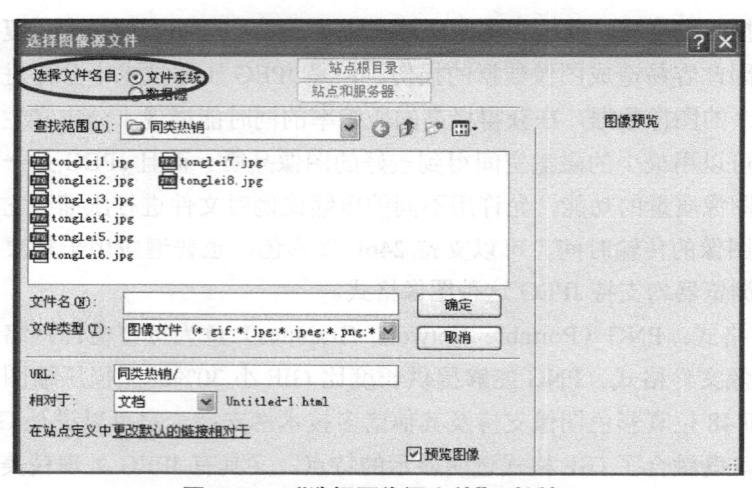

图 7-66　"选择图像源文件"对话框

在"选择文件名目"栏中选中 ⊙文件系统 单选项，在"查找范围"下拉列表框中指定要插入图像的路径，并在文件列表中选择需要插入的文件。在"相对于"下拉列表框中选择相应的选项，并单击"确定"按钮。

如果所选择文件不在定义的本地站点中，Dreamweaver 会打开一个询问框，如图 7-67 所示。

单击"是"按钮将跳出一个"复制文件为"对话框，如图 7-68 所示。选择保存的目录及名称并单击"保存"按钮可以将所选图像文件复制到本地站点的文件夹中，并跳出"图像标签辅助功能属性"对话框，如图 7-69 所示。

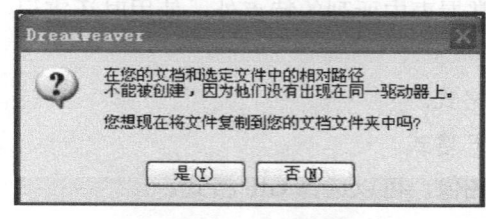

图 7-67　询问对话框

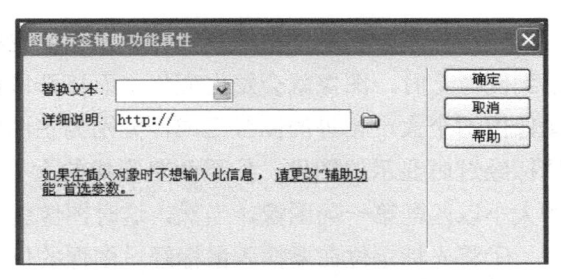

图 7-68　"复制文件为"对话框　　　　图 7-69　"图像标签辅助功能属性"对话框

如果所选的图形文件已经存在于本地站点中，则直接跳出"图像标签辅助功能属性"对话框，在对话框中可以输入替换文本和详细说明。所谓替换文本即在浏览器尚未将图像完全下载之前或者当鼠标指针移动到图像上时显示的文字，而详细说明则是设置图像的超链接，这在下一小节中将会讲到。然后单击"确定"按钮，即完成了一幅图像的插入。

（2）插入图像占位符。图像占位符顾名思义，即为图像占位，用于在插入时还不确定插入哪幅图像，但可以确定图像大小的情况，等到确定好要插入的图像再进行插入。具体操作如下：

①将光标定位在要插入图像的位置。

②单击菜单栏"插入"|"图像对象"|"图像占位符"命令，打开"图像占位符"对话框，如图 7-70 所示。

③在"图像占位符"对话框中进行具体参数设置。在"名称"一栏中输入要作为图像占位符标签显示的文本，输入的名称必须以字母开头，且只能包含字母和数字，不允许使用空格和高位 ASCII 码的字符。在"宽度"和"高度"数值框中，以像素为单位输入数值，设置图像大小，这是必需的。颜色可以在颜色框中选择，也可直接在文本框中输入十六进制数值，如图 7-71 所示。在"替换文本"文本框中输入描述图像的文本。这些参数中，除了"宽度"和"高度"是必需的之外，其他都是可选的。

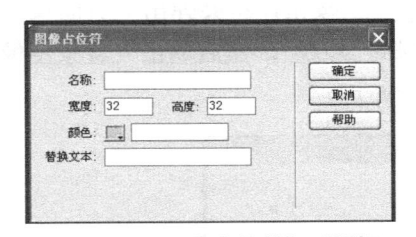

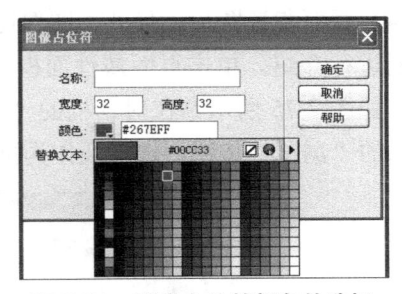

图 7-70　"图像占位符"对话框　　　　图 7-71　图像占位符颜色的选择

④单击"确定"按钮完成图像占位符的插入。

如果之后确定了要插入的图像，可以右键单击图像占位符，在弹出的快捷菜单中，选择"源文件"命令，如图 7-72 所示，则会弹出"选择图像源文件"对话框，从而插入确定好的图像。

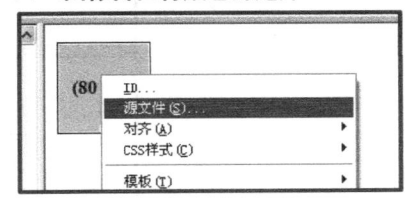

图 7-72　在图像占位符处插入图像

(3) 插入鼠标经过图像。鼠标经过图像也称为交互式图像,它的效果是当鼠标指针移动到图像上时,图像就会发生变化,而移开鼠标指针,图像又变回原来的样子。鼠标经过图像由两个大小相等的图像组成,分别为主图像——鼠标移开时显示的图像和次图像——鼠标经过时显示的图像。如果两个图像的大小不等,Dreamweaver 会自动调整第二幅图像的大小以匹配第一幅图像,当然,这时图像就会失真了。具体的操作方法如下:

①将光标定位在要插入鼠标经过图像的位置。

②单击菜单栏"插入"|"图像对象"|"鼠标经过图像"命令,如图 7-73 所示。打开"插入鼠标经过图像"对话框,如图 7-74 所示。

图 7-73 选择鼠标经过图像菜单

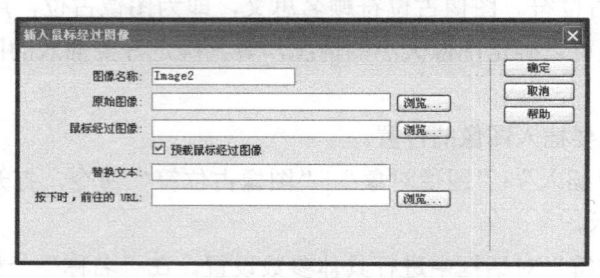

图 7-74 "插入鼠标经过图像"对话框

③在"插入鼠标经过图像"对话框中完成各项参数的设置。首先输入图像名称,当然也可以使用默认名称。其次通过单击后面的"浏览"按钮分别选择原始图像和鼠标经过图像的路径。接着完成替换文本和图像链接设置。

④单击"确定"按钮完成插入操作。

(4) 页面背景图片。另外,图像还可以作为页面或者表格的背景。这里以添加页面背景为例进行介绍。单击页面属性面板中的 页面属性... 按钮,将会弹出"页面属性"对话框,如图 7-75 所示。在对话框的"分类"栏中选择"外观",然后单击"背景图像"一栏后面的"浏览"按钮,选择要作为页面背景的图片即可。

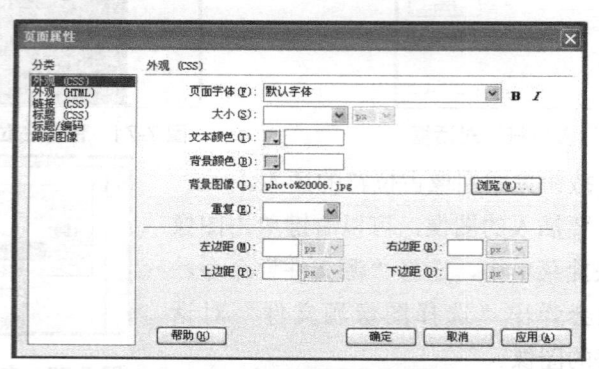

图 7-75 "页面属性"对话框

4)图像属性设置

插入图像后,如果要对图像的属性进行更改,可以通过图像的属性面板进行,首先选中需要修改参数的图像,则 Dreamweaver 会在窗口下部显示图像的属性面板,如图 7-76 所示。

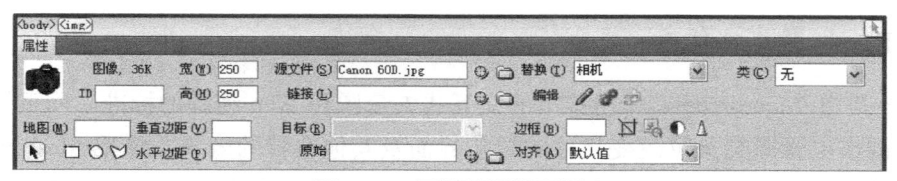

图 7-76 图像的属性面板

(1)改变图像大小。图像属性面板的左上角显示了所选取图像的缩略图及文件大小,"宽"和"高"则显示了当前图像宽和高的数值,在这里可以通过更改其数值实现图像大小的精确控制。也可以用鼠标拖动图像上的 3 个控制点来改变图像的大小。当改变图像大小之后,控制面板的宽和高的文本框之后会出现撤销按钮,如图 7-77 所示,如果要恢复原始大小,则可单击此按钮。当然,改变图像的大小只是改变图像在网页上显示的面积,并不改变图像文件实际所占的存储容量。

(2)设置图像边距。通过设置"垂直边距"和"水平边距",我们可以调整图像在页面中的位置。垂直边距指图像上边缘距离页面顶端的距离,而水平边距指图像左边缘距离页面左侧的距离。

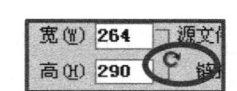

图 7-77 改变图像大小之后出现的撤销按钮

(3)边框设置。"边框"属性可以用来设置图像的边框粗细,数值越大,则边框越粗。如果将数值设为 0 则表示没有边框。

(4)对齐方式。Dreamweaver 提供了 9 种图片与文本的对齐方式,分别是基线、顶端、居中、底部、文本上方、绝对居中、绝对底部、左对齐、右对齐,具体的对齐效果如表 7-4 所示。

表 7-4 图文对齐方式比较

对齐格式	对齐形式
基线	图像对齐文本的基准线
顶端	图像顶部与文本顶部对齐
文本上方	图像顶部与文本最上方对齐
居中	图像中心与行中线对齐
绝对居中	图像中心与文本中线对齐
底部	图像底部与文本底线对齐
绝对底部	图像底部与文本底部对齐
左对齐	图像靠齐文本左边
右对齐	图像靠齐文本右边

从表 7-4 中我们可以看出，当选择左对齐或者右对齐方式时，图像的边框不会显示出来。

另外，图像属性面板中"源文件"文本框中显示的是图像源文件的保存路径。而"链接"则设置图像的超级链接，包括属性面板左下角的热点区域设置。

2. Flash 影片的插入

Flash 是由 Macromedia 公司推出的交互式矢量图和 Web 动画的标准。网页设计者使用 Flash 创作出既漂亮又可改变尺寸的导航界面及其他奇特的效果。使用 Flash 创作出的影片有自己的特殊档案格式（SWF），swf 普及程度很高，现在超过 99%的网络使用者都可以读取 swf 档案。

在网页中插入 Flash 影片，可以通过菜单栏中选择"插入"|"媒体"|"SWF"命令来实现，如图 7-78 所示。

在"媒体"子菜单中，我们还可以看到"FLV"和"Shockwave"两个命令。

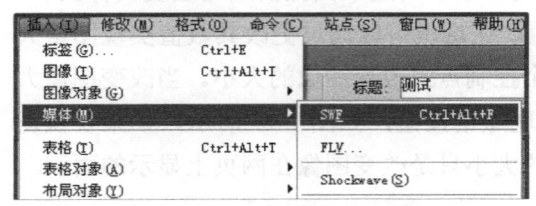

图 7-78 在页面中插入 swf 文件

FLV 是 Flash Video 的简称，是在 Sorenson 公司的压缩算法的基础上开发出来的。由于它形成的文件极小、加载速度极快，使得网络观看视频文件成为可能，它的出现有效地解决了视频文件导入 Flash 后，使导出的 swf 文件体积庞大，不能在网络上很好地使用等缺点。但是，得到了 FLV 文件，其实我们并不能直接在网页中使用，我们还需要将它嫁接到 Flash 动画中去。如同大家在各种视频网站中看到的一样，我们创建的 Flash 视频并不是简单播放就算了，它也是带播放控制的。

Shockwave 是由 Macromedia（开发 Flash 技术的公司，目前已经被 Adobe 公司收购）开发的多媒体播放器系列。可以通过 Shockwave 播放和收看文件，并且效率更高，效果更好。

当我们插入 swf 文件之后，可以通过其属性面板来设置相关的属性。插入 Flash 影片后，其属性面板如图 7-79 所示，下面对其中部分参数的含义进行解释。

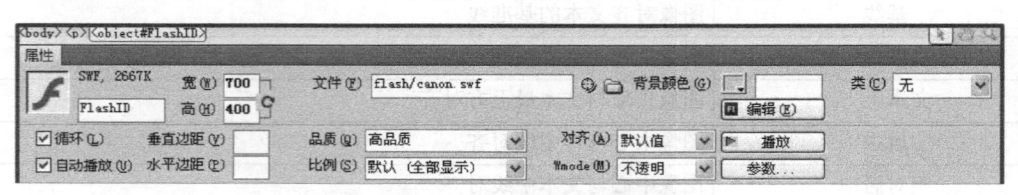

图 7-79 Flash 影片的属性面板

（1）循环(L)：控制影片是否循环播放，选中后循环播放。
（2）自动播放(U)：控制是否在装载网页时即自动播放动画，选中为自动播放。
（3）播放：单击后在设计视图中播放影片，单击后按钮变为 停止 。

（4）[参数...]：用于打开"参数"对话框，在该对话框中可以输入一些附加参数。

其他参数如宽、高、文件、背景颜色、垂直边距、水平边距等与图像属性中的含义类似，这里不再一一赘述。

课堂实例 7-5　实现页面多媒体制作。

（1）单击定位广告牌的表格的单元格（1 行 1 列），选择"插入"|"图像"命令。在弹出的"选择图像源文件"对话框中，选择素材图像 logo1.jpg，如图 7-80 所示。插入的图片略小于表格宽度，我们可以将图片稍微拉伸以便与表格对齐。

（2）参照设计效果图，类似于步骤（1）插入网页中其他的素材图像。

（3）将光标定位在"相关配件"表格的下方，选择菜单"插入"|"多媒体"|"SWF"命令，弹出"选择 SWF 文件"对话框，在对话框中选择 Flash 素材 canon.swf 文件，如图 7-81 所示。单击"确定"按钮，便可以向页面中插入 Flash 动画。

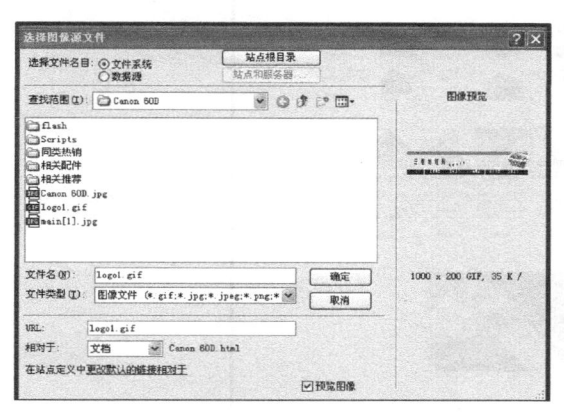

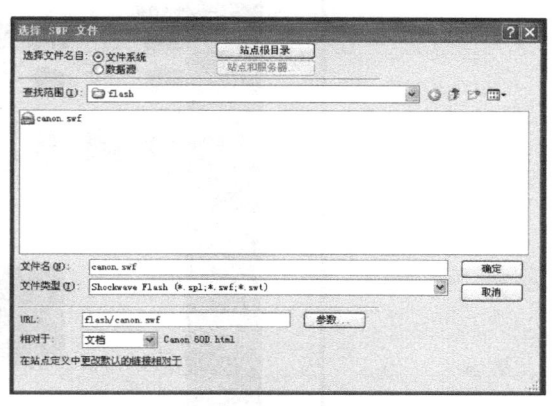

图 7-80　选择插入的素材图像　　　　　　图 7-81　选择 Flash 动画素材

（4）插入 Flash 文件后，在设计窗口中就会显示灰色的区域，如图 7-82 所示，单击该区域，在其属性面板中可以设置该区域的"宽"和"高"，使之与页面协调。

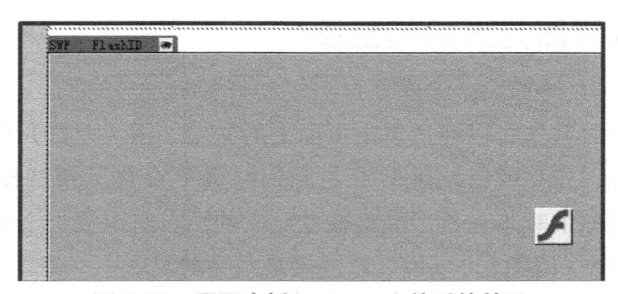

图 7-82　页面中插入 Flash 文件后的效果

（5）如果页面表格的高度与 Flash 文件不协调，还可以通过调整 Flash 元素所在的表格行高来使之协调。

（6）完成之后的网页显示效果如图 7-83 所示。

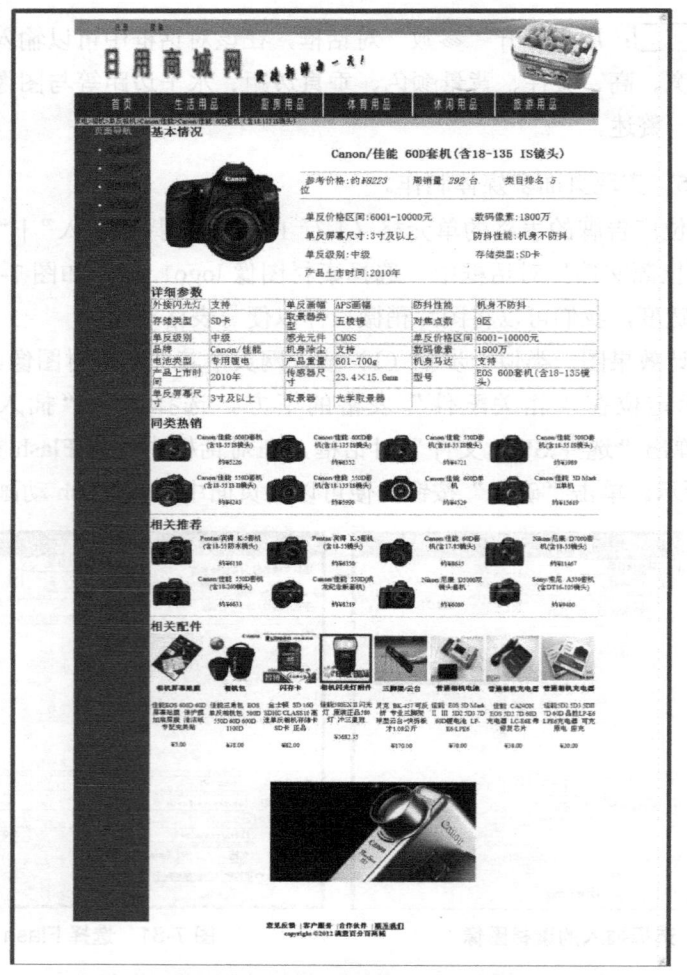

图 7-83　插入多种多媒体元素之后的效果

7.3.5　设置页面元素的超链接

我们在浏览网页时常常可以通过单击页面上的文字、图片而打开新的页面，而不需要在地址栏中手动输入 URL 或者网址，这是因为网页上设置了超链接（Hyperlink）的缘故。超链接是组成网站的基本元素，能将数量巨大的网页组织成一个网站，又将这些网站组织成万维网（WWW），因此可以说，超链接是网络的灵魂。

1. 超链接的基本概念

超链接起到联系网页的作用，是指从一个网页指向一个目标的链接关系，这个目标可以是另一个网页，也可以是相同网页上的不同位置，还可以是一个图片、一个电子邮件地址、一个文件，甚至是一个应用程序。而在一个网页中用来超链接的对象，可以是一段文本或者是一个图片。当浏览者单击已经链接的文字或图片后，链接目标将显示在浏览器上，并且根据目标的类型来打开或运行。

当网页包含超链接时，其外观形式为彩色（通常是蓝色）且带下划线的文字或图像，带下划线的文字或图像称为热点对象。单击这些文本或者图像，可以跳转到相应的位置。鼠标指针指向超链接时会变为手形。

1）超链接的分类

根据超链接目标文件的不同，超链接可以分为页面超链接、锚记超链接、电子邮件超链接等；根据超链接单击对象的不同，又可以分为文字超链接、图像超链接、图像映射等。

所谓页面超链接，是指网页之间的链接，网页可以是在同一个网站之下的，也可以是网站外部的链接。

锚记超链接是网页内的链接，即单击链接后转到相同页面中添加了锚记的特定段落。锚记链接通常用在包含篇幅较长或技术性强的文章的网页中。

电子邮件超链接多用于访问者向网站管理者反馈意见，如"联系我们"。访问者单击右键链接后，即可启动相应的电子邮件客户端软件，进行发送邮件操作。

如何针对不同的对象建立不同的超链接将会在下一小节中详细介绍。

2）路径和分类

创建超链接时必须了解链接与被链接文本的路径。网站中的路径通常有 3 种表示方法：绝对路径、根目录相对路径和文档目录相对路径。

绝对路径是指包括服务器规范在内的完全路径，网页一般使用"http://"开头，如"http://www.tudou.com/playlist/p/l14678506i122087595.html"就是一个绝对路径。

根目录相对路径是指从站点根文件夹被链接文档经过的路径。站点上所有公开的文件都存放在站点根目录下。站点根目录相对路径以一个正斜杆"/"开始，如"/legal/2012-04/27/c_123044645.htm "是文件" c_123044645.htm" 的站点根目录相对路径。

文档目录相对路径是指以当前文档所在位置为起点到被链接文档经过的路径，这种方式适合创建本地链接。文档相对路径的基本思想是省略当前文档和所链接文档都相同的绝对 URL 部分，而只提供不同的部分。

在页面元素的属性面板中，如果元素的源文件保存在页面同一个驱动器上，则源文件一栏显示的就是文档目录相对路径。

2. 文字超链接

1）网页链接

创建网页链接的具体步骤如下。

（1）选中要作为超链接的文本。

（2）执行以下操作之一：

①选择菜单"插入"|"超级链接"命令，在弹出的"超级链接"对话框中完成"链接"一栏的输入，如图 7-84 所示。完成链接输入可以手动输入 URL，也可以单击后面的

文件夹图标，在当前网站中选择要链接的页面，选择图像源文件对话框类。

②在属性面板中完成"链接"一栏的输入，可以手动输入 URL，也可以单击后面的文件夹图标，在当前网站中选择要链接的页面，或者通过单击"指向文件"按钮并拖动鼠标，将超链接目标指向文件面板中的文件。

③单击鼠标右键，在弹出菜单中选择创建链接，会弹出"选择文件"对话框，如图 7-88 所示，选择要链接文件后单击"确定"按钮，如果是其他的网站，也可以在"URL"栏中输入网站的 URL 后单击"确定"按钮。

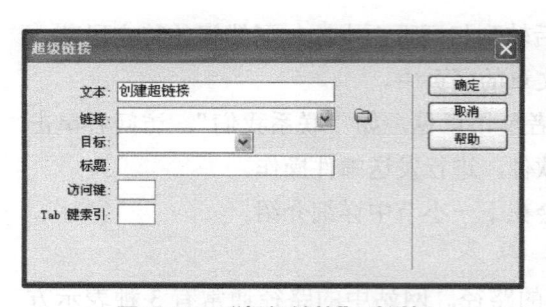

图 7-84　"超级链接"对话框

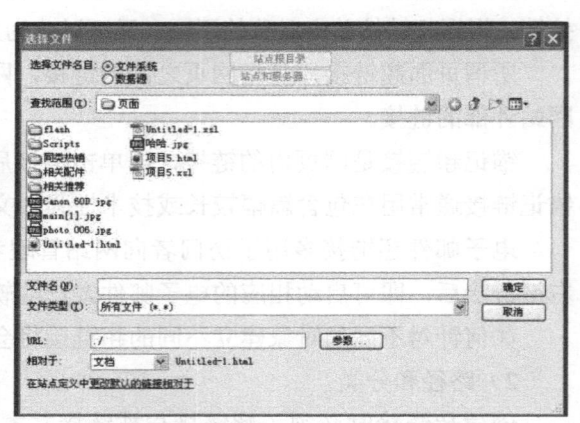

图 7-85　通过选择文件对话框设置超链接

（3）在"目标"下拉列表中选择文档的打开位置：
①如选择_blank，则将链接的文档加载到一个新的"浏览器"窗口。
②若选择_parent，则将链接的文档加载到该链接所在框架的副框架或父窗口。
③若选择_self（默认设置），则将链接的文档加载到链接所在的同一框架或窗口。
④若选择_top，则将链接的文档加载到整个浏览器窗口，从而删除所有框架。

2）锚记超链接

建立锚记超链接分为两个步骤。

图 7-86　"命名锚记"对话框

（1）创建命名锚记。步骤如下：
①将光标定位在要设置锚记的位置。
②选择菜单"插入"|"命名锚记"命令，在弹出的"命名锚记"对话框（见图 7-86）中输入锚记名称，名称只能包含 ASCII 字母和数字，且不能以数字开头。

③单击"确定"按钮。
（2）创建到该命名锚记的链接。具体操作如下：
①选中需要建立锚记链接的文本。
②选择"插入"|"超级链接"命令，弹出对话框，在"链接"一栏中输入"#"和锚记名称，或者在下拉列表中选择需要链接的锚记名称，单击"确定"按钮。也可以在属性

面板中的"链接"下拉列表中选择。

3）电子邮件链接

在网页中插入邮件链接的具体步骤如下。

（1）选中需要建立邮件链接的文本。

（2）执行下列操作之一：

①选择菜单"插入"|"电子邮件链接"命令，弹出"电子邮件链接"对话框，如图7-87所示。在"电子邮件"一栏的文本框中输入邮件地址后单击"确定"按钮。

②在属性面板的"链接"下拉列表框中输入"mailto：邮件地址"，如 mailto：guanliyuan@yahoo.com。

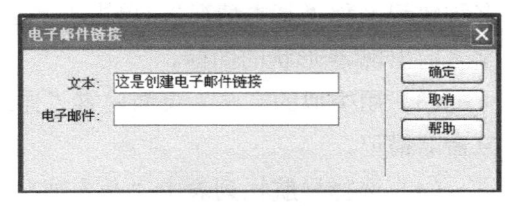

图 7-87 "电子邮件链接"对话框

3. 图片超链接

图像超链接有两种形式：一种是图像超链接，即整个图像的超链接；另一种是图像热点链接，也叫图像地图或图像映射，指在一幅图像中定义若干个区域，这些区域被称为热点，每个区域中指定一个不同的超链接，当单击不同区域时可以跳转到相应的目标页面。

1）图像超链接

创建整个图像的超链接，其方法和创建文本超链接大致相同，区别在于选中的超链接对象从原来的文字变成了图像。选中图像后，在属性面板中设置超链接的方法和创建文字超链接的方法完全一样。

2）图像热点超链接

创建图像热点超链接的方法如下：

（1）单击图像，在其属性面板左下方的"地图"框中，输入图像热点链接的名称。

（2）根据需要，选择并单击地图下方的矩形 □、圆形 ○ 或者多边形 ▽ 热点图标，创建相应形状的热点区域。

（3）单击指针图标 ▶，用热点指针来移动、放大或缩小热区。

（4）单击一个热点区域，在热点区域属性面板中进行具体的设置，如图 7-88 所示。

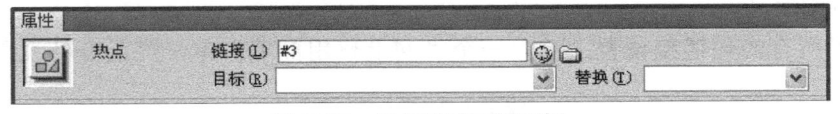

图 7-88 热点区域属性面板

①在"链接"文本框中输入要链接的文件名称或相应的锚点名称。

②在"目标"下拉列表框中选择打开链接的方式。具体各选项的含义同文本链接。

③在"替换"文本框中输入鼠标移动到链接热点上时显示的文字说明。

在图像中绘制完所有的热点后，有需要可在图像的空白区域（未画热点区域）单击，进一步设置图像链接。

课堂实例 7-6　实现页面超链接。

（1）首先给页面创建命名锚记。将光标定位在"基本情况"文字之前（注意不是导航栏中的"基本情况"）。

（2）选择菜单"插入"|"命名锚记"命令，并在弹出的"命名锚记"对话框中输入名称锚记名称"基本情况"，单击"确定"按钮。我们会发现设计窗口中"基本情况"文字之前出现 形状的图标。

（3）用类似的方法为页面内容"详细参数""同类热销""相关推荐""相关配件"建立命名锚记。

（4）选择导航栏列表中"基本情况"文本，选择"插入"|"超级链接"命令，在弹出的"超级链接"对话框中的"链接"下拉列表框中选择"#基本情况"锚记，单击"确定"按钮，即完成了一个锚记的创建。

（5）同样为导航栏列表中的"详细参数""同类热销""相关推荐""相关配件"建立锚记链接。

图 7-89　选择图像链接页面文件

（6）下面我们建立图像链接。单击 Canon/佳能 550D 套机（含 18-135 IS 镜头）的图像（同类热销中的第三列第二行），再单击其属性面板的"链接"后面的文件夹图标，在打开的"选择文件"对话框中，找到要链接的页面，这里我们假设该图片链接到页面。由于该页面与原页面处在同一个站点下，所以在"URL"文本框中显示文档相对地址"../Canon 550D/Canon 550D.html"，如图 7-89 所示。

（7）如果有需要，还可以为其他的图像建立链接或者热点链接。

（8）下面建立邮件链接。选中页尾"联系我们"文本，选择菜单"插入"|"电子邮件链接"命令，在弹出的"电子邮件链接"对话框中输入电子邮件地址，如"guanliyuan@126.com"，单击"确定"按钮，即完成了电子邮件链接的建立。

完成了所有的超链接设置之后，一个"网上日用商城"单一产品介绍页面便制作完成了。

7.4　在 Dreamweaver 中实现网页布局

要制作一个页面，首先要对网页的布局有一个整体设计，如本项目的网页实例，整个页面从上到下分别包括广告牌、产品分类路径、网页主题内容及最下部的联系及版权信息，而网页主题又分为左右两部分，左边是一列导航栏，右边是产品的详细信息及其他的相关信息，而且，为了让网页内容清晰有序，网页中的各个元素必须有准确的定位。这样，整个网页就显得井然有序、层次分别。

7.4.1 使用表格布局页面

表格是网页布局极为有用的设计工具。在设计页面时，往往利用表格来定位页面元素。使用表格可以导入表格化数据，设计页面分栏，定位页面上的文本和图像。

1. 表格的创建

表格的创建可以按照下列步骤进行。

（1）将光标定位到要插入表格的位置。单击菜单"插入"（或者按 Ctrl+I 快捷键，子菜单同样可以通过快捷键来实现，后面不再赘述），可显示如图 7-90 所示的菜单。选择"表格"命令，打开"表格"对话框，如图 7-91 所示。

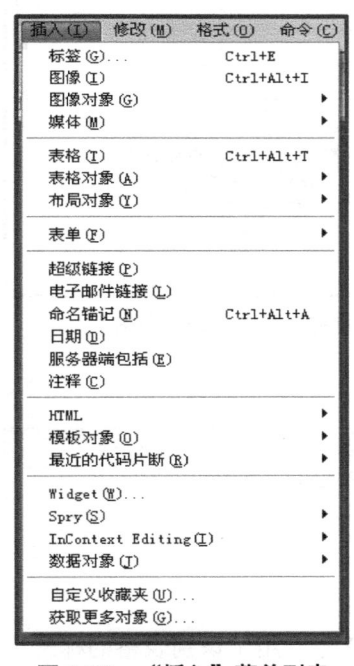

图 7-90　"插入"菜单列表　　　　图 7-91　"表格"对话框

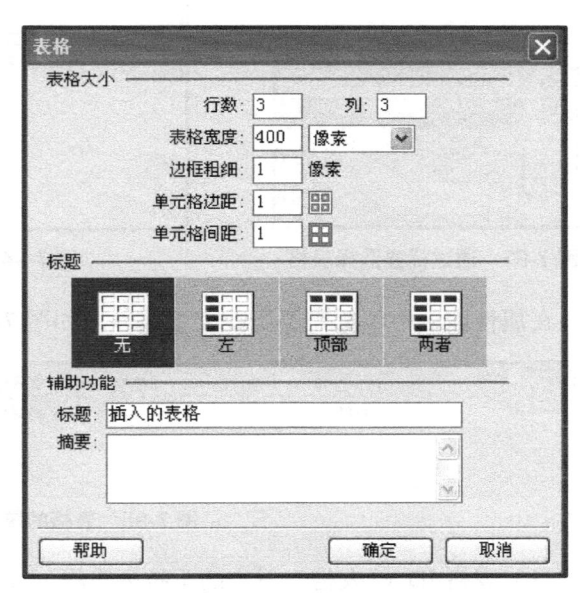

（2）完成各参数的设置：

在"行数"和"列"文本框中输入行数和列数。

在"表格宽度"文本框中输入表格在网页中的宽度，可以采用像素单位或者百分比表示。

在"边框粗细"文本框中输入边框的宽度，它是以像素为单位的。

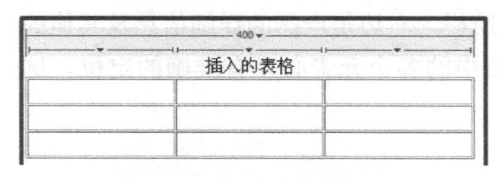

在"单元格边距"与"单元格间距"文本框中输入相应的像素数值。

在"标题"文本框中输入表格名称。

单击"确定"按钮，就可以在当前光标位置插入一个表格，如图 7-92 所示。

图 7-92　生成表格效果图

2. 表格属性设置

1）表格的属性设置

通过以下方法之一选取表格。

➢ 单击表格左上角、表格的顶边缘或者底边缘的任何位置，或单击行或者列的边框。

➢ 单击某个表格单元，在"文档"窗口左下角的标签中选择其中的<table>标签，如图 7-93 所示。

➢ 单击某个单元格，然后选择菜单"修改"|"表格"|"选择表格"命令。

➢ 单击表格标题菜单符号（即小倒三角形），选择"选择表格"命令，如图 7-94 所示。 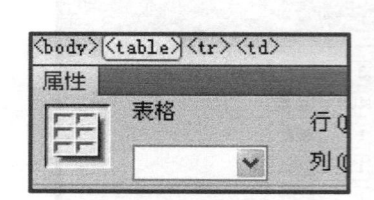

图 7-93　通过标签选择表格 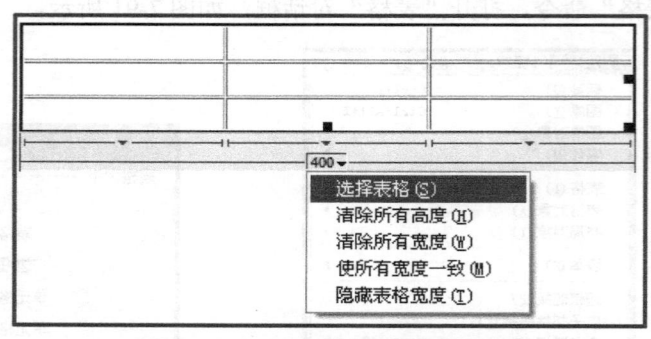　　　　图 7-94　通过表格标题拉菜单选择表格

在属性面板中根据需要更改表格属性，如图 7-95 所示，其中各项属性的含义如下。 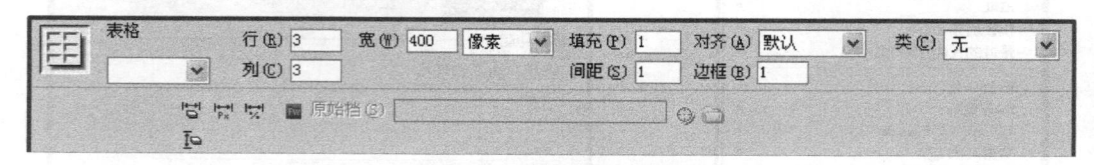

图 7-95　表格的属性面板

（1）表格 ID（"表格"下方的下拉列表框）：表格的 ID 号，用于识别表格的标志。

（2）行和列：表格中行和列的数量。

（3）宽：表格的宽度，以像素为单位，也可使用浏览器窗口宽度的百分比为单位。如选择像素为单位，则表格宽度固定不变，否则，表格的宽度会随窗口大小的变化而变化。

（4）填充：即单元格边距，单元格与边框之间的距离，以像素为单位。

（5）间距：相邻单元格之间的距离，以像素为单位。
（6）对齐：表格与同一段落中其他元素的显示位置。
（7）类：对该表格设置一个 CSS 类。
（8）![icon]：即清除列宽，从表格中删除所有明确指定的列宽。
（9）![icon]：即清除行高，从表格中删除所有明确指定的行高。
（10）![icon]：将表格每列宽度设置成像素为单位的当前宽度。
（11）![icon]：将表格每列宽度设置成以窗口百分比为单位的当前宽度。

2）行列的属性设置

通过以下方法之一选择单个或者多个行或者列：

➤ 定位鼠标指针，使其指向行的左边缘或列的上边缘，当鼠标指针变为箭头时，单击以选择单个行或列，或进行拖动以选择多个行或者列。

➤ 单击起始单元格，拖动鼠标选择多行或者多列或者矩形区域。

若要选中单独一列，可以单击列标题菜单，选择"选择列"命令。

打开属性面板，如图 7-96 所示，根据需要设置更改行或者列属性。

➤ 水平：行或者列内容的水平对齐方式。

➤ 垂直：行或者列内容的垂直对齐方式，缺省设置为垂直居中。

➤ 宽和高：所选行单元格的宽度和高度，以像素为单位，或者按整个表格宽度或高度的百分比指定。

➤ 不换行：单元格内容不换行。如果选中该项，则单元格会加宽来容纳所有数据。

➤ 标题：将单元格转换为标题单元格，默认情况下，标题单元格内容格式为粗体且居中。

➤ 背景颜色：使用颜色选择器来选择背景色。

➤ ![icon]：合并单元格，即将所选单元格合并为一个单元格，针对矩形区域有效。

➤ ![icon]：拆分单元格，即将单元格分成两个或多个单元格。一次只能拆分一个单元格，如果选择的单元格多余一个，则此按钮失效。

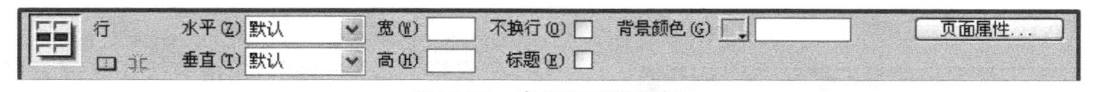

图 7-96 表格行属性面板

3）单元格属性设置

选择需要设置属性的单元格，这里主要介绍一下不相邻单元格的选择。要选择不相邻的单元格，需要按住 Ctrl 键的同时单击需要选择的单元格、行或者列。如按住 Ctrl 键单击尚未选中的单元格、行或者列，则会选中它，再次单击则取消选择。

设置单元格的属性，设置方法与行列属性设置相同，这里不再赘述。

3. 表格的基本操作

1）调整表格大小

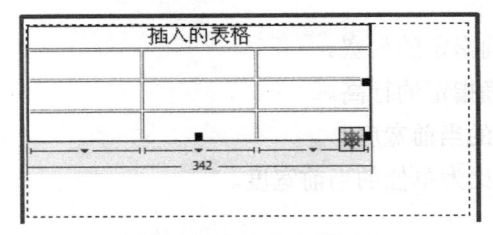

图 7-97 表格大小的调整

表格的大小可以通过拖动表格的一个选择柄（表格底部和右边框中间以及右下角的黑色小方块）来调整。其中，底部中间的控制柄用来调整垂直方向，右边框中间的控制柄用来调整水平方向，而右下角的控制柄同时调整两个方向，如图 7-97 所示。当选中表格或者表格中有插入点时，在该表格的顶部或者底部会显示表格宽度和表格标题菜单。当调整整个表格的大小时，表格中的所有单元格按比例更改大小。

2）调整行列大小

可以在属性面板中修改或者通过拖动行和列的边框来更改行高和列框。这里主要介绍如何通过拖动列边框来改变列的宽度。

如果要更改列宽并保持整个表的宽度不变，可以拖动想要更改的列的右边框，此时，相邻列的宽度也改变了，因此实际上调整了两列的大小。在基于百分比宽度的表格中，如果拖动最右边的列的右边框，实际上是在调整整个表格的宽度，因此所有列都会按比例变化。

若要更改某列的宽度并保持其他列的宽度不变，则需要按住 Shift 键，然后拖动列的边框。

3）添加删除行列

若要添加或者删除行或者列，可以使用"修改"|"表格"菜单命令。

要插入行或列，可以选择一下操作之一：

➢ 单击特定单元格，选择"修改"|"表格"|"插入行"|"插入列"命令。通过菜单插入的行位于光标插入点上方，而插入的列则在插入点左侧。

➢ 通过单击列标题菜单，然后选择"左侧插入列"或者"右侧插入列"实现列的插入。

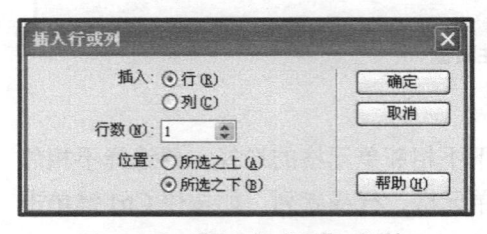

图 7-98 "插入行或列"对话框

➢ 在表格的最后一个单元格中按 Tab 键会自动在表格中另外添加一行。

➢ 若要添加多行或者多列，可单击单元格，并选择"修改"|"表格"|"插入行或列"命令，在跳出的"插入行或列"对话框（见图 7-98）中完成相应设置并单击"确定"按钮即可。

增加表格属性面板中的"行"或"列"数值，将在表格的最后添加行或列，这种方法无法控制插入的行或者列的位置。

若要删除某行或列，可执行下列操作之一：

（1）单击要删除的行或者列的单元格，选择"修改"|"表格"|"删除行"/"删除列"命令。

（2）选择要删除的行或者列，选择"编辑"|"清除"命令或者直接按 Delete 键。

（3）减小表格属性面板中的"行"或"列"数值，将在表格的最后删除行或列，这种方法无法控制删除的行或者列的位置。

4）拆分合并单元格

如要合并单元格，可执行以下操作之一：

➢ 选中矩形区域的单元格，选择"修改"|"表格"|"合并单元格"命令。

➢ 选中矩形区域的单元格，在属性面板中单击 ▭ 按钮。

若要拆分单元格，可执行以下操作之一，并在弹出的"拆分单元格"对话框中，指定如何拆分单元格，如图 7-102 所示。

➢ 选中需要拆分的单元格，选择"修改"|"表格"|"合并单元格"命令。

➢ 选中需要拆分的单元格，在属性面板中单击 ⫯ 按钮。

5）嵌套表格

嵌套表格是指在一个表格单元格中嵌套另一个表格。可以像对任何其他表格一样对嵌套表格进行格式设置，但其宽度受到它所在的单元格的宽度的限制。要在表格单元格中嵌套表格，可执行以下操作：

①单击要嵌套表格的单元格。

②选择"插入"|"表格"命令，弹出"表格"对话框。

③完成"表格"对话框中参数设置，并单击"确定"按钮。

嵌套表格如图 7-100 所示。

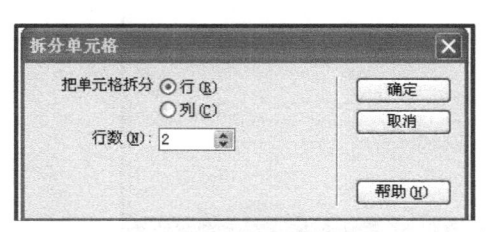

图 7-99　"拆分单元格"对话框　　　　图 7-100　嵌套表格效果图

课堂实例 7-7　实现表格布局。

（1）打开 Dreamweaver CS5，选择新建一个 HTML 文档，将文档的标题设置为"香奈儿"。

（2）插入一个 1 行 1 列的表格，以作插入广告牌用，记为表格一。表格的宽度设置为 999 像素，与广告牌图像宽度保持一致或者略大于广告牌图像宽度。在表格属性面板中将边框粗细、单元格边距、单元格间距都设为 0，对齐方式选择居中对齐。

（3）继续插入一个 2 行 2 列的表格，记为表格二。表格宽度同样设为 999 像素，间距设为 10，边框设为 1。将第一行的两个单元格合并，并将第二行的第一列宽度调整为 175 像素。这个表格的第一行将作为产品分类路径的定位，而第二行第一列作为页面导航栏使用，为第一行和第二行第一列设置填充颜色（为#FFCCCC）。

（4）在表格二的第二行第二列中插入一个一行两列的表格，记为表格三，宽度 824 像素，第一列宽度 377 像素，并在其第二列中分别插入两个三行两列和一行两列的表格，分别记为表格四和表格五。将表格五的表格宽度设为 380 像素，间距设为 20，第一个单元格的背景颜色设为#FFCCCC，第二个单元格的背景颜色设为#FFCC99。

（5）在表格二的第二行第二列中继续插入一个五行四列和一个两行四列的表格，分别记为表格六和表格七，宽度均为 744 像素。将表格六的填充设为 2，间距和边框皆设为 1，四列的宽度分别为 110、246、111 和 246。

（6）在表格二的下方继续添加表格八，两行一列，与表格二同宽。将第一行的背景颜色设为#660000，第二行的背景颜色设为#CCCCCC。

完成之后的效果如图 7-101 所示。

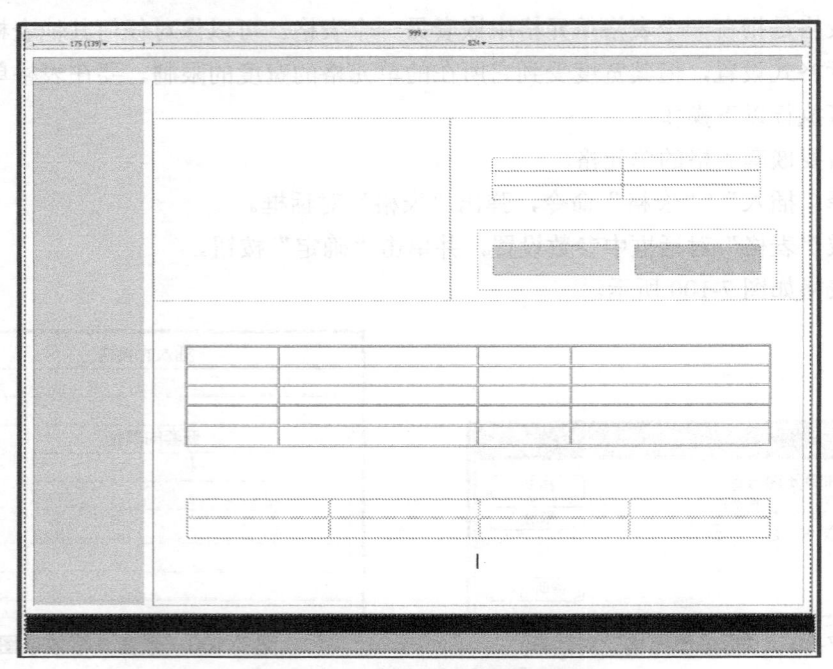

图 7-101　产品介绍网页布局图

7.4.2　框架的创建和使用

1. 框架的创建

选择菜单命令"文件"|"新建"，弹出"新建文档"对话框，在对话框中选择"常

规"→"框架集"→"垂直拆分",单击"创建"按钮,如图 7-102 所示。

在弹出的"框架标签辅助功能属性"对话框中设置每个框架的标题,如图 7-103 所示。

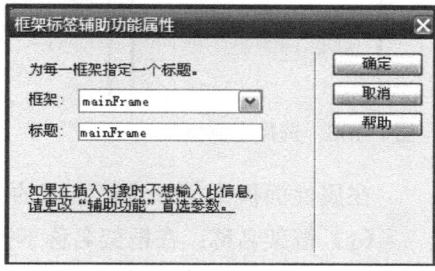

图 7-102　创建框架集　　　　　　　　图 7-103　设置框架标题

单击"确定"按钮,在文档中创建左右两栏的框架。

2. 设置框架集属性

用快捷键 Shift+F2 或选择菜单命令"窗口"|"框架",调出框架面板,如图 7-104 所示。在框架面板中,单击最外一层边框即选中框架集,在属性面板中可以设置框架集的属性,参数设置如图 7-105 所示。

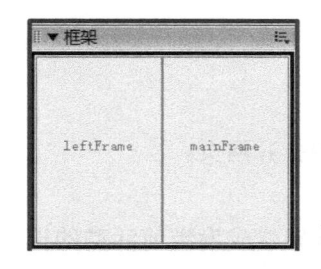

图 7-104　框架面板　　　　　　　　图 7-105　框架属性面板

在属性面板中各项参数详细设置如下。

（1）边框:设置框架集是否显示边框,即是、否、默认值,默认显示边框。

（2）边框宽度:如果选择显示边框,在此可以设置边框的宽度。

（3）边框颜色:如果选择显示边框,在此可以设置边框的颜色。

（4）列:单击属性面板右侧中框架集的缩图,可以设置框架集的比例,一般设置一列框架的值为固定的像素或百分比,另一列的值为"1",单位选择"相对",这样可以保证让框架集未固定设置宽度的一列随浏览器而自动适应宽度。

3. 设置框架属性

在框架面板中单击左右框架，可以在相应的属性面板中设置该框架的相关属性，如图 7-106 至图 7-107 所示。

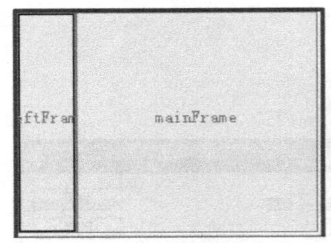

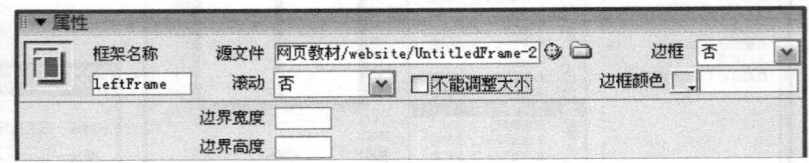

图 7-106　选择左侧框架　　　图 7-107　选择左侧框架页的属性面板

在属性面板中可以进行下面的设置。

（1）框架名称：在框架名称下方的文本框中可设置框架的名称，以区别不同的框架。

（2）源文件：在文本框中设置当前框架页内的文档名称，也可通过单击 按钮查找本地文件路径。

（3）边框：设置当前框架是否有边框，默认为有。

（4）边框颜色：如果设置有边框，可在此设置边框颜色。

（5）滚动：设置当前框架是否显示滚动条，有是、否、自动、默认 4 个选项，当选择自动时，网页内容超出框架的范围会自动显示滚动条。

（6）不能调整大小：选中该复选框，框架将不能调整大小。

（7）边界宽度：框架距离距框集的左右距离。

（8）边界高度：框架距离距框集的上下距离。

4. 框架的基本操作

框架的基本操作有选择框架、拆分框架、删除框架和在框架中打开网页。

1）选择框架

（1）选择单个框架。只要单击一个框架内的任意地方，该框架就成为当前活动的框架。该框架中的网页就成为当前活动的网页。

（2）选择所有的框架。把光标移到框架与框架之间的分隔线上，等光标变成 形状后单击。

（3）改变框架的尺寸。把光标移到框架的边框上，等光标变成 形状后拖动边框。

2）拆分框架

选择菜单"修改"|"框架页"的下级菜单命令来拆分框架，如图 7-108 所示。

"修改"|"框架页"菜单命令的次级菜单的各项功能介绍如下。

（1）编辑无框架内容：编辑代码<noframes></noframes>之间的内容，当浏览器不支持框架时网页所显示的内容。

图 7-108 框架页拆分操作

（2）拆分左框架：拆分后原框架在新生成的框架左侧。
（3）拆分右框架：拆分后原框架在新生成的框架右侧。
（4）拆分上框架：拆分后原框架在新生成的框架上面。
（5）拆分下框架：拆分后原框架在新生成的框架下面。

3）删除框架

框架集创建后可以删除其中一个框架。选择菜单命令"查看"|"可视化助理"|"框架边框"，将框架边框设为显示。再将框架边框拖离页面或拖到父框架的边框上。框架成功删除后，余下的框架将自动撑满文档窗口。框架删除前后分别如图 7-109 和图 7-110 所示。

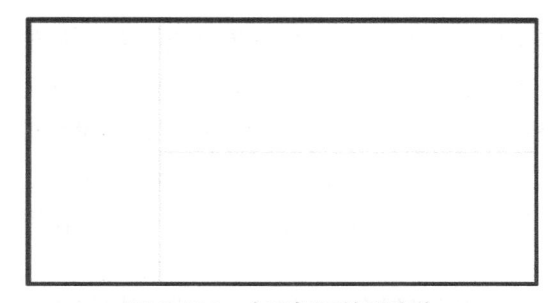

图 7-109 右下框架被删除前 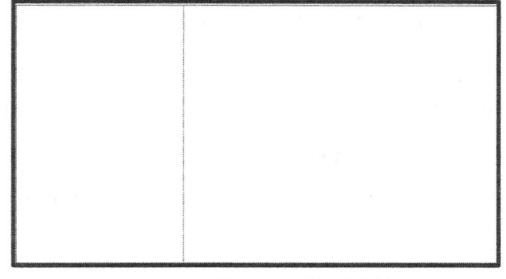　　　　图 7-110 右下框架被删除后

如果框架的边框设为隐藏，是无法进行拖动进行删除的。在删除时，按住鼠标不放一直将要删除的框架边框拖离页面或拖到父框架的边框上。查看框架面板可以确认框架是否删除成功。

4）在框架中打开网页

打开框架面板，单击需要打开网页的框架，设置相应的属性面板，在"源文件"中直接输入框架中的页面的路径和名称，或单击▢按钮，查找文件的本地路径。例如，在右侧框架 mainFrame 中打开网页 household.html，参数设置如图 7-111 所示，效果如图 7-112 所示。

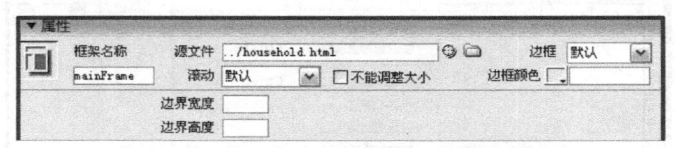

图 7-111　框架中打开网页—参数设置

图 7-112　框架中打开网页—效果

5. 框架的保存

在预览或关闭当前文档中的框架时，必须对框架集和其中的每个框架页文件进行保存。新建框架页时，系统自动为框架集命名为"UntitleFrame-1""UntitleFrame-2"。这类文件名既不好记，又没有意义，在设计时也容易将这些文件混淆，所以在保存时要对其重命名。文件的名称一般用其所在框架集中的位置相关的名称进行命名，如 index_left.html、index_right.html、index_top.html、index_bottom.html，这样让人一看就知道哪个文件在哪个框架中。

保存框架集的命令有"保存框架页""框架集另存""保存全部"3 个；保存框架的命令有"保存框架""框架另存""保存全部"3 个。"保存全部"命令是将框架集和框架集中所有的框架页文件同时进行保存，如果要保存单个框架页中的文件，只需选择菜单命令"文件"|"保存框架"即可，"框架另存"命令是将框架在保存时重新命名为一个新的文件。

在本示例中，保存一个垂直分割的左右两栏框架，需要保存 3 次：框架集（页）、左框架和右框架，如图 7-113 至图 7-114 所示。

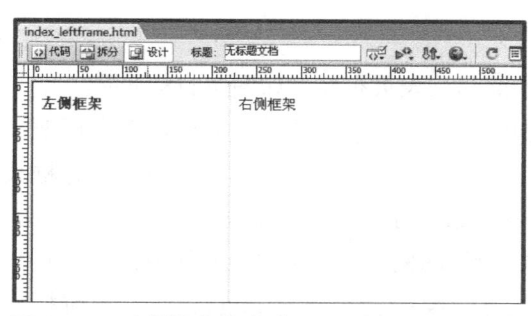

图 7-113　左侧框架保存为 index_leftFrame.html 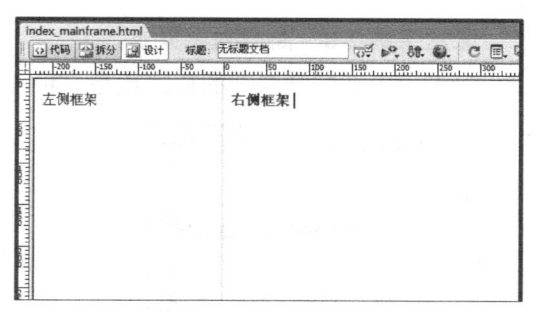　　图 7-114　右侧框架保存为 index_mainFrame.html

6. 为框架页设置链接

框架页允许在同一个浏览器窗口中显示多张网页，由一个框架的链接控制另一个框架中网页的变化。在设置框架页的链接时，会发现在属性面板中，"目标"下拉列表框中多了 mainFrame 和 leftFrame 两个选项，如图 7-115 所示。

当链接的目标设为 mainFrame 时，链接所指向的网页在 mainFrame 框架中打开。例如，在左侧框架 index_leftFrame 中输入两行文字"生活用品""厨房用品"。选中"生活用品"，在属性面板中设置文字的链接目标为 household.html，目标为 mainFrame，如图 7-116 所示。

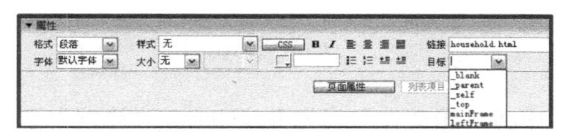

图 7-115　设置链接的目标 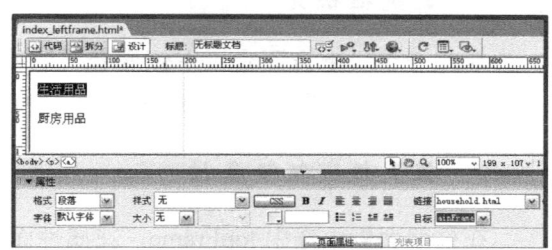　　图 7-116　设置"生活用品"链接属性

浏览框架集合 frameset.html，单击链接"生活用品"，右侧框架显示 household.html 网页的内容，如图 7-117 所示。

图 7-117　框架页效果

课堂实例 7-8　商品列表页设计。

上方固定、左侧嵌套的框架集是一种常见的商品列表页布局，如图 7-118 所示。

上方固定、左侧嵌套的框架集包含 3 个框架：上方框架、左侧框架和右侧框架。其中，上方框架和左侧框架一般大小固定，右侧框架为 mainFrame。在图 7-118 所示的例子中，各框架的作用介绍如下。

- 上方框架：显示网站 Logo、网站导航栏、搜索条等；
- 左侧框架：显示具体类目下的产品分类列表；TOP10 热销产品列表；热评商品列表等；
- 右侧框架：根据左侧框架中链接显示对应的页面。

图 7-118　上方固定、左侧嵌套的框架集

使用这种布局用户既能通过商品列表查看特定类目下的商品，又能够通过导航栏去往其他栏目，充分发掘访问深度和流量。此外，使用促销活动宣传页作为 mainFrame 的源文件，能起到很好的活动宣传效果。

1. 创建框架页

新建一个"上方固定、左侧嵌套"的框架集，将框架集保存为 houselistframe.html。选择菜单栏中的"窗口"|"框架"，显示框架面板。

2. 设置框架链接属性

在框架面板中选中 topFrame，在属性面板中将"源文件"设为 head.html，"边框"选择"否"，"滚动"选为"否"，如图 7-119 所示。类似地，分别设置 leftFrame 和 mainFrame 的属性，参数设置如图 7-120 至图 7-121 所示。

图 7-119　设置 topFrame 属性

图 7-120　设置 leftFrame 属性

图 7-121　设置 mainFrame 属性

接着，为 leftFrame 中的文字制作超链，特别注意要将"目标"设为 mainFrame，如

图 7-122 所示。文字与网页的链接关系依次为：
- 床上用品（185）→bed.html
- 收纳物品（456）→household.html
- 时尚家饰（662）→kichenhold.html
- 卫浴用品（138）→bath.html
- 电脑周边（170）→computer.html

图 7-122 设置文字链接属性

设置完成后得到如图 7-123 所示的结果。

图 7-123 商品列表页初步效果

3. 调整页面属性

鼠标在 topFrame 框架中的空白处单击一下，我们会看见文档窗口上方的文件名变为 head.html。在页面属性中将上、下、左、右边距全部设为 0，如图 7-124 所示。这样能消除网页在上方框架中的边缘间隙。

图 7-124 调整页面属性

使用同样的方法处理 leftFrame 和 mainFrame 中的网页。对于无法完全显示的框架内容，可以拖动框架边框进行调整。至此，我们完成了一个框架网站的制作。

4. 核心代码

课堂实例 7-8 中框架集代码如下：

```
<frameset rows="163*,290*" cols="*" frameborder="no" border="0" framespacing="0">
    <frame src="head.html" name="topFrame" frameborder="no" scrolling="No" noresize="noresize" id="topFrame" title="topFrame" />
    <frameset rows="*" cols="155,*" framespacing="0" frameborder="no" border="0">
        <frame src="houselist.html" name="leftFrame" frameborder="no" scrolling="yes" noresize="noresize" id="leftFrame" title="leftFrame" />
        <frame src="promotion.html" name="mainFrame" frameborder="no" scrolling="yes" id="mainFrame" title="mainFrame" />
    </frameset>
</frameset>
```

5. 浏览网页结果

按 Ctrl+S 键保存编辑好的网页，按 F12 键浏览网页结果，测试框架页中的链接，检查需要完善的部分，并加以修改。

7.4.3 制作表单页

网站的注册和登录页好比是"接待台"，它的设计细节体现了对待用户的态度。虽然用户每次只花极少的时间在注册和登录环节，但这个"瞬间"却举足轻重：注册和登录之间的交互关系是承上启下的一个节点，注册和登录所有的细节影响着网站是否能吸纳目标用户、是否能协助完成定位目标、实现基本任务等。

1. 创建表单

打开 Dreamweaver 程序，选择菜单"文件"|"新建"|"基本页"命令，创建文档类型为 XHTML 1.0 Transitional 的网页。按 Ctrl+S 键，保存网页到本地站点内，文件命名为 test.html，如图 7-125 所示。将新建网页保存到站点便于网页内容的更新，也利于站点的管理和维护。

保存页面后，选择"插入"面板上的"表单"选项，在表单面板中单击"表单"按钮，插入表单域，如图 7-126 虚线部分所示。

表单域就是 HTML 代码中的<form> </form>所包括的范围，在网页中以虚线表示，也是插入表单元素的前提条件，其作用就是把页面中输入的数据以电子邮件形式发送到邮箱中或直接传送到数据库中。

图 7-125　保存文件名为 test.html

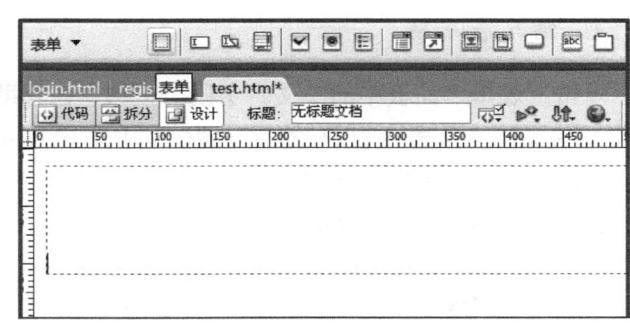

图 7-126　在页面中插入表单域

2. 插入文本字段

单击"表单"面板中的"文本字段"按钮，在辅助功能属性的"标签文字"栏中输入文字"用户名："，如图 7-127 所示。

插入的文本框前面会出现"用户名："的字样，如图 7-128 所示。

选中插入的文本框，打开属性面板，在"文本域"下面的文本框中输入"userName"，这是文本框的名称，在"字符宽度"文本框中输入"25"；"类型"选择"单行"单选按钮；"最多字符数"和"初始值"采用默认设置，如图 7-129 所示。

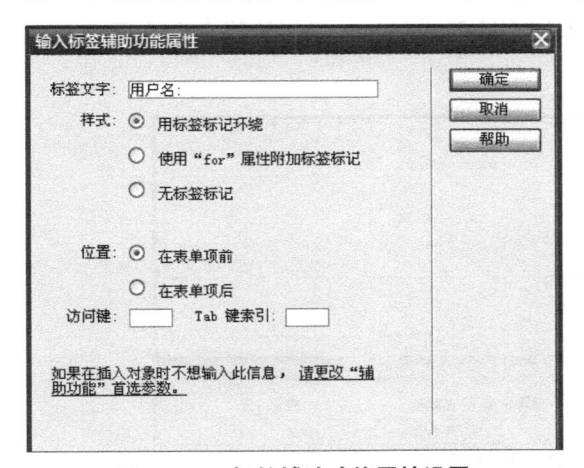

图 7-127　标签辅助功能属性设置

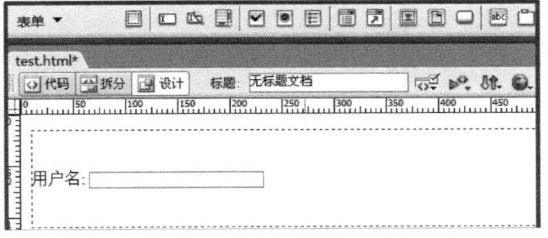

图 7-128　文本字段外观效果

图 7-129　文本字段属性设置

文本字段是用户在网页中输入信息和数据的常用手段，一般用于单行内容的输入，不适合长篇文字和图片的输入。该文本字段对应的 HTML 代码如下：

```
<input name="userName" type="text" id="userName" size="25" />
```

3. 插入密码域

单击"表单"面板中的"文本字段"按钮，在辅助功能属性的"标签文字"栏中输入文字"密码："，选中插入的文本框，打开属性面板，在"文本域"中输入名称"userPassowrd"，"字符宽度"设为25，"类型"选择"密码"单选按钮，"最多字符数"和"初始值"不填，如图7-130所示。

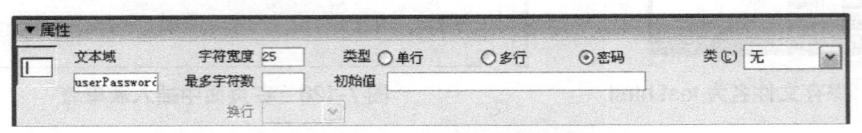

图 7-130　密码文本字段的的属性设置

该密码文本字段对应的 HTML 代码如下：

```
<input name="userPassword" type="password" id="userPassword" size="25" />
```

4. 插入单选按钮

输入文字"性别："然后单击"表单"面板中的"单选按钮"按钮，输入标签文字"男"，插入一个单选按钮。选中该单选取按钮，打开属性面板，在"单选按钮"文本框中输入单选按钮名称"userSex"，"选定值"文本框中输入"male"，"初始状态"选择"未选中"，如图7-131所示。

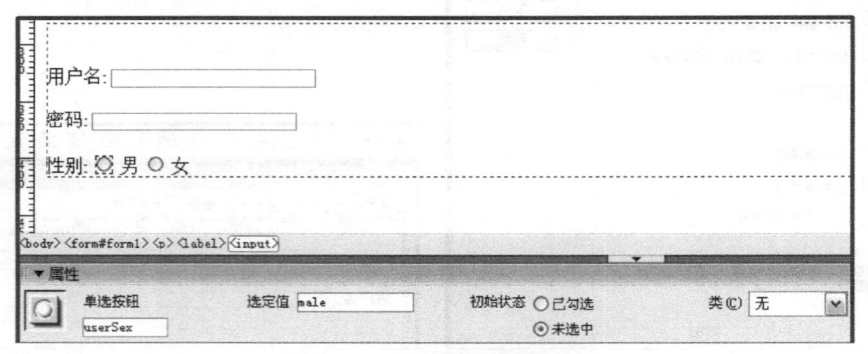

图 7-131　单选按钮属性设置

使用同样的方法制作另一个单选按钮，其设置单选按钮名称和选定值分别是"userSex""female"，其他设置一样。该组单选按钮对应的 HTML 代码如下：

```
<label>
    <input type="radio"name="userSex" value="male" />男
</label>
<label>
    <input type="radio" name="userSex" value="female" />女
</label>
```

单选按钮是在众多选项中选择其中一项，不能多项，具有关联的单选按钮应该取相同的 name 属性值。初始状态有两个选择："已勾选"和"未选中"。如果要在网页中一次插入多个单选按钮，则可以单击"表单"面板上的"单选按钮组"按钮，然后在打开的"单选取按钮组"对话框中，输入 Label（标签）下的项目，在"名称"文本框中输入项目名称，单击加号按钮项目，完成后单击"确定"按钮。

5. 插入列表/菜单

单击"表单"面板中的"列表/菜单"按钮，标签文字输入"省份:"，插入"列表/菜单"框。选中"列表/菜单"框，单击属性面板上的按钮，打开"列表值"对话框，在"项目标签"下面输入各个省份的名称，如浙江、江苏等，可以利用"列表值"面板上的按钮增加、删除、调整项目，如图 7-132 所示。

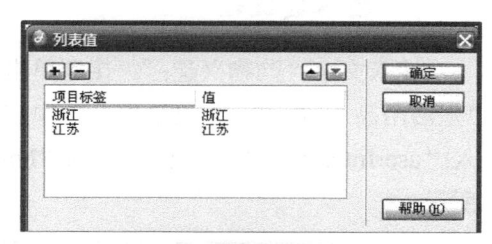

图 7-132　"列表/菜单"列表值设置

单击"确定"按钮，返回属性面板，在"初始化时选取定"文本框中出现了刚才设置的项目标签。然后在"列表/菜单"下面的文本框中输入"select"，在"类型"选项区选择"菜单"单选按钮，如图 7-133 所示。

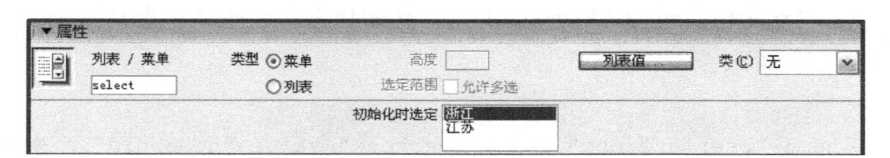

图 7-133　"列表/菜单"属性设置

该菜单对应的 HTML 代码如下：

```
<label>省份
    <select name="select" id="province">
        <option value="浙江" selected="selected">浙江</option>
        <option value="江苏">江苏</option>
    </select>
</label>
```

应根据实际情况决定使用"列表"还是"菜单"：菜单只显示一个选择项，需要将鼠标单击菜单边的箭头才显示其他项，它的优点是占用页面空间小；列表显示所有选择项，优点是一目了然，但会占据一定页面空间。

6. 插入文件域

单击"表单"面板中的"文件域"按钮，输入标签文字"上传:"，插入文字域。选中文字域，在属性面板中的"文件域名称"中输入"file"，"字符宽度"文本框中输入"16"，"最多字符数"的文本框保留为空。参数设置如图 7-134 所示。

图 7-134 文件域属性设置

文件域是用来选择本地硬盘上文件夹目录地址的，其后面跟着按钮，是用于单击选择文件目录，允许用户上传。

7. 插入复选框

输入文字"购物兴趣："，接着单击"表单"面板上的"复选框"按钮，标签文字输入"生活用品"，插入一个复选框。选中该复选取框，打开属性面板，在"复选框名称"中输入"userInterest"，"选定值"设为"homehold"，"初始状态"选择"未选中"，如图 7-135 所示。

图 7-135 复选框属性设置

使用同样的方法制作另一个复选框，标签文字输入"厨房用品"，"复选框名称"输入"userInterest"，"选定值"设为"kichenhold"，"初始状态"选择"未选中"。该组复选框对应的 HTML 代码如下：

```
<label>
<input name="userInterest" type="checkbox" value="homehold" />生活用品
</label>
<label>
<input name="userInterest" type="checkbox" value="kichenhold" />厨房用品
</label>
```

8. 插入文本区域

单击"表单"面板上的"文本区域"按钮，输入标签文字"个人介绍"，插入文本域。选中文本区域，打开属性面板，在"文本域"下输入名称 content，在"字符宽度"文本框中输入 40，在"行数"框中输入 5，在"类型"选项中选择"多行"单选按钮。参数设置如图 7-136 所示。

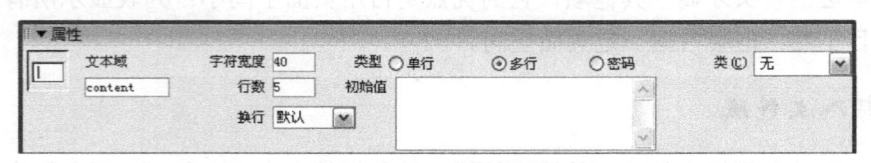

图 7-136 文本区域设置

该组文本区域对应的 HTML 代码如下：

```
<label>
个人介绍：
    <textarea name="content" cols="40" rows="5" id=" content "></textarea>
</label>
```

文本区域是可以输入大量文字内容的文本框。如果输入的文本超出文本框的范围，在浏览时文本框就会自动出现下拉滚动条。"文本域""文本字段"和"密码字段"的区别就是"类型"不同，其中"密码"文本域在用户输入时以"*"号显示。

9. 插入按钮

单击"表单"面板上的"按钮"按钮，插入一个按钮。选中该按钮，打开属性面板，按钮名称设为"Submit"，"值"设为"提交表单"，如图 7-137 所示。类似地，插入重设按钮，设置如图 7-137 所示。

图 7-137 提交按钮属性设置

最后，得到的表单页如图 7-138 所示。

图 7-138 重置按钮属性设置

课堂实例 7-9 制作注册页面。

1. 创建网页

打开 Dreamweaver 程序，选择菜单"文件"|"新建"|"基本页"命令，创建文档类型为 XHTML 1.0 Transitional 的网页。按 Ctrl+S 键，保存网页到本地站点内，文件命名为"regist.html"。在网页中插入 Logo 图和导航栏，另起一行输入文字"新用户注册（带*为必填选项"。

2. 插入表单域

选择"插入"面板上的"表单"选项,在"表单"面板中单击"表单"按钮,插入表单域,如图7-139中虚线所示。

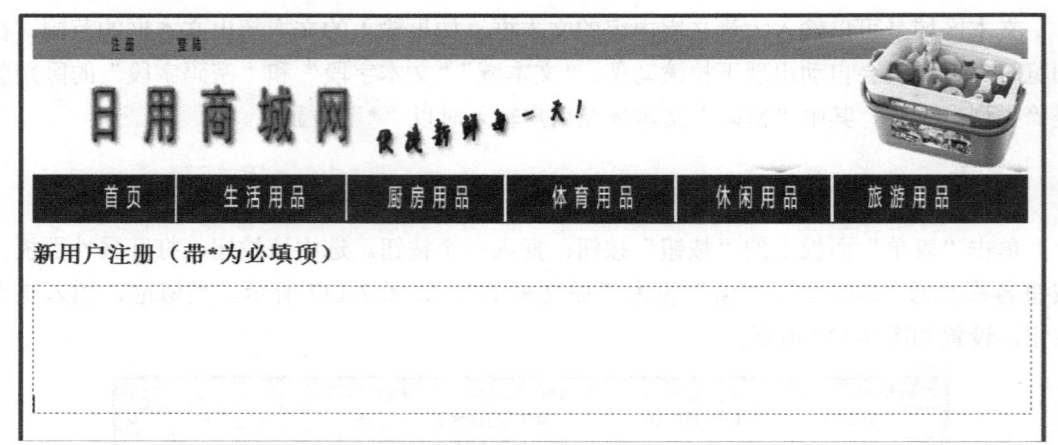

图7-139 日用商城网注册页—插入表单域

3. 插入表单对象并设置属性

参考之前介绍的插入表单对象的方法,分析用户注册信息和表单对象,逐个插入表单。以"用户名"项目为例,单击"表单"面板中的"文本字段"按钮,在"标签文字"栏目中填入"用户名*:",确定后插入文本框,如图7-140所示。

选中插入的文本字段,打开属性面板,在"文本域"下面的文本框中输入"userName",这是文本框的名称,在"字符宽度"文本框中输入"25";"类型"选择"单行"单选按钮;"最多字符数"和"初始值"采用默认设置。参数设置如图7-141所示。

图7-140 设置标签辅助功能属性

图7-141 设置"用户名"文本字段属性

逐个输入表单对象,结果如图7-142所示。

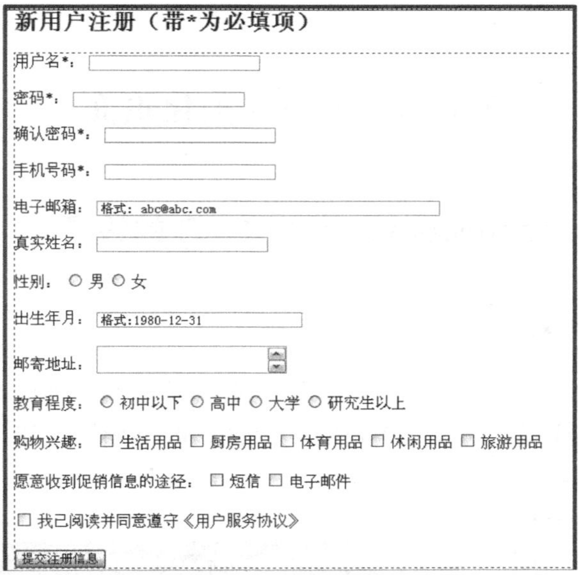

图 7-142　日用商城网注册页

5．浏览网页结果

按 Ctrl+S 键保存编辑好的网页，按 F12 键浏览网页结果，并在制作好的用户注册页面上进行注册信息填写，检查需要完善的部分，并加以修改，如图 7-143 所示。

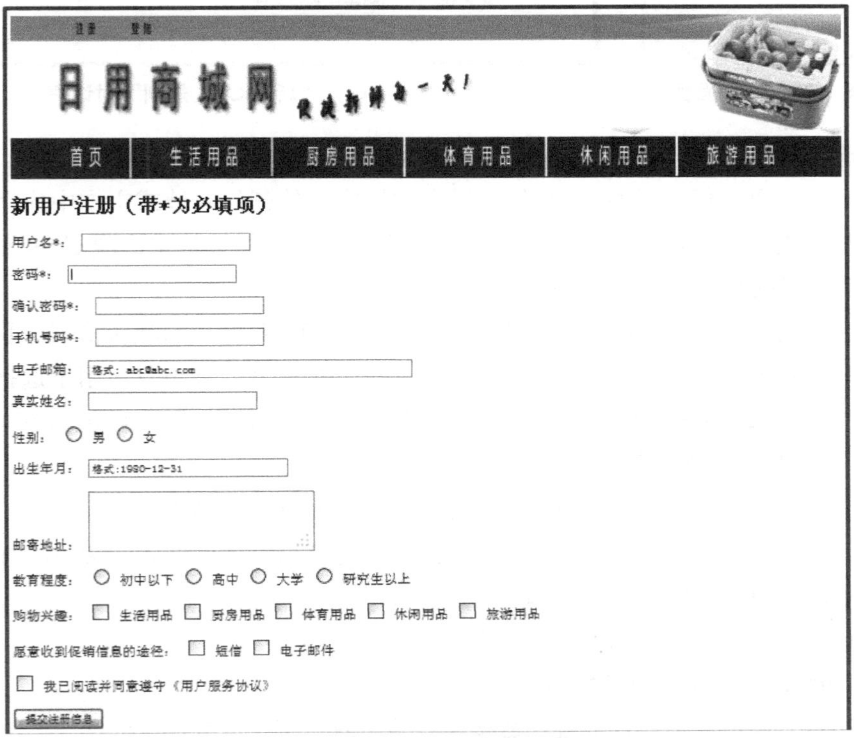

图 7-143　日用商城网注册页

7.5 使用 CSS 美化页面

7.5.1 使用 Dreamweaver 完成 CSS 的设置

1. 创建 CSS 样式

（1）选中菜单"窗口"|"CSS 样式"命令，打开 CSS 样式面板，如图 7-144 所示。

（2）单击"CSS 样式"面板右下角的"新建 CSS 规则"按钮，打开"新建 CSS 规则"对话框，如图 7-145 所示。

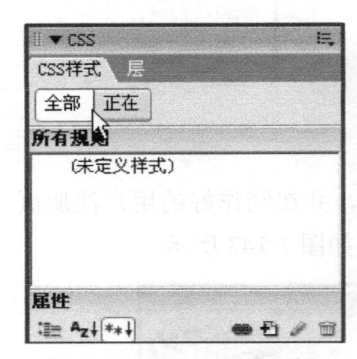

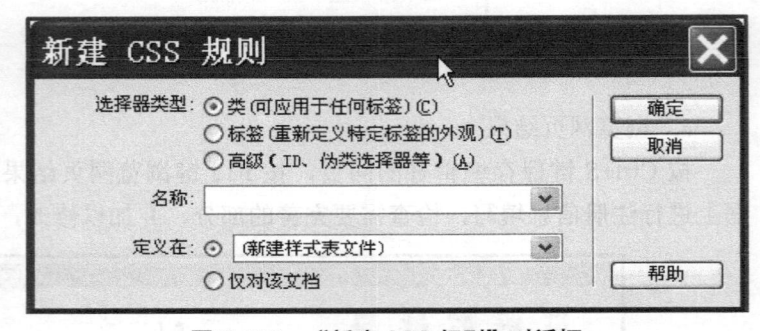

图 7-144　CSS 样式面板　　　　　图 7-145　"新建 CSS 规则"对话框

在"选择器类型"选项中，可以选择创建 CSS 样式的方法，包括以下 3 种。

①类（可应用于任何标签）：我们可以在文档窗口的任何区域或文本中应用"类"样式，如果将"类"样式应用于一整段文字，那么会在相应的标签中出现 class 属性，该属性值即为类样式的名称。

②标签（重新定义特定标签的外观）：重新定义 HTML 标记的默认格式。我们可以针对某一个标签来定义层叠样式表，也就是说，定义的层叠样式表将只应用于选择的标签。例如，我们为<body>和</body>标签定义了层叠样式表，那么所有包含在<body> 和</body>标签的内容将遵循定义的层叠样式表。

③高级（ID、伪类选择器等）：为特定的组合标签定义层叠样式表，使用 ID 作为属性，以保证文档具有唯一可用的值。高级样式是一种特殊类型的样式，常用的有 4 种：

- a:link：设定正常状态下链接文字的样式。
- a:active：设定鼠标单击时链接的外观。
- a:visited：设定访问过的链接的外观。
- a:hover：设定鼠标指针放置在链接文字之上时，文字的外观。

（3）为新建 CSS 样式输入或选择名称、标记或选择器，其中：

①对于自定义样式，其名称必须以点（.）开始，如果没有输入该点，则 Dreamweaver 会自动添加上。自定义样式名可以是字母与数字的组合，但点（.）之后必须是字母。

②对于重新定义的 HTML 标记，可以在"标签"下拉列表中输入或选择重新定义的标记。

③对于 CSS 选择器样式，可以在"选择器"下拉列表中输入或选择需要的选择器。

（4）在"定义在"区域中选择定义的样式位置，可以是"新建样式表文件"或"仅对该文档"。单击"确定"按钮，如果选择了"新建样式表文件"选项，会弹出"保存样式表文件为"对话框，给样式表命名，保存后，会弹出相关样式的"CSS 规则定义"对话框。如果选择了"仅对该文档"，则单击"确定"按钮后，直接弹出"CSS 规则定义"对话框，在其中设置 CSS 样式。

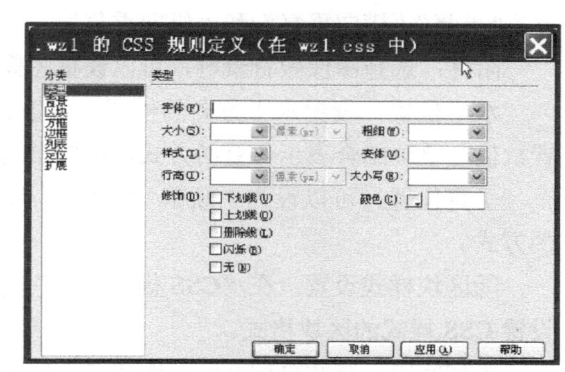

图 7-146　CSS 规则定义设置

（5）"CSS 规则定义"对话框中可以设置 CSS 规则定义，主要分为类型、背景、区块、方框、边框、列表、定位和扩展 8 项，如图 7-146 所示。每个选项都可以对所选标签做不同方面的定义，可以根据需要设定。定义完毕后，单击"确定"按钮，完成创建 CSS 样式。

在"CSS 规则定义"对话框中，我们可以通过类型、背景、区块、方框、边框、列表、定位和扩展项的设置，来美化我们的页面，当然，我们在定义某个 CSS 样式的时候，不需要对每个选项都进行设置，需要什么效果，选择相应的选项进行设置就可以了。

①文本样式的设置：新建 CSS 样式，"选择器类型"设为"类"，"名称"设为"style1"，"定义在"设为"仅对该文档"。保存至站点根目录下的 CSS 文件夹内，弹出"CSS 规则定义"对话框，默认显示的就是对文本进行设置的"类型"项。

字体：可以在下拉菜单中选择相应的字体。

大小：大小就是字号，可以直接填入数字，然后选择单位。

样式：设置文字的外观，包括正常、斜体、偏斜体。

行高：该设置在网页制作中很常用。设置行高，可以选择"正常"，让计算机自动调整行高，也可以使用数值和单位结合的形式自行设置。需要注意的是，单位应该和文字的单位保持一致，行高的数值是包括字号数值在内的。例如，文字设置为 12pt，如果要创建一倍行距，则行高应该为 24pt。

变量：在英文中，大写字母的字号一般比较大，采用"变量"中的"小型大写字母"设置，可以缩小大写字母。

颜色：设置文字的色彩。

②背景样式的设置：在 HTML 中，背景只能使用单一的色彩或利用图像水平垂直方

向的平铺。使用 CSS 之后，有了更加灵活的设置。在"CSS 规则定义"对话框左侧选择"背景"项，可以在右边区域设置 CSS 样式的背景格式。

背景颜色：选择固定色作为背景。

背景图像：直接填写背景图像的路径，或单击"浏览"按钮找到背景图像的位置。

重复：在使用图像作为背景时，可以使用此项设置背景图像的重复方式，包括"不重复""重复""横向重复"和"纵向重复"。

附件：选择图像做背景时，可以设置图像是否跟随网页一同滚动。

水平位置：设置水平方向的位置，可以设为"左对齐""右对齐""居中"，还可以设置数值与单位结合表示位置的方式，比较常用的单位是像素。

垂直位置：可以设为"顶部""底部""居中"，还可以设置数值和单位结合表示位置的方式。

③区块样式设置：在"CSS 规则定义"对话框左侧选择"区块"项，可以在右边区域设置 CSS 样式的区块格式。

单词间距：英文单词之间的距离，一般选择默认设置。

字母间距：设置英文字母间距，使用正值为增加字母间距，使用负值为减小字母间距。

垂直对齐：设置对象的垂直对齐方式。

文本对齐：设置文本的水平对齐方式。

文字缩进：这是最重要的选项。中文文字的首行缩进就是由它来实现的。首先填入具体的数值，然后选择单位。文字的缩进和字号要保持统一。如字号为 12px，想要实现两个中文字的缩进效果，文字缩进就应该设为 18px。

空格：对源代码文字空格的控制。选择"正常"，忽略源代码文字之间的所有空格。选择"保留"，将保留源代码中所有的空格形式，包括由空格键、Tab 键、Enter 键创建的空格。

显示：制定是否及如何显示元素。选择"无"则关闭显示。在实际控制中很少使用。

方框样式的设置：在前面我们设置过图像的大小、图像水平和垂直方向上的空白区域、图像是否有文字环绕效果等，方框设置可以进一步完善、丰富这些设置。在"CSS 规则定义"对话框左侧选择"方框"项，可以在右边区域设置 CSS 样式的方框格式。

宽：通过数值和单位设置对象的宽度。

高：通过数值和单位设置对象的高度。

浮动：实际就是文字等对象的环绕效果。选择"右对齐"，对象居右显示，文字等内容从另外一侧环绕对象。选择"左对齐"，对象居左显示，文字等内容从另一侧环绕。选择"无"则取消环绕效果。

清除：规定对象的一侧不许有层。可以通过选择"左对齐""右对齐"，选择不允许出现层的一侧。如果在清除层的一侧有层，对象将自动移到层的下面。"两者"是指左右都不允许出现层。"无"则表示不限制层的出现。

"填充"和"边界"：如果对象设置了边框，"填充"是指边框和其中内容之间的空白区域；"边界"是指边框外侧的空白区域。

⑤边框样式设置：边框样式设置可以给对象添加边框，设置边框的颜色、粗细、样式。

在"CSS 规则定义"对话框左侧选择"边框"项，可以在右边区域设置 CSS 样式的边框格式。

样式：设置边框的样式，如果选中"全部相同"复选框，则只需要设置"上"样式，其他方向的样式与"上"样式相同。

宽度：设置 4 个方向边框的宽度。可以选择相对值（细、中、粗），也可以设置边框的宽度值和单位。

颜色：设置边框对应的颜色，如果选中"全部相同"复选框，则其他方向的设置都与"上"样式相同。

⑥列表样式设置：CSS 中有关列表的设置丰富了列表的外观。在"CSS 规则定义"对话框左侧选择"列表"项，可以在右边区域设置 CSS 样式的列表格式。

类型：设置引导列表项目的符号类型，可以选择圆点、圆圈、方块、数字、小写罗马数字、大写罗马数字、小写字母、大写字母、无列表符号等。

项目符号图像：可以选择图像作为项目的引导符号，单击右侧的"浏览"按钮，找到图像文件即可。选择 ul 标签可以对整个列表应用设置，选择 li 标签可对单独的项目应用设置。

置：决定列表项目缩进的程度。选择"外"，列表贴近左侧边框；选择"内"，则列表缩进。这项设置效果不明显。

⑦定位样式设置："定位"项实际上是对层的设置，但是因为 Dreamweaver 提供了可视化的层制作功能，所以此项设置在实际操作中几乎不会使用。

⑧扩展样式的设置：CSS 样式还可以实现一些扩展功能，这些功能集中在扩展面板上。这个面板主要包括 3 种效果：分页、光标和过滤器。在"CSS 规则定义"对话框左侧选择"扩展"项，可以在右边区域设置 CSS 样式的扩展格式。

分页：通过样式为网页添加分页符号。允许用户指定在某元素前或后进行分页。分页的概念是打印网页中的内容时在某指定的位置停止，然后将接下来的内容继续打印在下一页纸上。

光标：通过样式改变鼠标指针形状，鼠标指针放置于被此项设置修饰的区域上时，形状会发生改变。具体的形状包括 Hand（手）、crosshair（交叉十字）、text（文本选择符号）、wait（Windows 的沙漏形状）、default（默认的鼠标形状）、help（带问号的鼠标）、e-resize（向东的箭头）、ne-resize（指向东北方的箭头）、n-resize（向北的箭头）、nw-resize（指向西北的箭头）、w-resize（向西的箭头）、sw-resize（向西南的箭头）、s-resize（向南的箭头）、se-resize（向东南的箭头）、auto（正常鼠标）。

过滤器：使用 CSS 语言实现过滤器（滤镜）效果。单击"过滤器"下拉列表框旁的按钮，可以看见有多种滤镜效果可供选择，如表 7-5 所示。

表 7-5　CSS 滤器（滤镜）效果

滤镜效果	描　　述
Alpha	设置透明效果
Blru	设置模糊效果
Chroma	把指定的颜色设置为透明
DropShadow	设置投射阴影
FlipH	水平反转
FlipV	垂直反转
Glow	为对象的外边界增加光效
Grayscale	降低图片的彩色度
Invert	将色彩、饱和度以及亮度值完全反转建立底片效果
Light	设置灯光投影效果
Mask	设置遮罩效果，Color 指定遮罩的颜色
Shadow	设置阴影效果
Wave	设置水平方向和垂直方向的波动效果
Xray	设置 X 光照效果

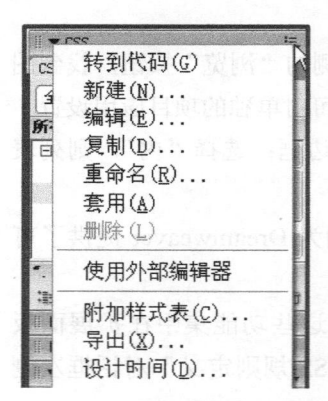

图 7-147　CSS "样式" 面板扩展按钮

单击 CSS "样式" 面板右上方的扩展按钮，弹出如图 7-147 所示的菜单。CSS 的相关操作都是通过这个菜单上的项目来实现的。

2. 编辑 CSS 样式

选中需要编辑的样式类型，选择图 7-147 中的"编辑"命令或直接单击"编辑样式"按钮 ，在弹出的"CSS 规则定义"对话框中修改相应的设置。编辑完成后单击"确定"按钮，CSS 样式就编辑完成了。

3. 应用 CSS 自定义样式

鼠标右键单击在网页中被选中的元素，在弹出的快捷菜单中选择"CSS 样式"命令，在其子菜单中选择需要的自定义样式。

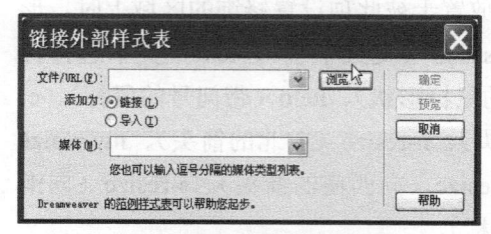

图 7-148　"链接外部样式表"对话框

4. 附加样式表

选择"附加样式表"命令，打开"链接外部样式表"对话框，可以链接外部的 CSS 样式文件，如图 7-148 所示。"文件/URL"用于设置外部样式表文件的路径，可以单击"浏览"按钮，在浏览窗口中找到样式表文件。"添加为"选择

"链接"，这是 IE 和 Netscape 两种浏览器都支持的导入方式。选择"导入"则只有 Netscape 浏览器支持。

设置完毕后单击"确定"按钮，CSS 文件即被导入到当前页面。

7.5.2 使用 DIV+CSS 布局页面

1. DIV 层+CSS 布局

DIV 层布局离不开 CSS 的配合，DIV 层+CSS 是一种标准化的布局设计，得到了越来越多业界人士的关注和使用。大到门户网站，小到个人网站，都使用 DIV 层+CSS 进行页面的布局。

DIV 层+CSS 是网站标准中常用的术语之一，在 XHTML 网站设计标准中，不再使用表格定位技术，而是采用 DIV+CSS 的方式实现各种样式制作定位，这一种网页布局方法有别于传统的 table 布局，真正地达到了 W3C 内容与表现的相分离。

DIV 是标签，CSS 是层叠样式表（CSS 样式），DIV 层可以用来为 HTML 文档内大块的内容提供结构和背景的元素，就像一个袋子一样，可大可小，可长可短。DIV 层中的所有内容都包含在 DIV 层的起始标签和结束标签之间，其中所包含内容的特性由 DIV 标签的属性来控制。

采用 DIV 层+CSS 标准布局的优点为：

（1）支持浏览器的向后兼容，在几乎所有的浏览器上都可以使用。

（2）搜索引擎更加友好。相对于传统的 table（表格定位方式），采用 DIV+CSS 技术的网页，结构清晰，对于搜索引擎的收录更加友好，也更容易被搜索引擎搜索到。

（3）可以轻松地控制页面的布局，改版方便，在很大程度上可以缩短改版的时间。同时可以将网站上的所有网页都使用一个 CSS 样式文件进行控制，只要修改这个 CSS 样式文件中相应的样式规则，就可以改变所有页面的效果。

（4）具有强大的文字控制和排版能力，更能体现样式和结构的分离。

（5）大大地减少页面代码，减少了页面的下载，加快了页面的显示速度。

DIV 层+CSS 标准布局的缺点为：

（1）布局灵活、难以控制，对网页设计人员的要求较高。

（2）考虑到浏览器兼容的问题，各种浏览器间的测试是一个费时的事情。

2. 使用 DIV+CSS 简单布局页面

（1）新建一个空白文档。

（2）选择菜单"插入"|"布局对象"|"层"命令，如图 7-149 所示。或者在"布局"插入栏中，使用"绘制层"按钮来绘制层。

(3) 在设计界面选择插入的 DIV 层，如图 7-150 所示，在设计界面的下方出现 DIV 层的属性设置栏，如图 7-151 所示，设置 DIV 层。

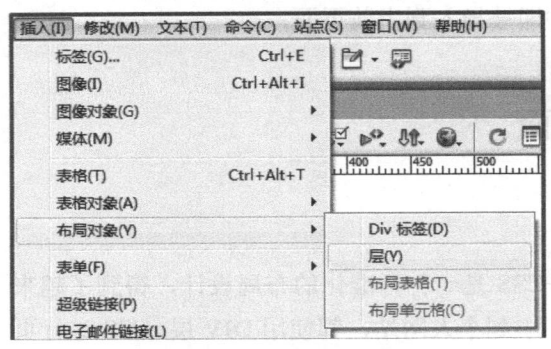

图 7-149　DIV 层的插入

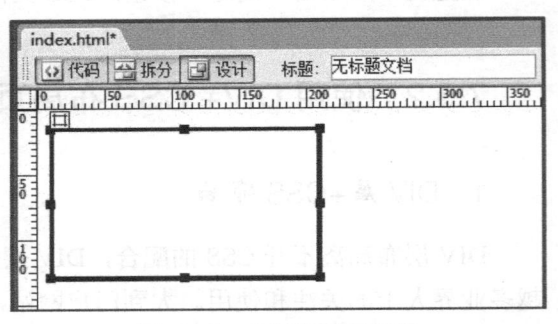

图 7-150　DIV 层界面效果

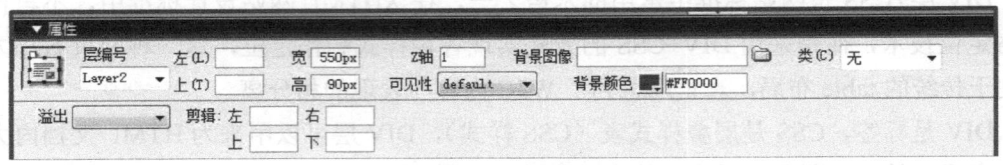

图 7-151　DIV 属性设置

(4) 按照步骤 (3)、(4) 依次插入另外两个 DIV 层，并设置插入的 DIV 层的名称和颜色，最终效果如图 7-152 所示。

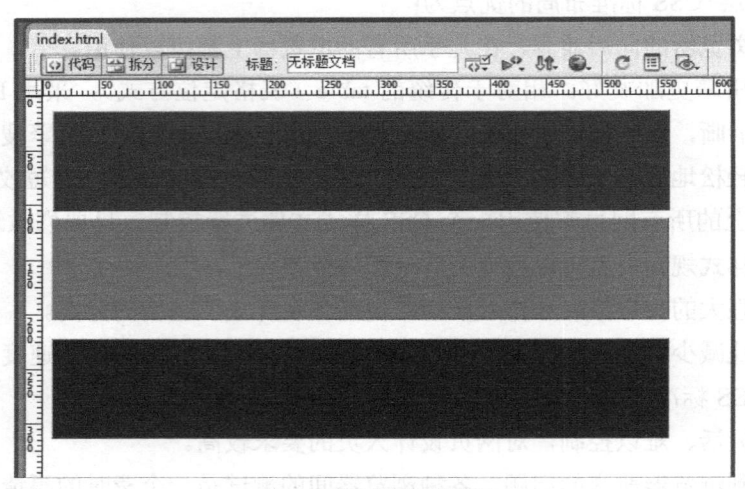

图 7-152　最终效果图

课堂实例 7-10　使用 DIV+CSS+table 布局页面。

(1) 新建一个空白文档。

(2) 选择菜单"插入" | "布局对象" | "层"命令。或者在"布局"插入栏中，使用"绘制层"按钮进行绘制 3 个层。

(3) 在第一个 DIV 中插入表格。

（4）在第二个 DIV 中设置背景颜色。
（5）在第三个 DIV 中设置页脚。最终效果如图 7-153 所示。

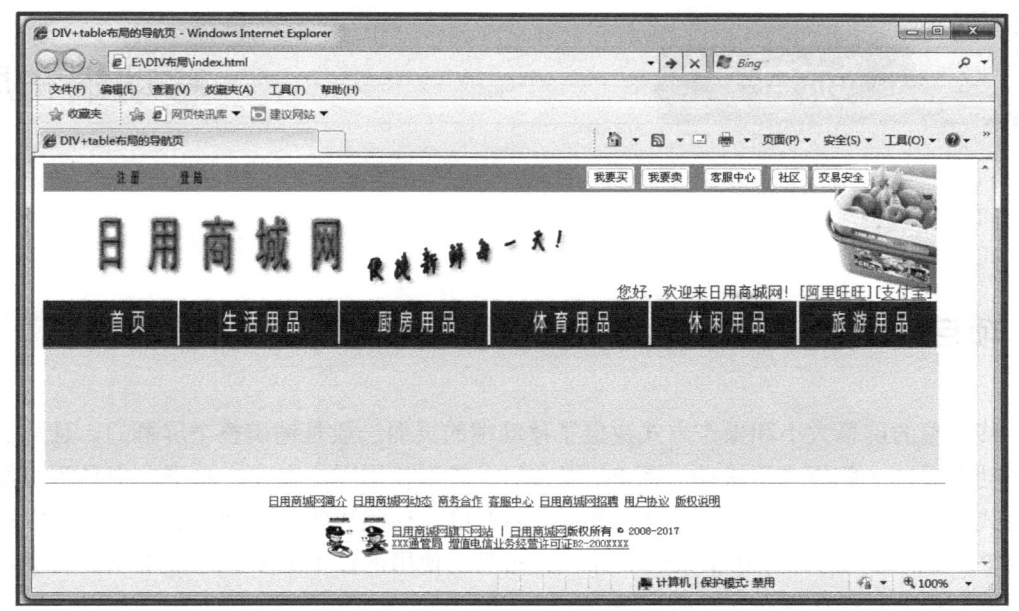

图 7-153　最终效果图

项目小结

本项目从 Dreamweaver 的基本操作开始介绍，然后针对站点设置、站点维护、常见的页面布局方法、Dreamweaver 创建表单及在表单内插入表单元素、框架面板、框架集和框架的相关操作等分别进行了讲解，而且设置实例。本项目还对 CSS 的基本语法，熟悉内部、外部 CSS 样式表的使用方法和相关属性进行了详细介绍。最后通过阶段案例剖析使学生更好理解和掌握 Dreamweaver 的基本操作。

课后实训练习

查看本项目课后练习题，请扫描二维码。

项目 8　移动端布局

项目前言

移动端的屏幕大小和操作方式决定了移动端的页面一般是铺满整个屏幕的,且从上往下滚动观看,一般不水平滚动。而 PC 端布局一般都使用固定宽度,水平居中且两边留白的方式来布局,所以 PC 端不用考虑显示屏的宽度。这就导致了移动端的网页布局方式与常规 PC 端的布局方式存在很大的差异,且布局所使用的技术更多。通过本项目的学习,希望同学们能对移动端布局有所了解。

学习目标

- ❖ 了解移动端设备与 PC 设备的异同;
- ❖ 了解移动端布局的基本方法;
- ❖ 理解与掌握弹性盒布局方式
- ❖ 了解响应式布局的概念及相关技术
- ❖ 指定相关实操任务,让学生练习操作相关技能。

教学建议

- ❖ 以项目任务实现为载体,理论学习与实践操作相结合。

综合案例展示

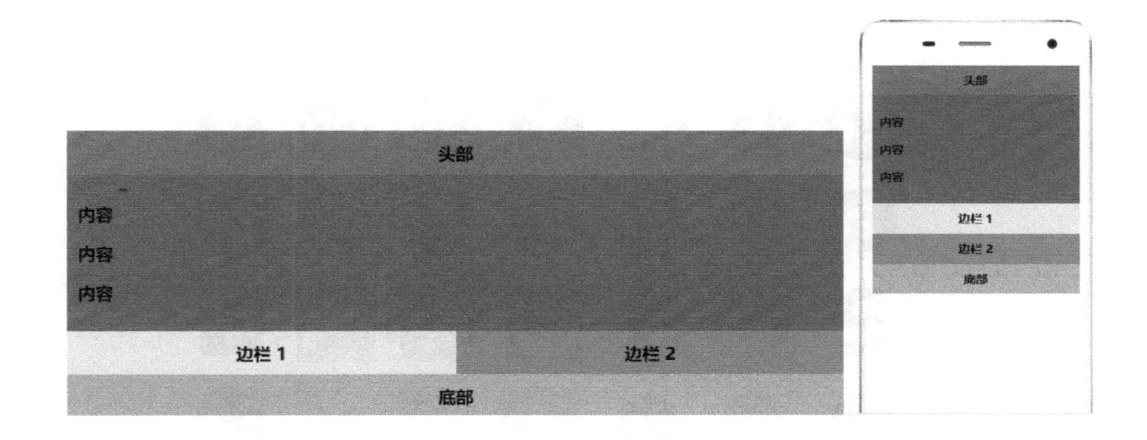

8.1 移动端设备

移动端设备主要是指我们的一些手持设备，最具有代表性的就是我们日常使用的手机和平板，当然还包括其他一些便携设备，如智能手表、掌上游戏机等装置。

随着科技的进步及人们日常生活节奏的加快，我们通常花费在手机等移动设备上的时间比使用 PC 的时间更多，为了适应市场及用户的转变，越来越多的服务从 PC 端转向移动端，从而导致移动端网页有着强大的发展前景和巨大的市场。

但在移动端项目的开发过程中我们也会遇到各种在 PC 项目中从未遇到的问题，如设备种类多且更新换代快，项目不能实时跟进；各个浏览器厂商不统一，导致各种兼容问题频出；网络信号强弱，导致体验不同。相对应地，移动端网页设计较 PC 端需要考虑更多的因素。

8.1.1 浏览器现状

1. PC 端浏览器

常见浏览器有火狐浏览器、谷歌浏览器、IE 浏览器、Edge 浏览器、QQ 浏览器、360 浏览器、搜狗浏览器、百度浏览器等。

2. 移动端浏览器

常见的移动端浏览器有 UC 浏览器、QQ 浏览器、Safari 浏览器、猎豹浏览器、百度手机浏览器等。图 8-1 列出了绝大部分常见的浏览器。

大部分手机浏览器都基于 Webkit 修改过来的内核，国内尚无自主研发的内核，在设计移动网页时，处理 Webkit 内核浏览器即可兼容移动端主流浏览器。

图 8-1　常见浏览器

8.1.2　移动端屏幕分辨率

移动端设备屏幕尺寸非常多，如图 8-2 所示，碎片化严重。Android 设备有多种分辨率，如 480×800、480×854、540×960、720×1280 及 1080×1920 等（单位为像素×像素，下同），还有最新的 2k 和 4k 屏。

图 8-2　移动端设备

近年来随着 iPhone 型号不断增加，屏幕的碎片化也加剧了，其设备的主要分辨率有 640×960、640×1136、750×1334 及 1242×2208 等。

作为网页设计者无须关注这些物理分辨率，因为我们常用的尺寸单位是 px。

1. 物理像素

物理像素又叫"设备像素"，它是显示设备中最微小的物理部件，每个像素可以根据操作系统设置自己的颜色和亮度，正是这些微小距离欺骗我们的眼睛从而看到图像效果。

物理像素也是厂商在出厂时就设置好了的，即一个设备的分辨率是固定不变的。

2. CSS 像素

CSS 像素是一个抽象单位，主要使用在浏览器上，用来精确度量（浏览器层面而言）Web 页面上的内容，一般来说 CSS 像素也被称为设备无关像素（device-independent pixel），简称 DIPS。

在不同的屏幕上，CSS 像素所呈现的物理尺寸实质上都是一样的，而不同的是 CSS 像素与所对应的物理像素是不一致的。在普通屏幕下，1 个 CSS 像素对应的就是 1 个物理像素，而 retina 屏幕下，1 个 CSS 像素对应的却是多个物理像素。这一点在移动端上会更加明显，而在 100%缩放模式下的 PC 端上，我们就可以认为 1 个物理像素就等于 1 个 CSS 像素。

总的来说，物理像素是设备在物理层面上不可再分割的最小单元，而"设备独立像素"则是一个统称的概念，它主要指的是应用软件在应用层面上如何度量内容，可以这么说，CSS 像素就是设备独立像素中的一种，是 Web 浏览器主要采用的度量单位，CSS 中的 1px 并不等于设备的物理像素 1px。

8.1.3 viewport 视口

在移动设备上进行网页的重构或开发，首先得搞明白的就是移动设备上的 viewport 了，只有明白了 viewport 的概念及弄清楚了跟 viewport 有关的 meta 标签的使用，才能更好地让我们的网页适配或响应各种不同分辨率的移动设备。

1. viewport 的概念

通俗地讲，移动设备上的 viewport 就是设备的屏幕上能用来显示网页的那一块区域，再具体一点，就是浏览器上（也可能是一个 App 中的 Webview）用来显示网页的那部分区域，但 viewport 又不局限于浏览器可视区域的大小，它可能比浏览器的可视区域要大，也可能比浏览器的可视区域要小。在默认情况下，一般来讲，移动设备上的 viewport 都是要大于浏览器可视区域的，这是因为考虑到移动设备的分辨率相对于 PC 来说都比较小，所以为了能在移动设备上正常显示那些传统的为桌面浏览器设计的网站，移动设备上的浏览器都会把自己默认的 viewport 设为 980px 或 1024px（也可能是其他值，这个是由设备自己决定的），但带来的后果就是浏览器会出现横向滚动条，因为浏览器可视区域的宽度比这个默认的 viewport 的宽度要小。图 8-3 列出了一些设备上浏览器的默认 viewport 的宽度。

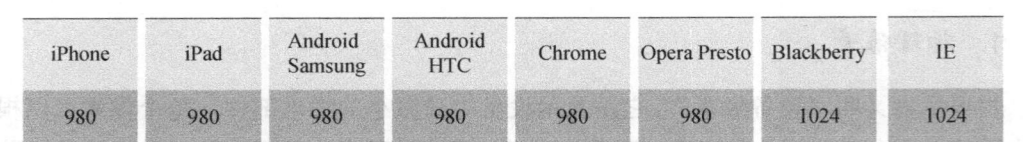

iPhone	iPad	Android Samsung	Android HTC	Chrome	Opera Presto	Blackberry	IE
980	980	980	980	980	980	1024	1024

图 8-3　移动端浏览器 viewport 宽度举例

2. 布局视口（layout viewport）

在移动端显示网页时，由于移动端的屏幕尺寸比较小，如果网页使用移动端的屏幕尺寸进行布局的话，那么整个页面的布局都会错乱。所以移动端浏览器提供了一个布局视口的概念，使用这个视口来对页面进行布局展示，一般布局视口的大小为 980px，因此页面布局不会有太大的变化，我们可以通过拖动和缩放来查看这个页面。

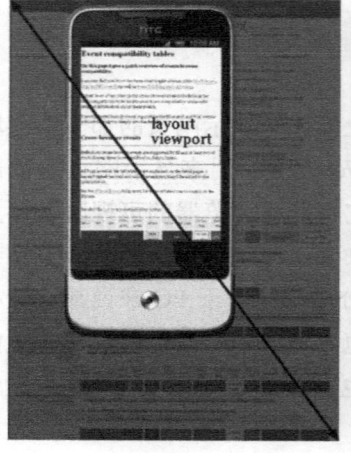

3. 视觉视口（visual viewport）

视觉视口指的是移动设备上我们可见的区域的视口大小，一般为屏幕的分辨率的大小。视觉视口和布局视口的关系，就像是我们通过窗户看外面的风景，视觉视口就是"窗户"，而外面的"风景"就是布局视口中的网页内容。

4. 理想视口（ideal viewport）

第三个视口是理想视口，由于布局视口一般比视觉视口要大，所以想要看到整个页面必须通过拖动和缩放才能实现。因此人们又提出了理想视口的概念，理想视口下用户不用缩放和滚动条就能够查看到整个页面，并且页面在不同分辨率下显示的内容大小相同。理想视口其实就是通过修改布局视口的大小，让它等于设备的宽度，这个宽度可以理解为是设备独立像素，因此根据理想视口设计的页面，在不同分辨率的屏幕下，显示应该相同。图 8-4 列出了 3 种视口的示意图。

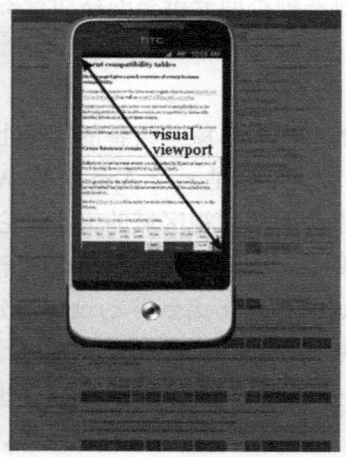

图 8-4　3 种视口的示意图

5. 利用 meta 标签设置 viewport

移动设备默认的 viewport 是布局视口，也就是那个比屏幕要宽的 viewport，但在开发移动设备网站时，我们需要的是 ideal viewport（理想视口）。那么怎样才能得到 ideal viewport 呢？这就该轮到 meta 标签出场了。

在 head 标签中，插入 meta 标签，在 content 中写属性并用逗号隔开，语法如下：

```
<meta name="viewport" content="width=device-width, initial-scale=1.0, maximum-scale=1.0, user-scalable=0">
```

该 meta 标签的作用是让当前 viewport 的宽度等于设备的宽度（width=device-width），同时不允许用户手动缩放（user-scalable=0）。也许允许用户缩放不同的网站会有不同的要求，但让 viewport 的宽度等于设备的宽度，这个应该是常规的做法，否则，就会使用比屏幕宽的默认 viewport，也就是说会出现横向滚动条的布局视图。

meta viewport 标签首先是由苹果公司在其 Safari 浏览器中引入的，目的就是解决移动设备的 viewport 问题。后来安卓及各大浏览器厂商也都纷纷效仿，引入对 meta viewport 的支持，最后得到了普遍的使用。表 8-1 给出了 meta viewport 标签属性值。

表 8-1 meta viewport 标签属性

属性名	备 注
width	设置布局视口的宽度，为一个正整数，使用字符串"width-device"表示设备宽度
initial-scale	设置页面的初始缩放值，为一个数字，可以带小数
minimum-scale	允许用户的最小缩放值，为一个数字，可以带小数
maximum-scale	允许用户的最大缩放值，为一个数字，可以带小数
height	设置布局视口的高度，这个属性很少使用
user-scalable	是否允许用户进行缩放，值为"no"或"yes"，no 代表不允许，yes 代表允许

8.1.4 移动端调试方法

常见的移动端调试有以下 3 种方法：
- Chrome DevTools（开发者工具）的模拟调试。
- 搭建本地 Web 服务器，手机和服务器在一个局域网内，通过手机访问服务器。
- 使用外网服务器，直接使用 IP 或域名访问。

由于第二及第三种方法涉及 Web 服务器的搭建，这里推荐使用第一种基于 Chrome 开发者工具的模拟调试方法。下面以京东商城移动页面（m.jd.com）为例来展示如何使用开发者工具进行调试。

（1）在 Chrome 浏览器地址栏中输入 m.jd.com，此时浏览器会打开京东商城的移动页面，但我们会发现在浏览器中许多元素错位及出现比例不协调的现象，如图 8-5 所示。

图 8-5　PC 端京东移动页面效果

（2）按 F12 键打开开发者模式界面，如图 8-6 所示。

图 8-6　开发者模式界面

（3）在开发者模式界面的左上角我们可以发现一个移动设备图标，如图 8-7 框中所示，单击该图标。

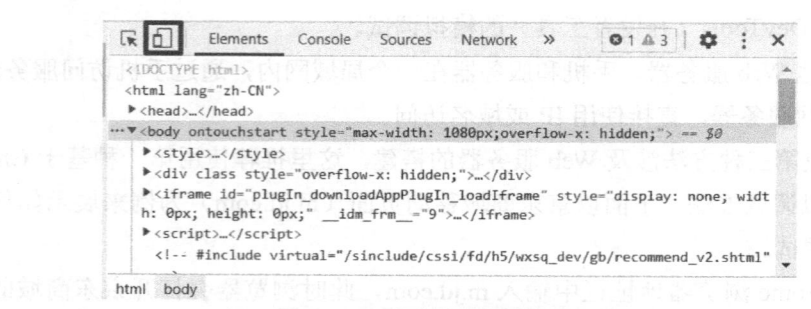

图 8-7　开发者模式移动设备按钮

（4）此时在浏览器左侧的页面大小已经发生了改变，图 8-8 所示的是 iPhone6/7/8 浏览器所呈现的效果，还可以发现光标已经变成了小圆点的形状，页面操作的操作方式也可以模仿触摸屏的操作方式。

（5）在开发者工具中，还可以选择需要适配的设备，图 8-9 默认给出了几种设备的屏幕尺寸，如果有需要，还可以自行编辑设备屏幕大小。

图 8-8 开发者模式下京东移动页面效果　　　　图 8-9 开发者模式适配设备选择

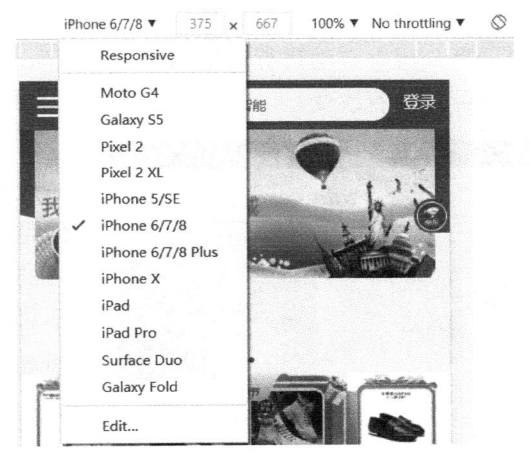

8.2　移动端页面布局概述

8.2.1　移动端布局技术

移动端布局和我们学习的 PC 端有所区别，常见的布局技术选择分为两类：一是单独制作移动端页面，常用的布局技术有流式布局、Flex 弹性布局及 rem+媒体查询布局；二是响应式布局，不同设备端使用同一个页面。

1. 固定布局

固定布局网页上所有的元素宽度以像素（px）为单位。例如，直接设定网页的主体部分宽度为960px或1200px，某个搜索框宽度为60px，等等。这种布局具有很强的稳定性与可控性，缺点也显而易见，即不能根据用户的屏幕尺寸做出不同的表现，对于超大屏和超小屏用户不友好。当前，大部分门户网站、新闻资讯类网站、企业的PC宣传站点都采用了这种布局方式。一般移动端很少采用固定布局方式。

这种布局方式对设计师来说是最简单的，跟动态布局相比，能够更好地控制页面的美观度，排版稳定，在窗口拉伸过程中规避了内容重叠或者不规则的情况，仍保持原始比例、静态位置和内容样式。

2. 流式布局（百分比布局）

流式布局（liquid）的特点是页面元素的宽度按照屏幕分辨率进行适配调整，但整体布局不变。

流式布局也叫百分比布局，是移动端开发中经常使用的布局方式之一。元素的宽度按照屏幕分辨率自动进行适配调整，保证当前屏幕分辨率发生改变的时候，页面中的元素大小也可以跟着改变。

流式布局与固定布局的基本不同点就在于对网站尺寸的测量单位不同。固定布局使用的是像素，但是流式布局使用的是百分比，这为网页提供了很强的可塑性和流动性。元素的宽、高、边距及间距不再用固定数值，改用百分比，这样元素的高、间距会根据页面的尺寸随时调整，以达到适应当前页面的目的。屏幕分辨率发生变化时，页面中元素的大小也会变化但布局不变。

还有瀑布流布局也是流式布局的一种，是当下比较流行的一种网站页面布局，视觉表现为参差不齐的多栏布局，随着页面滚动条向下滚动，这种布局还会不断加载数据块并附加至当前尾部。最早采用此布局的网站是Pinterest，其主页如图8-10所示。后来瀑布流布局逐渐在国内流行开来。

流式布局主要的问题是如果屏幕尺度跨度太大，那么在相对其原始设计而言过小或过大的屏幕上不能正常显示。因为宽度使用百分比定义，但是高度和文字大小等大都是用像素值来固定的，所以在大屏幕的手机下显示效果会变成有些页面元素宽

图8-10 Pinterest主页

度被拉得很长，但是高度、文字大小还和原来一样（即这些东西无法变得"流式"），显示非常不协调。

3. 响应式布局

移动设备正超过桌面设备，成为访问互联网的最常见终端。于是，网页设计师不得不面对一个难题：如何才能在不同大小的设备上呈现同样的网页。

手机的屏幕比较小，PC 的屏幕宽度较大，要在大小迥异的屏幕上，都呈现出满意的效果，并不是一件容易的事。很多网站的解决方法，是为不同的设备提供不同的网页，比如专门提供一个移动版本。这样做固然保证了效果，但也比较麻烦，同时要维护好几个版本，会大大增加架构设计的复杂度。

于是，有人设想，能不能"一次设计，普遍适用"，让同一张网页自动适应不同大小的屏幕，根据屏幕宽度，自动调整布局（layout）。

响应式布局是 Ethan Marcotte 在 2010 年 5 月份提出的一个概念，指可以自动识别屏幕宽度并做出相应调整的网页设计。他制作了一个范例，里面是《福尔摩斯历险记》6 个主人公的头像。如果屏幕宽度大于 1300 像素，则 6 张图片并排在一行，如图 8-11 所示。

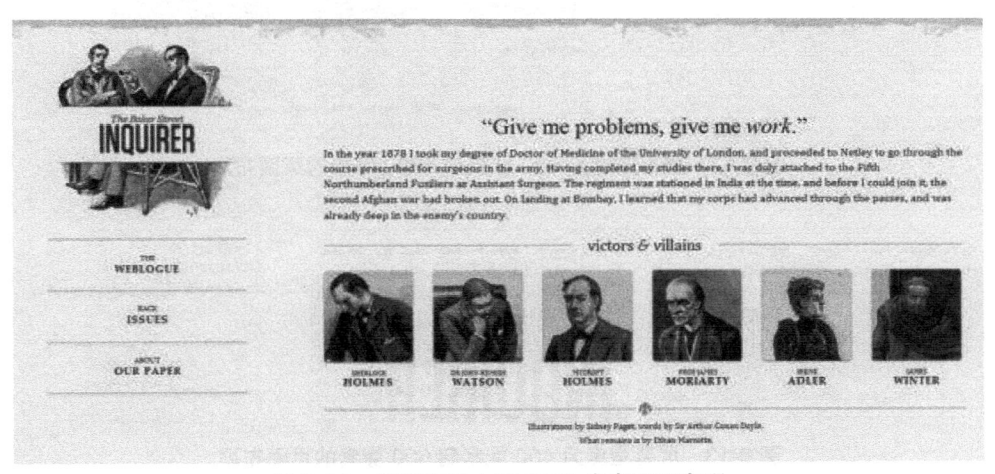

图 8-11 屏幕宽度大于 1300 像素页面布局

如果屏幕宽度为 600 像素到 1300 像素，则 6 张图片分成两行，如图 8-12 所示。
如果屏幕宽度为 400 像素到 600 像素，则导航栏移到网页头部，如图 8-13 所示。
如果屏幕宽度在 400 像素以下，则 6 张图片分成三行。

简而言之，响应式布局就是一个网站能够兼容多个终端——而不是为每个终端做一个特定的版本。响应式布局能使网站在手机和平板电脑上有更好的浏览体验，也就是说一个网站能够兼容多个终端，而不是为了每个终端做一个特定的版本。图 8-14 给出了响应式布局示意图。

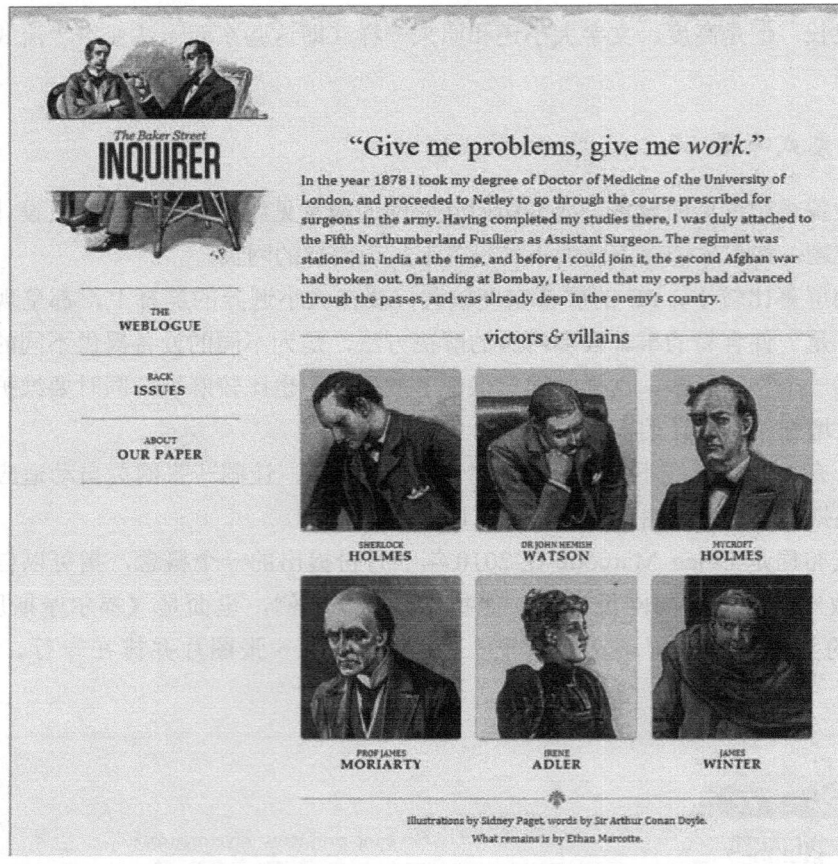

图 8-12　屏幕宽度为 600 像素到 1300 像素的页面布局

图 8-13　屏幕宽度为 400 像素到 600 像素的页面布局

图 8-14　响应式布局举例

但是响应式布局的缺点是只能适应一些简单的网站，但商城类型的网站就不适合了，内容太多，导致代码太复杂及不容易编写页面。一般中小型的门户或者博客类站点会采用响应式的方法。

8.2.2 移动端界面布局

界面布局，是通过引导用户在页面上的注意力来完成对含义、顺序和交互发生点的传达的。布局和导航是产品的骨架，是页面的重要构成模式之一，是作为后续展开页面设计的基础，可以为产品奠定交互和视觉风格。在实际的设计中，要考虑信息优先级和各种布局方式的契合度，采用最合适的布局，以提高产品的易用性和交互体验。

移动端不同于 PC 端，最大的区别是屏幕尺寸的限制，相同的内容显示效率要低很多。作为交互设计师需要对信息进行优先级划分，并且合理布局，提升信息的传递效率。

常见的移动端界面布局方式包括 8 种，即列表式布局、宫格式布局、仪表布局、卡片布局、瀑布流布局、Gallery 布局、手风琴布局、多面板布局。下面将分别介绍各布局对应的特征和使用场景。

1. 列表式布局

特征：
- 纵向长度没有限制，上下滑动可查看无限内容。
- 视觉上整齐美观，用户接受度很高。
- 可以展示全部内容和次级内容的标题。

使用场景：常用于并列元素的展示，包括目录、分类、内容等，如图 8-15 所示。

图 8-15 列表式布局

2. 宫格式布局

宫格式导航被广泛应用于各平台系统的中心页面，或作为一系列工具入口的聚合，有时也称作跳板（图标卡片式）、磁贴式。

特征：

➢ 各入口展示清晰，方便快速查找。

➢ 扩展性好，便于组合不同的信息类型（运营位、广告位、内容块、设置等）。

使用场景：适合展示较多入口，且各模块相对独立，如图 8-16 所示。

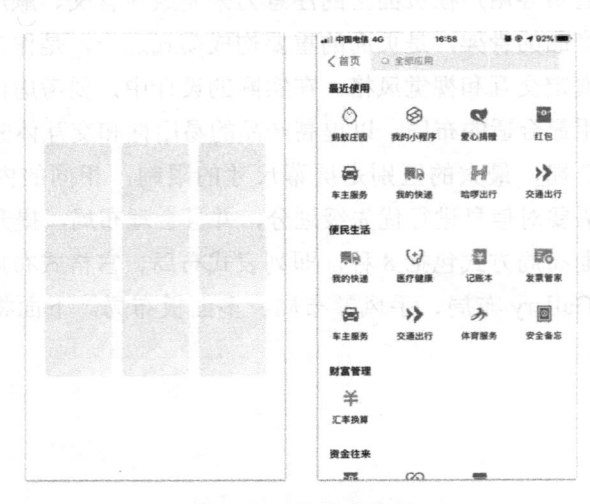

图 8-16 宫格式布局

3. 仪表布局

特征：展示更加直观，但信息展示量少，过于单一。

使用场景：适合表现趋势走向的展示，如图 8-17 所示。

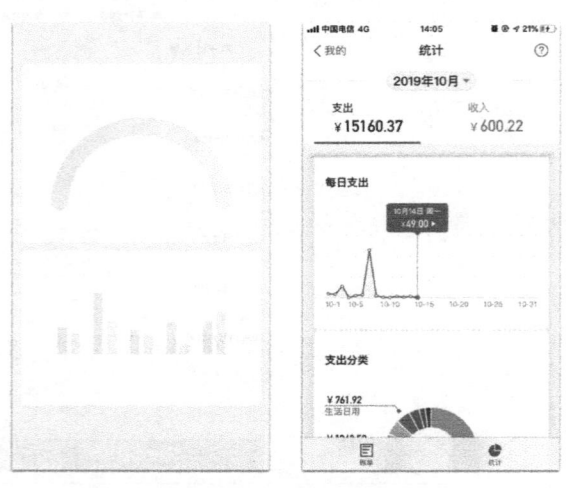

图 8-17 仪表布局

4. 卡片布局

特征：

> 每个卡片信息承载量大，转化率高。
> 每张卡片的操作互相独立，互不干扰。
> 每个卡片页面空间的消耗大，一屏可展示的信息少，用户操作负荷高。

使用场景：适合以图片为主、单一内容浏览型的展示，如图 8-18 所示。

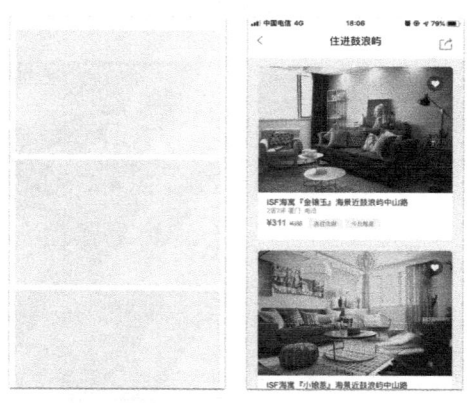

图 8-18 卡片布局

5. 瀑布流布局

特征：

> 瀑布流图片展现具有吸引力。
> 瀑布流中的加载模式能获得更多的内容，容易沉浸其中。
> 瀑布流错落有致的设计巧妙利用视觉层级，同时视线任意流动可以缓解视觉疲劳。

要注意的是，页面跳转后需要从头开始，加载量不固定，理论上可以无限延展，且用户返回查找信息困难很大。

使用场景：适用于实时内容频繁更新的情况，如图 8-19 所示。

图 8-19 瀑布流布局

6. Gallery 布局

特征：
- 单页面内容整体性强，聚焦度高。
- 线性的浏览方式有顺畅感、方向感。

但要注意的是，可显示的数量有限，需要用户探索，且不具有指向性查看页面，必须按顺序查看页面。

使用场景：适合数量少，聚焦度高，视觉冲击力强的图片展示，如图 8-20 所示。

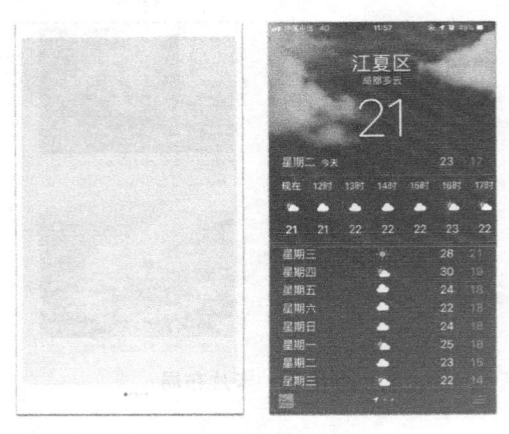

图 8-20　Gallery 布局

7. 手风琴布局

特征：
- 两级结构可承载较多信息，同时保持界面简洁。
- 减少界面跳转，提高操作效率高。

但如果同时打开多个手风琴菜单，分类标题不易寻找，且容易将页面布局打乱。

使用场景：适用于两级结构的内容，并且二级结构可以隐藏，如图 8-21 所示。

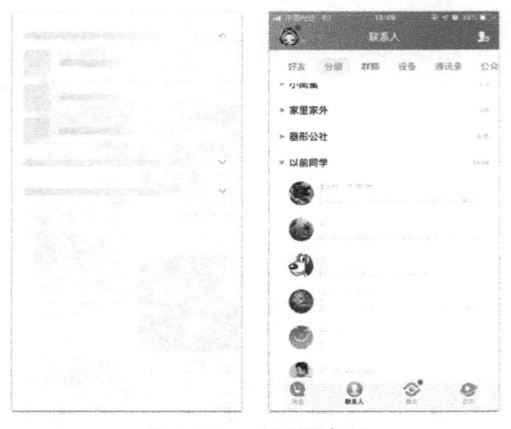

图 8-21　手风琴布局

8. 多面板布局

特征：
➢ 减少界面跳转。
➢ 分类一目了然。

但两栏设计可使界面比较拥挤，且当分类很多时，左侧滑动区域过窄，不利于单手操作。

使用场景：适合分类多并且内容需要同时展示的场景，如图 8-22 所示。

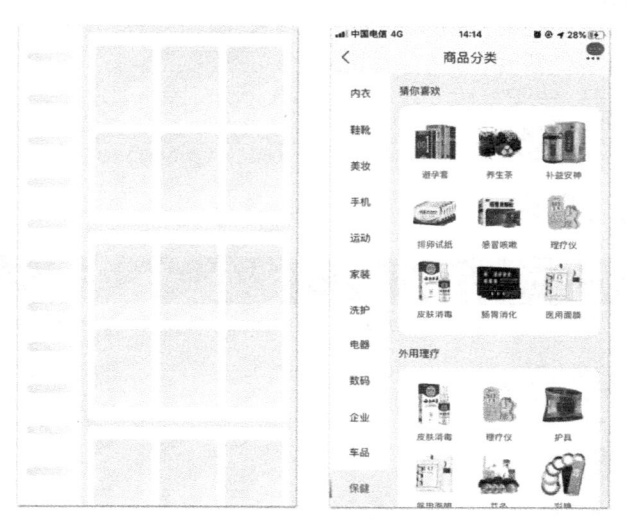

图 8-22 多面板布局

以上这些都是基本布局方式，在实际的设计中，要考虑信息优先级和各种布局方式的契合度，采用最合适的布局，以提高产品的易用性和交互体验。

8.3 流式布局

流式布局（Liquid）的特点是页面元素的宽度按照屏幕分辨率进行适配调整，但整体布局不变。流式布局也叫百分比布局，是移动端开发中经常使用的布局方式之一。

元素的宽度按照屏幕分辨率自动进行适配调整，保证当前屏幕分辨率发生改变的时候，页面中的元素大小也可以跟着改变。

在课堂实例 6-12 中，我们利用浮动与定位实现了三栏布局，主要 CSS 样式如下：

```
#left {
        background-color: #bdbebd;
        height: 400px;
        width: 280px;
```

```
            float: left;
        }

        #center {
            height: 400px;
            width: 380px;
            float: left;
            margin: 0 10px;
        }

        #right {
            background-color: #d3d3d3;
            height: 400px;
            width: 280px;
            float: right;
        }
```

其页面效果如图 8-23 所示。

图 8-23 三栏固定布局

我们可以发现，在课堂实例 6-12 中，将三栏布局中左中右三部分宽度固定，当浏览器窗口变小或者拖动浏览器窗口使窗口变窄时，页面布局未能根据窗口变化做出调整。

如果采用流式布局，就可以解决上述问题。我们要做的就是将上面的标签数值转化成可根据浏览器页面大小变化而变化的百分比参数。

课堂实例 8-1 三栏流式布局 8-1.html。

页面框架如下：

```
<body>
    <div id="header"> header 的内容</div>
    <div id="container">
        <div id="left">sidebar 的内容</div>
```

```
        <div id="center">maincontent 的内容</div>
        <div id="right">sidebar 的内容</div>
    </div>
    <div id="footer">footer 的内容</div>
</body>
```

为 container 块中的每个列设置相应的宽度和高度，然后将 left 列向左浮动，将 right 列向右浮动，同时为 center 列添加浮动属性，向左或者向右皆可，那么 center 列就会浮动到中间的空间。

CSS 样式部分：

```
<style>
    body{
        width: 100%;
    }
    #container {
        height: 400px;
        /* width: 960px;*/
        width: 50%;
        margin: 10px auto 10px;
    }

    #header {
        /*width: 960px;*/
        width: 50%;
        height: 50px;
        background-color: #808080;
        margin: 0px auto;
    }

    #left {
        background-color: #bdbebd;
        height: 400px;
        /* width: 280px;*/
        width: 29%;
        float: left;
    }

    #center {
        height: 400px;
        width: 380px;
        float: left;
        margin: 0 10px;
    }

    #right {
        background-color: #d3d3d3;
        height: 400px;
        /* width: 280px;*/
```

```
            width: 29%;
            float: right;
        }

        #footer {
            /*width: 960px;*/
            width: 50%;
            height: 50px;
            background-color: #e9e9e9;
            margin: 0px auto;
        }
</style>
```

首先，我们要做的就是将父级元素 body 的宽度也设置成 100%，同时将上面的宽度数值转化成可根据浏览器页面大小变化而变化的百分比参数，运行课堂实例 8-1 页面效果如图 8-24 所示。

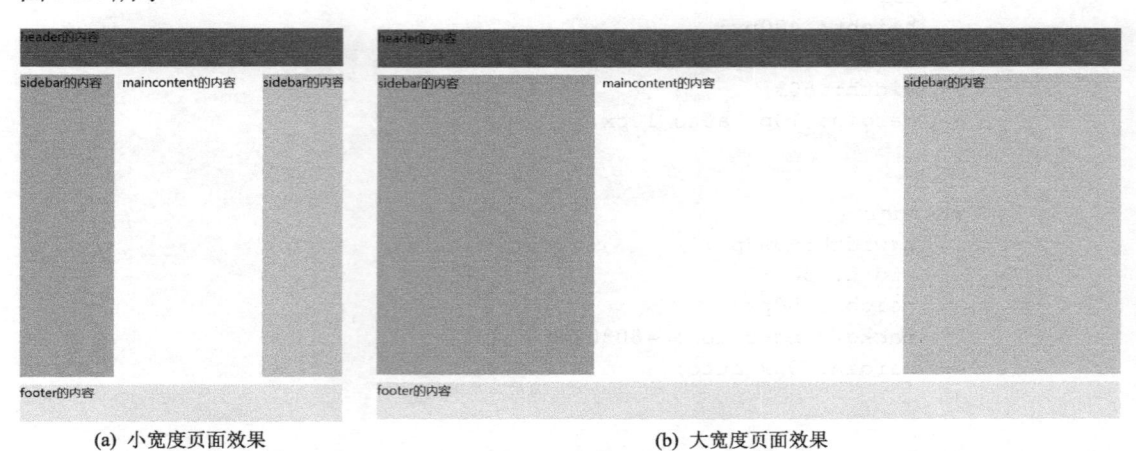

(a) 小宽度页面效果　　　　　　　　　(b) 大宽度页面效果

图 8-24　三栏流式布局

图 8-24 是高度相同，宽度使用百分比的对照图，其中图(a)是将浏览器窗口宽度调小的效果。同理也可以使用百分比设置高度。

8.4　弹性盒布局

2009 年，W3C 提出了一种新的方案——Flex 布局，可以简便、完整、响应式地实现各种页面布局。目前，它已经得到了所有浏览器的支持，这意味着，现在就能很安全地使用这项功能。

Flex 布局引入了弹性盒（flexible box）的概念，简称为 Flexbox。它决定了元素如何在页面上排列，使它们能在不同的屏幕尺寸和设备下可预测地展现出来。之所以称为

Flexbox 是因为它能够扩展和收缩 flex 容器内的元素，以最大限度地填充可用空间。与传统布局方式相比，Flexbox 是一个更强大的方式，它有以下几个特点：
- 在不同方向上排列元素。
- 重新排列元素的显示顺序。
- 更改元素的对齐方式。
- 动态地将元素装入容器。

8.4.1 Flex 布局基本概念

任何一个容器都可以指定为 Flex 布局。

```
.box{
  display: flex;
}
```

行内元素也可以使用 Flex 布局。

```
.box{
  display: inline-flex;
}
```

注意，设为 Flex 布局以后，子元素的 float、clear 和 vertical-align 属性将失效。

采用 Flex 布局的元素，称为 Flex 容器（flex container），简称"容器"。它的所有子元素自动成为容器成员，称为 Flex 项目（flex item），简称"项目"，如图 8-25 所示。

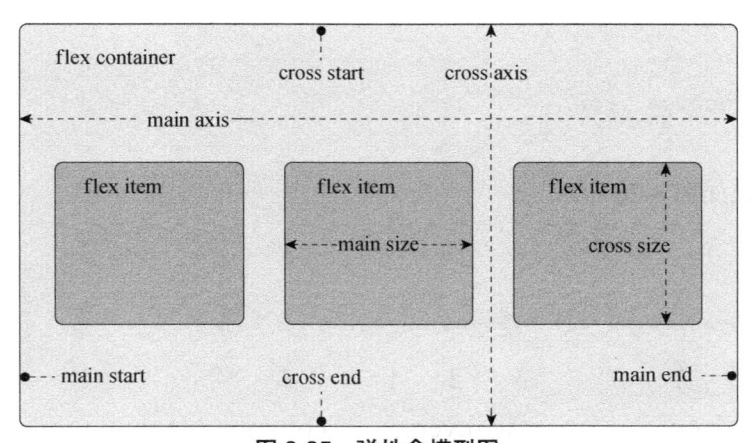

图 8-25 弹性盒模型图

在 Flexbox 模型中，有 3 个核心概念：
- flex 项（注：也称 flex 子元素），需要布局的元素。
- flex 容器，其包含 flex 项。
- 排列方向（direction），这决定了 flex 项的布局方向。

容器默认存在两根轴：水平的主轴（main axis）和垂直的交叉轴（cross axis）。主轴的开始位置（与边框的交叉点）叫作 main start，结束位置叫作 main end；交叉轴的开始位置叫作 cross start，结束位置叫作 cross end。如图 8-25 所示，项目默认沿主轴排列。单个项目占据的主轴空间叫作 main size，占据的交叉轴空间叫作 cross size。

8.4.2 Flex 容器属性

以下 6 个属性设置在 Flex 容器上：flex-direction、flex-wrap、flex-flow、justify-content、align-items、align-content。

1. flex-direction 属性

flex-direction 属性决定主轴的方向（即项目的排列方向）。它有 4 个值，如表 8-2 所示。

表 8-2 flex-direction 属性

值	描述
row（默认值）	主轴为水平方向，起点在左端
row-reverse	主轴为水平方向，起点在右端
column	主轴为垂直方向，起点在上沿
column-reverse	主轴为垂直方向，起点在下沿

其基本语法为：

```
.box {
  flex-direction: row;
}
```

各个值效果如图 8-26 所示。

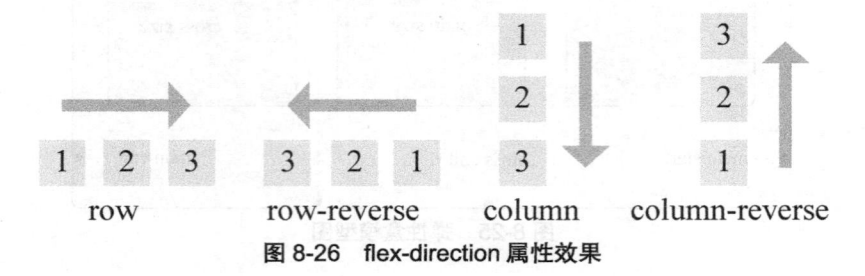

图 8-26 flex-direction 属性效果

2. flex-wrap 属性

默认情况下，项目都排在一条线（又称"轴线"）上。flex-wrap 属性用于定义如果一条轴线排不下该如何换行。其有 3 个取值，如表 8-3 所示。

表 8-3　flex-wrap 属性

值	描　　述
nowrap（默认）	不换行
wrap	换行，第一行在上方
wrap-reverse	换行，第一行在下方

（1）nowrap（默认）：不换行，如图 8-27 所示。

图 8-27　flex-wrap 属性 nowrap 效果

（2）wrap：换行，第一行在上方，如图 8-28 所示。

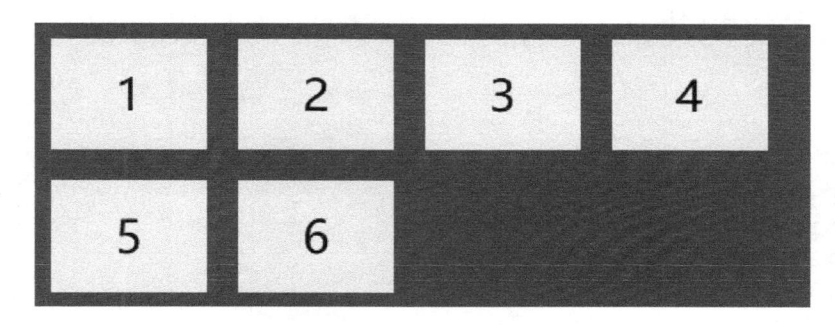

图 8-28　flex-wrap 属性 warp 效果

（3）wrap-reverse：换行，第一行在下方，如图 8-29 所示。

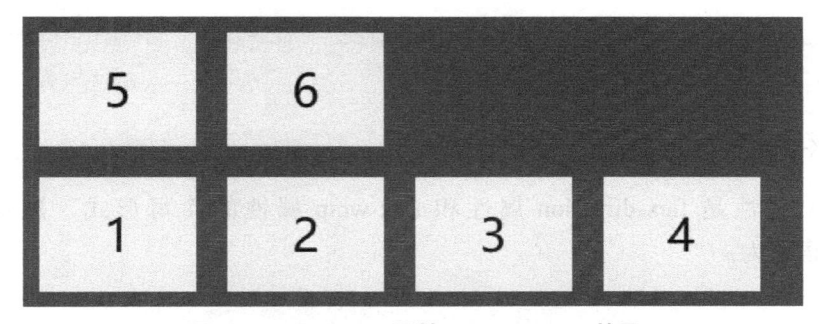

图 8-29　flex-wrap 属性 wrap-reverse 效果

下面通过一个实例来演示 Flex 布局及 flex-wrap 属性值，页面框架如课堂实例 8-2 所示，外部是一个名为 flex-container 弹性盒，设置属性"display:flex"，内部为 6 个 div，内容为数字 1~6。若看不到换行效果，可以缩小浏览器窗口的宽度。

课堂实例 8-2 flex-wrap 属性 8-2.html。

```html
<!DOCTYPE html>
<html>
<head>
<style>
.flex-container {
  display: flex;
  flex-wrap: wrap;
  background-color: DodgerBlue;
}

.flex-container > div {
  background-color: #f1f1f1;
  width: 100px;
  margin: 10px;
  text-align: center;
  line-height: 75px;
  font-size: 30px;
}
</style>
</head>
<body>

<div class="flex-container">
  <div>1</div>
  <div>2</div>
  <div>3</div>
  <div>4</div>
  <div>5</div>
  <div>6</div>
</div>

</body>
</html>
```

3. flex-flow

flex-flow 属性是 flex-direction 属性和 flex-wrap 属性的简写形式，默认值为 row nowrap，其语法为：

```css
.box {
  flex-flow: row wrap;
}
```

4. justify-content 属性

justify-content 属性定义了项目在主轴上的对齐方式，如课堂实例 8-3 所示。

课堂实例 8-3 justify-content 属性 8-3.html。

```html
<!DOCTYPE html>
<html>

<head>
    <style>
        .flex-container {
            display: flex;
            justify-content: start;
            flex-wrap: wrap;
            background-color: DodgerBlue;
        }

        .flex-container>div {
            background-color: #f1f1f1;
            width: 100px;
            margin: 10px;
            text-align: center;
            line-height: 75px;
            font-size: 30px;
        }
    </style>
</head>

<body>

    <div class="flex-container">
        <div>1</div>
        <div>2</div>
        <div>3</div>
    </div>

</body>

</html>
```

（1）flex-start（默认值）：左对齐，如图 8-30 所示。

图 8-30　justify-content 属性 flex-start 效果

（2）flex-end：右对齐，如图 8-31 所示。

图 8-31　justify-content 属性 flex-end 效果

（3）center：居中，如图 8-32 所示。

图 8-32　justify-content 属性 center 效果

（4）space-between：两端对齐，项目之间的间隔都相等，如图 8-33 所示。

图 8-33　justify-content 属性 space-between 效果

（5）space-around：每个项目两侧的间隔相等。所以，项目之间的间隔比项目与边框的间隔大一倍，如图 8-34 所示。

图 8-34　justify-content 属性 space-around 效果

5. align-items 属性

align-items 属性用于定义项目在交叉轴上的对齐方式。

flex-start：交叉轴的起点对齐，如图 8-35 所示。

图 8-35　align-items 属性 flex-start 效果

课堂实例 8-4　align-items 属性 8-4.html。

在课堂实例 8-3 中的基础上，稍作修改。

```
<style>
.flex-container {
  display: flex;
  height:200px;
  align-items:stretch;
  background-color: DodgerBlue;
}

.flex-container > div {
  background-color: #f1f1f1;
  width: 100px;
  margin: 10px;
  text-align: center;
  line-height: 75px;
  font-size: 30px;
}
</style>
```

flex-end：交叉轴的终点对齐，如图 8-36 所示。

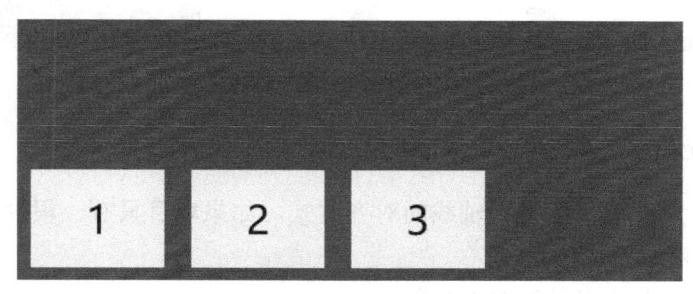

图 8-36　align-items 属性 flex-end 效果

center：交叉轴的中点对齐，如图 8-37 所示。

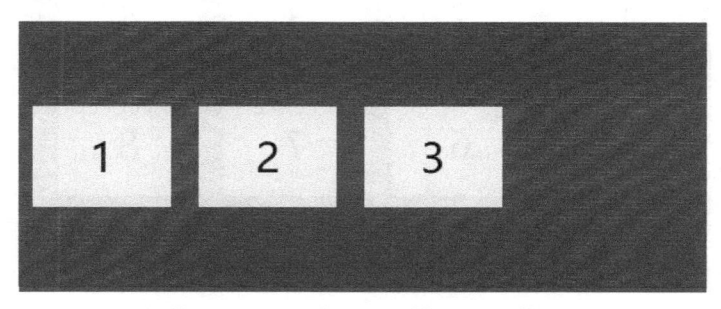

图 8-37　align-items 属性 center 效果

baseline：项目的第一行文字的基线对齐，如图 8-38 所示，注意：该例使用不同的 font-size 来演示项目已按文本基线对齐。

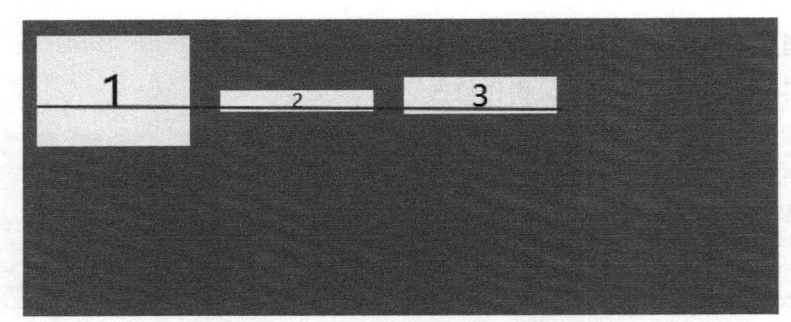

图 8-38　align-items 属性 baseline 效果

stretch（默认值）：如果项目未设置高度或设为 auto，将占满整个容器的高度，如图 8-39 所示。

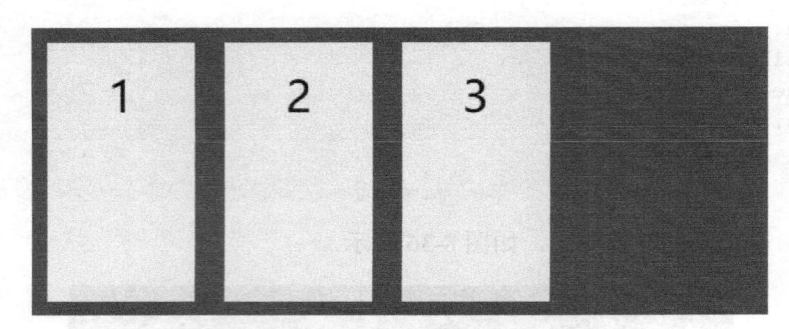

图 8-39　align-items 属性 stretch 效果

6. align-content 属性

align-content 属性定义了多根轴线的对齐方式。如果项目只有一根轴线，该属性不起作用，如图 8-40 所示。

（1）flex-start：与交叉轴的起点对齐。

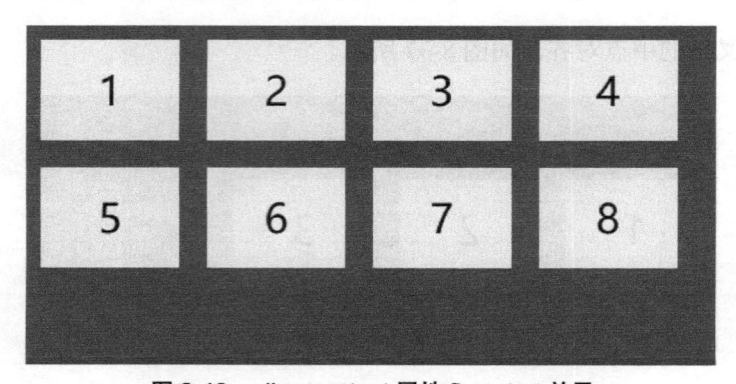

图 8-40　align-content 属性 flex-start 效果

课堂实例 8-5　align-content 属性示例 8-5.html。

```
<!DOCTYPE html>
<html>
```

```html
<head>
<style>
.flex-container {
  display: flex;
  height: 250px;
  flex-wrap: wrap;
  align-content: stretch;
  background-color: DodgerBlue;
}

.flex-container > div {
  background-color: #f1f1f1;
  width: 100px;
  margin: 10px;
  text-align: center;
  line-height: 75px;
  font-size: 30px;
}
</style>
</head>
<body>

<div class="flex-container">
  <div>1</div>
  <div>2</div>
  <div>3</div>
  <div>4</div>
  <div>5</div>
  <div>6</div>
  <div>7</div>
  <div>8</div>
</div>

</body>
</html>
```

（2）flex-end：与交叉轴的终点对齐，如图 8-41 所示。

图 8-41　align-content 属性 flex-end 效果

（3）center：与交叉轴的中点对齐，如图 8-42 所示。

图 8-42　align-content 属性 center 效果

（4）space-between：与交叉轴两端对齐，轴线之间的间隔平均分布，如图 8-43 所示。

图 8-43　align-content 属性 space-between 效果

（5）space-around：每根轴线两侧的间隔都相等。所以，轴线之间的间隔比轴线与边框的间隔大一倍，如图 8-44 所示。

图 8-44　align-content 属性 space-around 效果

（6）stretch（默认值）：轴线占满整个交叉轴，如图 8-45 所示。

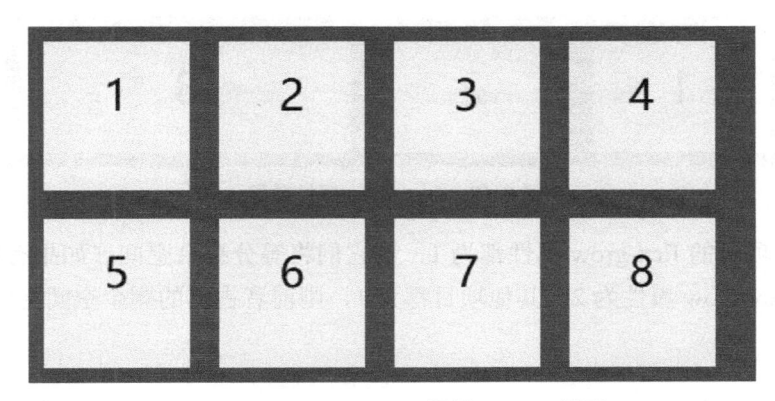

图 8-45 align-content 属性 stretch 效果

8.4.3 Flex 项目属性

1. order 属性

order 属性定义项目的排列顺序。数值越小，排列越靠前，默认为 0，如图 8-46 所示。

```
<div class="flex-container">
  <div style="order: 3">1</div>
  <div style="order: 2">2</div>
  <div style="order: 4">3</div>
  <div style="order: 1">4</div>
</div>
```

图 8-46 order 属性效果

2. flex-grow 属性

flex-grow 属性用于定义项目的放大比例，默认为 0，即如果存在剩余空间，也不放大。flex-grow 属性效果如图 8-47 所示。

```
<div class="flex-container">
  <div style="flex-grow: 1">1</div>
  <div style="flex-grow: 1">2</div>
  <div style="flex-grow: 3">3</div>
</div>
```

图 8-47　flex-grow 属性效果

如果所有项目的 flex-grow 属性都为 1，则它们将等分剩余空间（如果有的话）。如果一个项目的 flex-grow 属性为 2，其他项目都为 1，则前者占据的剩余空间将比其他项目多一倍。

3. flex-shrink

flex-shrink 属性定义了项目的缩小比例，默认为 1，即如果空间不足，该项目将缩小，如图 8-48 所示。

```
<div class="flex-container">
  <div style="flex-grow: 1">1</div>
  <div style="flex-grow: 1">2</div>
  <div style="flex-shrink: 0">3</div>
</div>
```

图 8-48　flex-shrink 属性效果

如果所有项目的 flex-shrink 属性都为 1，当空间不足时，都将等比例缩小。如果一个项目的 flex-shrink 属性为 0，其他项目都为 1，则空间不足时，前者不缩小。

4. flex-basis

flex-basis 属性定义了在分配多余空间之前，项目占据的主轴空间（main size）。浏览器根据这个属性，计算主轴是否有多余空间。它的默认值为 auto，即项目的本来大小，如图 8-49 所示。

```
<div class="flex-container">
  <div>1</div>
  <div>2</div>
  <div style="flex-basis: 200px">3</div>
  <div>4</div>
</div>
```

它可以设为跟 width 或 height 属性一样的值（比如 350px），则项目将占据固定空间。

图 8-49　flex-basis 属性效果

5. flex

flex 属性是 flex-grow、flex-shrink 和 flex-basis 的简写，默认值为 0 1 auto，后两个属性可选。该属性有两个快捷值：auto（1 1 auto）和 none（0 0 auto）。

建议优先使用这个属性，而不是单独写 3 个分离的属性，因为浏览器会推算相关值。

6. align-self

align-self 属性允许单个项目有与其他项目不一样的对齐方式，可覆盖 align-items 属性。其默认值为 auto，表示继承父元素的 align-items 属性，如果没有父元素，则等同于 stretch。

该属性有 6 个值，除了 auto，其他都与 align-items 属性完全一致。

把第三个弹性项目对齐到容器的中间，在这里我们使用 200 像素高的容器，如图 8-50 所示。

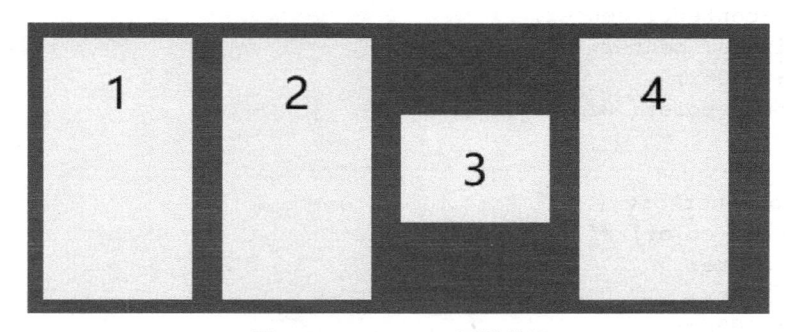

```
<div class="flex-container">
  <div>1</div>
  <div>2</div>
  <div style="align-self: center">3</div>
  <div>4</div>
</div>
```

图 8-50　align-self 属性效果

8.4.4 Flex 布局

1. 完美居中布局

在课堂实例 8-6 中，我们会解决一个非常常见的样式问题，完美居中即同时满足左右居中和垂直居中。我们只需将 justify-content 和 align-items 属性设置为居中，则 Flex 项目将完美居中，如图 8-51 所示。

图 8-51 完美居中布局

课堂实例 8-6 完美居中布局 8-6.html。

```
<!DOCTYPE html>
<html>
<head>
<style>
.flex-container {
  display: flex;
  justify-content: center;
  align-items: center;
  height: 300px;
  background-color: DodgerBlue;
}

.flex-container>div {
  background-color: #f1f1f1;
  color: white;
  width: 100px;
  height: 100px;
}
</style>
</head>
<body>

<div class="flex-container">
  <div></div>
```

```
    </div>
  </body>
</html>
```

2. 基本网格布局

最简单的网格布局,就是平均分布容器。在容器里面平均分配空间,同时需要设置项目的自动缩放。

课堂实例 8-7　基本网格布局 8-7.html。

课堂实例 8-7 实现了 2 列、3 列及 4 列布局。基本框架为最外面的弹性盒 Grid,设置"display:flex"属性,如果需要两个网格布局,则在该弹性放置两个 Flex 项目即 Grid-cell 盒子,并设置"flex:1"属性,该属性等价于 flex-grow 属性都为 1,则 Flex 项目将等分剩余空间。

```
<!DOCTYPE html>
<html lang="en">

<head>
  <style>
    .Grid {
      display: flex;
      background-color: #f1f1f1;
    }

    .Grid-cell {
      flex: 1;
      background-color: grey;
      height: 100px;
      margin: 10px;
    }
  </style>
</head>

<body>
  <div class="Grid">
    <div class="Grid-cell"></div>
    <div class="Grid-cell"></div>
  </div>
  <div class="Grid">
    <div class="Grid-cell"></div>
    <div class="Grid-cell"></div>
    <div class="Grid-cell"></div>
  </div>
  <div class="Grid">
    <div class="Grid-cell"></div>
    <div class="Grid-cell"></div>
```

```
    <div class="Grid-cell"></div>
    <div class="Grid-cell"></div>
  </div>
</body>

</html>
```

运行课堂实例 8-7 效果如图 8-52 所示。

图 8-52　Flex 基本网格布局

3. 百分比布局

百分比布局即某个网格的宽度为固定的百分比，其余网格平均分配剩余的空间，其主要的设计思想是设置 flex-basis 属性。

课堂实例 8-8　百分比布局 8-8.html。

```
<!DOCTYPE html>
<html lang="en">

<head>
  <meta charset="UTF-8">
  <meta name="viewport" content="width=device-width, initial-scale=1.0">
  <title>Document</title>
  <style>
    .Grid {
      display: flex;
      background-color: #f1f1f1;
    }

    .Grid-cell {
      flex: 1;
      background-color: grey;
      height: 200px;
      margin: 10px;
    }

    .Grid-cell-half {
      flex: 0 0 50%;
      background-color: grey;
      height: 200px;
```

```
      margin: 10px;
    }
  </style>
</head>

<body>
  <div class="Grid">
    <div class="Grid-cell-half"></div>
    <div class="Grid-cell"></div>
    <div class="Grid-cell"></div>
  </div>

</body>

</html>
```

课堂实例 8-8 中所有网格在 Grid 这个 Flex 容器中，Grid-cell-half 网格占据 50%空间，其他网格平分剩余空间，如图 8-53 所示。

图 8-53 Flex 三栏布局

同样地，也可以实现某个网格的宽度为固定的像素值，要学会举一反三。

8.5　响应式布局

8.5.1　rem 单位

rem（font size of the root element）是指相对于根元素的字体大小的单位。简单地说，它就是一个相对单位。看到 rem 大家一定会想起 em 单位，em（font size of the element）是指相对于父元素的字体大小的单位。它们之间其实很相似，只不过一个计算的规则是依赖根元素，一个是依赖父元素计算。

网页中的根元素指的是 HTML 标记，我们通过设置 HTML 的字体大小就可以控制 rem 的大小。使用 rem 单位进行相对布局，相对%百分比更加灵活，同时可以支持浏览器的字体大小调整和缩放等的正常显示。

8.5.2 媒体查询

媒体查询是 CSS3 中引入的一种 CSS 技术。仅在满足特定条件时，它才会使用 @media 规则来引用 CSS 属性块。

```
@media mediatype and|not|only (media feature) {
    CSS-Code;
}
```

1. 媒体类型

媒体类型如表 8-4 所示。

表 8-4 媒体类型

值	描 述
all	用于所有设备
print	用于打印机和打印预览
screen	用于 PC 屏幕、平板电脑、智能手机等
speech	应用于屏幕阅读器等发声设备

2. 逻辑操作符

操作符 not、and、only 和逗号（,）可以用来构建复杂的媒体查询。

and 用来把多个媒体属性组合起来，合并到同一条媒体查询中。只有当每个属性都为真时，这条查询的结果才为真。

☞ 注意：

在不使用 not 或 only 操作符的情况下，媒体类型是可选的，默认为 all。

or 将多个媒体查询以逗号分隔放在一起；只要其中任何一个为真，整个媒体语句就返回真，相当于 or 操作符。

not 操作符用来对一条媒体查询的结果进行取反。

☞ 注意：

not 关键字仅能应用于整个查询，而不能单独应用于一个独立的查询。

only 操作符表示仅在媒体查询匹配成功时应用指定样式，可以通过它让选中的样式在老式浏览器中不被应用。

3. 媒体属性

表 8-5 给出了媒体属性。

表 8-5　媒体属性

值	描　述
any-hover	是否有任何可用的输入机制允许用户（将鼠标等）悬停在元素上？ 在 Media Queries Level 4 中被添加
any-pointer	可用的输入机制中是否有任何指针设备，如果有，它的精度如何？ 在 Media Queries Level 4 中被添加
aspect-ratio	视口（viewport）的宽高比
color	输出设备每个像素的比特值，常见的有 8、16、32 位 如果设备不支持输出彩色，则该值为 0
color-gamut	用户代理和输出设备大致程度上支持的色域 在 Media Queries Level 4 中被添加
color-index	输出设备的颜色查询表（color lookup table）中的条目数量 如果设备不使用颜色查询表，则该值为 0
display-mode	应用程序的显示模式，如 Web App 的 Manifest 中的 display 成员所指定 在 Web App Manifest spec 被定义
forced-colors	检测用户代理是否限制调色板 在 Media Queries Level 5 中被添加
grid	输出设备使用网格屏幕还是点阵屏幕
height	视口（viewport）的高度
hover	主输入机制是否允许用户将鼠标悬停在元素上 在 Media Queries Level 4 中被添加
inverted-colors	浏览器或者底层操作系统是否反转了颜色 在 Media Queries Level 5 中被添加
light-level	当前环境光水平 在 Media Queries Level 5 中被添加
max-aspect-ratio	显示区域的宽度和高度之间的最大比例
max-color	输出设备每个颜色分量的最大位数
max-color-index	设备可以显示的最大颜色数
max-height	显示区域的最大高度，例如，浏览器窗口
max-monochrome	单色（灰度）设备上每种颜色的最大位数
max-resolution	设备的最大分辨率，使用 dpi 或 dpcm
max-width	显示区域的最大宽度，例如，浏览器窗口
min-aspect-ratio	显示区域的宽度和高度之间的最小比例
min-color	输出设备每种颜色分量的最小位数
min-color-index	设备可以显示的最小颜色数
min-height	显示区域的最小高度，例如，浏览器窗口
min-monochrome	单色（灰度）设备上每种颜色的最小位数
min-resolution	设备的最低分辨率，使用 dpi 或 dpcm
min-width	显示区域的最小宽度，例如，浏览器窗口
monochrome	输出设备单色帧缓冲区中每个像素的位深度 如果设备并非黑白屏幕，则该值为 0

续表

值	描 述
orientation	视窗（viewport）的旋转方向（横屏还是竖屏模式）
overflow-block	输出设备如何处理沿块轴溢出视口（viewport）的内容 在 Media Queries Level 4 中被添加
overflow-inline	沿内联轴溢出视口（viewport）的内容是否可以滚动 在 Media Queries Level 4 中被添加
pointer	主要输入机制是一个指针设备吗？如果是，它的精度如何 在 Media Queries Level 4 中被添加
prefers-color-scheme	探测用户倾向于选择亮色还是暗色的配色方案 在 Media Queries Level 5 中被添加
prefers-contrast	探测用户是否有向系统要求提高或降低相近颜色之间的对比度 在 Media Queries Level 5 中被添加
prefers-reduced-motion	用户是否希望页面上出现更少的动态效果 在 Media Queries Level 5 中被添加
prefers-reduced-transparency	用户是否倾向于选择更低的透明度 在 Media Queries Level 5 中被添加
resolution	输出设备的分辨率，使用 dpi 或 dpcm
scan	输出设备的扫描过程（适用于电视等）
scripting	探测脚本（如 JavaScript）是否可用 在 Media Queries Level 5 中被添加
update	输出设备更新内容的渲染结果的频率 在 Media Queries Level 4 中被添加
width	视窗（viewport）的宽度

课堂实例 8-9 媒体查询示例 8-9.html。

如果浏览器窗口大小是 600px 或更小，则背景颜色为浅蓝色：

```html
<!DOCTYPE html>
<html>
<head>
<meta name="viewport" content="width=device-width, initial-scale=1.0">
<style>
body {
  background-color: lightgreen;
}

@media only screen and (max-width: 600px) {
  body {
    background-color: lightblue;
  }
}
</style>
</head>
```

```
<body>

<p>请调整浏览器窗口的大小。如果此文档的宽度为 600 像素或更小,背景颜色为"浅蓝色",
否则为"浅绿色"。</p>

</body>
</html>
```

运行课堂实例 8-9,当我们扩大浏览器窗口时,显示的背景颜色为浅绿色;当我们缩小浏览器窗口时,背景颜色则变为浅蓝色。

8.5.3 响应式布局设计

1. 允许网页宽度自动调整

在网页代码的头部,加入一行 viewport 元标签。

```
<meta name="viewport" content="width=device-width, initial-scale=1" />
```

viewport 是网页默认的宽度和高度,上面这行代码的意思是,网页宽度默认等于屏幕宽度(width=device-width),原始缩放比例(initial-scale=1)为 1∶0,即网页初始大小占屏幕面积的 100%。

所有主流浏览器都支持这个设置,包括 IE9。

2. 不适用绝对宽度

由于网页会根据屏幕宽度调整布局,所以不能使用绝对宽度的布局,也不能使用具有绝对宽度的元素。这一条非常重要。

具体说,CSS 代码不能指定像素宽度,只能指定百分比宽度:

```
width: xx%
```

或者

```
width: auto;
```

3. 字体使用相对大小

字体也不能使用绝对大小(px),而只能使用相对大小(em 或者 rem)。

```
body {
    font: normal 100% Helvetica, Arial, sans-serif;
}
```

上面的代码指定,字体大小是页面默认大小的 100%,即 16 像素。

```
h1 {
```

```
    font-size: 1.5em;
}
```

然后，h1 的大小是默认大小的 1.5 倍，即 24 像素（24/16=1.5）。

```
small {
    font-size: 0.875em;
}
```

small 元素的大小是默认大小的 0.875 倍，即 14 像素（14/16=0.875）。

4. 流动布局

使用 float 属性进行流动布局的好处是：如果宽度太小，放不下两个元素，后面的元素会自动滚动到前面元素的下方，不会在水平方向 overflow（溢出），避免了水平滚动条的出现。另外，应尽量避免绝对定位的使用。

5. 选择加载 CSS

响应式设计的核心，就是 CSS3 引入的 Media Query 模块。它的意思就是，自动探测屏幕宽度，然后加载相应的 CSS 文件。

```
<link rel="stylesheet" type="text/css" media="screen and (max-device-width: 400px)" href="tinyScreen.css" />
```

上面的代码意思是，如果屏幕宽度小于 400 像素（max-device-width:400px），就加载 tinyScreen.css 文件。

```
<link rel="stylesheet" type="text/css" media="screen and (min-width: 400px) and (max-device-width: 600px)" href="smallScreen.css" />
```

如果屏幕宽度在 400 像素到 600 像素之间，则加载 smallScreen.css 文件。

除了用 HTML 标签加载 CSS 文件外，还可以在现有 CSS 文件中加载。

```
@import url ("tinyScreen.css") screen and (max-device-width:400px);
```

6. CSS 的 @media 规则

同一个 CSS 文件中，也可以根据不同的屏幕分辨率，选择应用不同的 CSS 规则。

```
@media screen and (max-device-width: 400px) {
    .column {
        float: none;
        width:auto;
    }

    #sidebar {
        display:none;
    }
}
```

上面的代码意思是，如果屏幕宽度小于 400 像素，则 column 块取消浮动（float:none）、宽度自动调节（width:auto），sidebar 块不显示（display:none）。

7. 图片自适应

除了布局和文本，响应式网页设计还必须实现图片的自动缩放，这只要一行 CSS 代码即可实现：

```
img { max-width: 100%;}
```

这行代码对于大多数嵌入网页的视频也有效，所以可以写成：

```
img, object { max-width: 100%;}
```

不过，有条件的话，最好还是根据不同大小的屏幕，加载不同分辨率的图片。有很多方法可以做到这一条，服务器端和客户端都可以实现。

8.5.4　Bootstrap 简介

Bootstrap 是美国 Twitter 公司的设计师 Mark Otto 和 Jacob Thornton 合作的基于 HTML、CSS、JavaScript 开发的简洁、直观、强悍的前端开发框架，使得 Web 开发更加快捷。Bootstrap 提供了优雅的 HTML 和 CSS 规范，它是由动态 CSS 语言 Less 写成的。Bootstrap 一经推出后颇受欢迎，一直是 GitHub 上的热门开源项目，包括 NASA 的 MSNBC（微软全国广播公司）的 Breaking News 都使用了该项目。国内一些移动开发者较为熟悉的框架，如 WeX5 前端开源框架等，也是基于 Bootstrap 源码进行性能优化而来的。

目前使用较广的是版本 2、3 和 4，其中 2 的最新版本的是 2.3.2，3 的最新版本是 3.4.1，4 的最新版本是 4.4.1。

Bootstrap 具有以下特点：
- 移动设备优先：自 Bootstrap 3 起，框架包含了贯穿于整个库的移动设备优先的样式。
- 浏览器支持：所有的主流浏览器都支持 Bootstrap。
- 容易上手：只要具备 HTML 和 CSS 的基础知识，就可以开始学习 Bootstrap。
- 响应式设计：Bootstrap 的响应式 CSS 能够自适应于台式机、平板电脑和手机。
- 它为开发人员创建接口提供了一个简洁统一的解决方案。
- 它包含了功能强大的内置组件，易于定制。
- 它还提供了基于 Web 的定制。
- 它是开源的。

Bootstrap 包含的内容有：
- 基本结构：Bootstrap 提供了一个带有网格系统、链接样式、背景的基本结构。
- CSS：Bootstrap 自带以下特性：全局的 CSS 设置、定义基本的 HTML 元素样式、可扩展的 class，以及一个先进的网格系统。

➢ 组件：Bootstrap 包含了十几个可重用的组件，用于创建图像、下拉菜单、导航、警告框、弹出框等等。

➢ JavaScript 插件：Bootstrap 包含了十几个自定义的 jQuery 插件。可以直接包含所有的插件，也可以逐个包含这些插件。

➢ 定制：可以定制 Bootstrap 的组件、less 变量和 jQuery 插件。

动手实践——使用弹性盒创建响应式页面

本节将通过案例的形式制作基于弹性盒的响应式页面，加深读者对移动网页布局的理解和运用。其效果如图 8-54 所示，其中图 8-54(a)为 PC 端效果，在 PC 端页面呈现双栏效果；图 8-54(b)为手机端显示效果，在小屏浏览器中页面呈现单栏效果，边栏 1 与边栏 2 不再左右分布，而是上下分布。

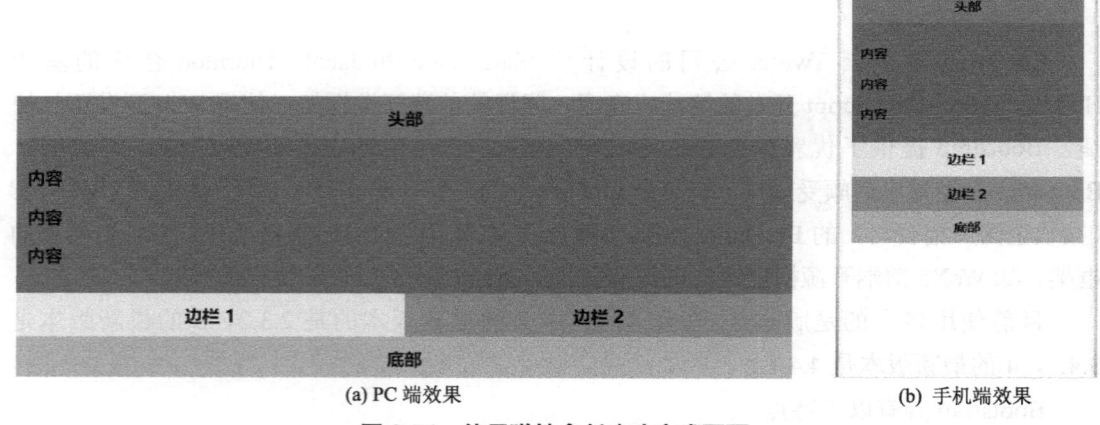

(a) PC 端效果　　(b) 手机端效果

图 8-54　使用弹性盒创建响应式页面

1. 结构分析

PC 端的页面效果是典型的圣杯布局，内容分为页面头部（header）、页面内容（main）、两个边栏（aside aside1 和 aside aside2）及一个底部（footer）。可以将所有页面元素放入一个弹性盒中（flex-container），将头部、页面内容等作为弹性盒的元素。

2. 样式分析

flex-container 弹性盒应设置 Flex 属性即"display:flex"，将普通的 div 盒子变为弹性盒。同时，设置 Flex 项目换行方式，即"flex-flow:row wrap"，其作用是设置主轴方向为横向，且当元素排列不下时进行换行。

Flex 项目设置属性"flex:1 100%",等价于 flex-grow 为 1,flex-basis 为 100%,flex-shrink 为 1。其含义为默认宽度为父元素的 100%,当元素宽度之和超过父元素宽度时,将等比例缩小。

根据不同浏览器屏幕大小应设置媒体查询,当浏览器宽度大于 800px 时,认为是 PC 端;当浏览器宽度大于 600px 且小于 800px 时,认为是移动端设备。

3. 制作页面结构

```html
<body>

<div class="flex-container">
  <header class="header">头部</header>
  <article class="main">
    <p>内容</p>
    <p>内容</p>
    <p>内容</p>
  </article>
  <aside class="aside aside1">边栏 1</aside>
  <aside class="aside aside2">边栏 2</aside>
  <footer class="footer">底部</footer>
</div>

</body>
```

4. 定义 CSS 样式

```css
.flex-container {
    display: flex;
    flex-flow: row wrap;
    font-weight: bold;
    text-align: center;
}

.flex-container > * {
    padding: 10px;
    flex: 1 100%;
}

.main {
    text-align: left;
    background: cornflowerblue;
}

.header {background: coral;}
.footer {background: lightgreen;}
.aside1 {background: moccasin;}
.aside2 {background: violet;}
```

设置媒体查询：

```
@media all and (min-width: 600px) {
    .aside { flex: 1 auto; }
}

@media all and (min-width: 800px) {
    .main    { flex: 3 0px; }
    .aside1  { order: 1; }
    .main    { order: 2; }
    .aside2  { order: 3; }
    .footer  { order: 4; }
}
```

项目小结

本项目从移动端设备开始介绍，然后针对移动端设备的分辨率、CSS 像素、viewport 及调试方法进行了讲解。除了移动端设备特性外，本项目还对移动端页面布局方法进行了介绍，然后重点讲解了流式布局、弹性盒模型及响应式布局。最后，通过阶段案例进行移动端页面布局的实操，对所学知识进行巩固练习。

课后实训练习

查看本项目课后练习题，请扫描二维码。